REFRATÁRIOS PARA A ÁREA DE REDUÇÃO NA SIDERURGIA

abm
Associação Brasileira de
Metalurgia, Materiais e Mineração

Coleção de Livros ABM em
Metalurgia, Materiais e Mineração

Diretor de Operações
Valdomiro Roman da Silva

Analista Editorial
Luciane Genzano Cruz

Alamar Kasan Duarte
Coordenação

REFRATÁRIOS PARA A ÁREA DE REDUÇÃO NA SIDERURGIA

Volume II

Refratários para a área de redução na siderurgia, volume II

Editora Edgard Blücher Ltda.

Publisher: Edgard Blücher
Editor: Eduardo Blücher
Pré-produção: Juliana Midori Horie
Coordenação editorial: Rafael Fulanetti
Coordenação de produção: Andressa Lira
Produção editorial: Rosemeire C. Pinto
Diagramação: Know-how Editorial
Revisão de texto: Vânia Cavalcanti
Capa: Laércio Flenic
Imagem da capa: istockphoto

Blucher

Rua Pedroso Alvarenga, 1245, 4º andar
04531-934 – São Paulo – SP – Brasil
Tel.: 55 11 3078-5366
contato@blucher.com.br
www.blucher.com.br

Segundo o Novo Acordo Ortográfico, conforme 6. ed. do *Vocabulário Ortográfico da Língua Portuguesa*, Academia Brasileira de Letras, julho de 2021.

Dados Internacionais de Catalogação na Publicação (CIP)
Angélica Ilacqua CRB-8/7057

Refratários para a área de redução na siderurgia / coordenação Alamar Kasan Duarte. -- São Paulo : Blucher, 2024.
284 p. : il. (Coleção de livros ABM, vol II)

Bibliografia
ISBN 978-85-212-2304-7

1. Siderurgia I. Duarte, Alamar Kasan II. Série

24-3235 CDD 669.14

Índices para catálogo sistemático:
1. Siderurgia

APRESENTAÇÃO DA COLEÇÃO DE LIVROS ABM

A Coleção de Livros ABM em Metalurgia, Materiais e Mineração, criada em 2005, tem por principais objetivos suprir lacunas de conhecimentos e estimular o desenvolvimento de pessoas.

De forma a ter uma abordagem mais didática, a coleção foi segmentada em quatro séries:

Livros de Referência – apresentam-se como materiais para consulta rápida de informações úteis, gerais ou focalizadas em um determinado campo do conhecimento, abrangendo, normalmente, tabelas, estatísticas, definições, exemplos, históricos e outros tipos de conteúdo.

Obras de Difusão – têm o propósito de levar a notícia e o conhecimento até o leitor comum, familiarizando-o com a natureza do progresso científico e tecnológico, bem como apresentar implicações econômicas, sociais e políticas, em uma sociedade exposta a constantes mudanças.

Livros de Atualização – fornecem ao leitor mais experiente a abordagem de assuntos especializados que complementam o conhecimento técnico-científico, além de atualização sobre os progressos nas áreas de metalurgia, materiais e mineração.

Livros-texto – destinam-se a leitores iniciantes ou que queiram se aprofundar no assunto, abordando temas de Fundamentos, Matérias-primas e Processos, Produtos e Aplicações e Gestão, seguindo uma sequência lógica de assunto e grau progressivo de dificuldade, compatíveis com a finalidade didática do livro.

O livro *Volume II – Refratários para a Área de Redução na Siderurgia* é fruto de mais uma parceria entre ABM e Editora Blucher, e vem enriquecer a Coleção de Livros, contribuindo com a série Livros-texto.

abm
Associação Brasileira de
Metalurgia, Materiais e Mineração

Valdomiro Roman da Silva
Diretor de Operações

PATROCÍNIO

ArcelorMittal

ARCELORMITTAL é a maior produtora de aço no Brasil e líder mundial. Está na vanguarda do setor, produzindo aços inteligentes para as pessoas e o planeta.

ALKEGEN

UNIFRAX / ALKEGEN – Líder global na fabricação de isolantes térmicos contribuindo na redução do consumo de energia e emissões atmosféricas.

CARBOOX

INTOCAST
EXPERTS ON FIRE.

INTOCAST CARBOOX – Experts on Fire, know-how no campo de Refratários e liderança em granulados refratários para abertura de válvulas.

HWI A MEMBER OF CALDERYS

Forjados no legado, movidos pela excelência.

IBAR

IBAR REFRATÁRIOS, líder brasileira, verticalizada e comprometida com o controle de qualidade desde a extração da matéria-prima até o produto final, essencial para a indústria siderúrgica.

REFRAMAX

Há mais de 25 anos oferecendo soluções para a indústria, destacando-se na construção e manutenções de fornos e equipamentos revestidos com refratários.

PATROCÍNIO

RHI MAGNESITA

A RHI MAGNESITA é líder global em produtos, sistemas e soluções refratárias de alta qualidade para uma ampla variedade de indústrias, incluindo aço.

SHINAGAWA

"SHINAGAWA Refratários é líder global, com tecnologia japonesa, moldando o futuro dos Refratários a partir da mudança do como as pessoas veem".

Ternium

A TERNIUM é líder na produção de aço na América Latina, produzindo uma ampla gama de produtos de aços planos e longos com segurança e respeito ao meio ambiente.

TOGNI S/A
Materiais Refratários

A TOGNI S/A tem os materiais refratários que você precisa e a assistência técnica que o tranquiliza, construindo sob medida.

USIMINAS

USIMINAS atua em toda cadeia do aço, sendo líder no fornecimento de aço para a indústria automobilística e com investimento constante em tecnologia.

VESUVIUS

Soluções inovadoras que tornam as operações dos nossos clientes mais seguras, eficientes e sustentáveis.
Think Beyond. Shape the future.

COORDENAÇÃO

Alamar Kasan Duarte

O coordenador desta coleção de livros da Associação Brasileira de Metalurgia, Materiais e Mineração (ABM), Alamar Kasan Duarte, concluiu o bacharelado em Engenharia Metalúrgica na Universidade Federal de Minas Gerais (UFMG), Brasil, em 1974; o Master of Science em Engenharia Cerâmica na Universidade de Missouri, Rolla, nos Estados Unidos em 1982; e o doutorado em Engenharia de Minas e Metalurgia na Universidade Federal de Minas Gerais em 2005.

Trabalhou na Magnesita S.A. entre 1975 e 2007. Iniciou sua carreira como pesquisador, ocupando a posição de Chefe do Grupo de Desenvolvimento entre 1978 e 1980, passando à posição de Chefe do Grupo de Pesquisas e Desenvolvimento entre 1982 e 1988. De 1989 a 2000, exerceu o cargo de Gerente do Centro de Pesquisas e Desenvolvimento e, de 2000 a 2007, o de Gerente de Projetos Especiais, quando se aposentou. Em 2008, fundou a Yamagata, uma empresa de consultoria, na área de refratários, da qual é Diretor Executivo. Em 2014, fundou a Refralab, um laboratório independente, especializado em pesquisa e em realização de testes na área de Minerais e Materiais Industriais, do qual também é Diretor Executivo.

Foi diretor da Associação Nacional dos Centros de Pesquisas Industriais (Anpei) entre 1994 e 1997 e membro da Comissão de Tecnologia da Sociedade

Mineira de Engenheiros e vice-diretor da Comissão Técnica de Não Metálicos da ABM. Foi Professor da Cadeira de Refratários na Escola de Engenharia da UFMG entre 2008 e 2019 e é professor da Pontifícia Universidade Católica de Minas Gerais (PUC-MG), no curso de Especialização em Refratários, desde 2019. É Coordenador do Curso de Refratários para Siderurgia da ABM, ministrado anualmente desde 2021.

Apresentou mais de 80 trabalhos técnicos em diversos eventos nacionais e internacionais. Foi medalha de ouro na graduação, recebeu o prêmio de aluno destaque do mestrado nos Estados Unidos, conquistou o 1º lugar no exame de qualificação para doutorado e recebeu outros vários prêmios nacionais e internacionais por suas contribuições técnicas. Foi laureado pela ABM com o prêmio Medalha Vicente Chiaverini, em junho de 2022, em reconhecimento de sua expressiva atuação na área de Processos Metalúrgicos e de suas relevantes contribuições à ABM.

AUTORES

Aloísio Simões Ribeiro

Formado em Engenharia Metalúrgica pela Universidade Federal de Minas Gerais (UFMG) em 2006, com mestrado em Engenharia de Materiais pela Universidade Federal de São Carlos (UFSCar) e Master Business Administration (MBA) Executivo pela Fundação Dom Cabral. Professor do Curso de Engenharia de Refratários da Pontifícia Universidade Católica de Minas Gerais (PUC-MG) e membro da Comissão Técnica da Equipe de Redução da Associação Brasileira de Metalurgia e Materiais (ABM) Week. Atuação profissional nos centros de pesquisas IRSID, na França, na área de Simulação de Processos do Refino do Aço, tendo começado na RHI Magnesita, em 2006, como pesquisador e, a partir de 2015, é gerente de Technical Marketing na área de Fabricação de Gusa.

Douglas Galesi

Formado em Engenharia de Materiais pela Universidade Federal de São Carlos (UFSCar), com pós-graduação em metalurgia com ênfase em Siderurgia pela Faculdade de Engenharia Industrial/Associação Brasileira de Metalurgia e Materiais (FEI/ABM). Trabalha há 18 anos na indústria de refratários, com foco em Pesquisa e Desenvolvimento, Assistência Técnica e Projetos de Revestimento. Atualmente, é Diretor de P&D e Engenharia de Produto na Shinagawa para a América do Sul.

Eduardo José Togni Cardillo

Formado em Engenharia Química pela Escola de Engenharia Química de Lorena, São Paulo, em 1983. Ingressou na Togni S/A em 1984 como Pesquisador de Materiais Refratários Conformados e Não Conformados. Exerce, atualmente, o cargo de Gerente de Produtos e Assistência Técnica. Participou de vários cursos e eventos nacionais e internacionais voltados a materiais refratários.

Horácio Ávila Ferreira

Graduado em Engenharia Civil pela Faculdade Kennedy de Minas Gerais em 1986; fez pós-graduação em Administração de Empresas pela Fundação Dom Cabral em 2000 e pós-graduação em Gestão Ambiental pela Universidade Federal do Espírito Santo (Ufes) em 2008. Trabalhou na área de Engenharia da ArcelorMittal Tubarão por 34 anos, coordenando grandes obras de refratários para altos-fornos, coqueria, sinterização e laminação de tiras a quente (LTQ). Atualmente, é Diretor da empresa Horácio Consultoria e Assessoria Ltda. (HCA) prestando serviços de consultoria à Shinagawa.

Humberto Chiaretti Bassalo

Formado em Engenharia Metalúrgica pela Universidade Federal de Minas Gerais (UFMG) em 1977, com mestrado pela Universidade de Leeds, Inglaterra, em 1985. Trabalhou no Centro de Pesquisas e Desenvolvimento em Refratários Não Moldados e na área de Redução da Siderurgia, na Assistência Técnica da Magnesita S.A., de 1978 a 2009. De 2010 a 2019, trabalhou na Yamagata prestando consultoria à Magnesita Refratários S.A. e na RHI Magnesita, na área de Redução da Siderurgia. Publicou vários trabalhos em eventos nacionais e internacionais.

Jove Gontijo Neto

Consultor especialista em projetos refratários. Formado em Engenharia de Produção, Pós-Graduado em Ciências e Engenharia de Materiais, Gerenciamento de Projetos, Gestão Estratégica em Comércio Exterior e Pós-Graduação em Engenharia de Refratários pela PUC-MG. Trabalhou na Cerâmica Saffran e Saffran Engenharia no início da carreira; na Reframax foi responsável por contratos de manutenção; na Paul Wurth (participou da montagem das siderúrgicas TKCSA em Cepetiba-RJ e da VSB em Jeceaba-MG); e, na RHI Magnesita em Dubai UAE, responsável por assistência técnica nas regiões CIS, África, Índia e Middle East. Foi diretor de operações da DSI Montagens. Fundou a JGC Consultoria e presta serviços de consultoria e supervisão de projetos para a Danieli-Corus da Holanda. Professor do curso de "Refratários para Siderurgia" da ABM, professor do curso de "Refratários para Siderurgia" da Buscar Educacional e professor do curso de pós-graduação em "Engenharia de Refratários" da PUC-MG.

Lucas Batista de Almeida

Formado em Engenharia Metalúrgica pela Universidade Federal de Minas Gerais (UFMG) em 2018, com proficiência em Materiais. Trabalha na Ternium Brasil desde 2019, tendo trabalhado como Engenheiro de Operações, atualmente atua como especialista na área de Refratários e na Gestão de Contratos da Equipe de Preservação Refratária da Coqueria. Apresentou vários trabalhos técnicos na ABM.

Maciel Rodrigues Rocha Bianchi

Formado em Engenharia Metalúrgica e de Materiais pela Universidade de Vila Velha (UVV) em 2009, com pós-graduação em Engenharia de Produção pelas Faculdades Integradas Espírito-Santenses (Faesa) em 2011 e mestrado em Processamento Mineral, pela Universidade Federal do Rio de Janeiro (UFRJ) em 2017. Trabalha há 18 anos na Samarco, tendo trabalhado nas áreas de Controle de Qualidade, Assistência Técnica e, há 5 anos, atua como Engenheiro de Processo do Forno, responsável pelo planejamento e pela execução da manutenção refratária do forno.

Neussias Inocêncio Henrique

Formado em Engenharia Química pela Universidade Federal Rural do Rio de Janeiro (UFRJ), em 2014, com especialização em Ciência e Engenharia de Materiais em 2019 pela Unyleya. Trabalha na Ternium Brasil desde 2014, tendo trabalhado como Analista de Operações, Engenheiro de Processo e atualmente como Coordenador da Equipe de Preservação Refratária da Coqueria. Apresentou vários trabalhos técnicos em diversos eventos nacionais e internacionais. Recebeu, em 2019, o prêmio Josef Kapitan, na Association For Iron & Steel (AIST).

Raphael Dias de Medeiros

Formado em Engenharia Metalúrgica pela Escola de Minas (Universidade Federal de Ouro Preto) em 2009, com Master Business Administration (MBA) em Gestão Empresarial pela Fundação Getúlio Vargas (FGV-Salvador) em 2012. Trabalhou na Companhia de Ferroligas do Brasil (Ferbasa) entre 2009 e 2015 e, na Arcelor Mittal, entre 2015 e 2019. Desde 2020, trabalha na Samarco como Engenheiro de Processos, atuando na área técnica do processo de pelotização, diretamente em projetos voltados para os fornos.

Sérgio Fernando Nunes

Formado em Engenharia Metalúrgica pela Universidade Federal de Minas Gerais (UFMG) em 1993, com mestrado em Engenharia de Materiais pela Universidade Federal de Ouro Preto em 2007. Trabalha na Samarco Mineração S/A desde 1997, exercendo o cargo de Especialista Sênior de Pelotização e, desde 2009, lidera o processo de manutenção refratária de todos os fornos da Samarco.

Thiago Gonçalves Carvalho

Formado em Engenharia Química, pela Universidade Federal de Alfenas em 2016, com extensão universitária no Institute of Technology Tralee em Tralee, Irlanda, entre 2014 e 2015. Trabalha na Togni S/A desde 2015, passando inicialmente pelas áreas de Pesquisa e de Controle da Qualidade e, em 2016, passou a fazer parte do Departamento de Produtos e Assistência Técnica, onde exerce o cargo de Assistente Técnico. Fez cursos de especialização em refratários organizados pelas Asociacion Latino-Americana de Fabricantes de Materiales Refractarios (Alafar), American Ceramic Society, Associação Brasileira de Cerâmica e Associação Brasileira das Indústrias de Vidro.

Tomás Moreira de Oliveira

Formado em Engenharia Metalúrgica pela Universidade Federal de Minas Gerais (UFMG), em 2014, com período de especialização na Missouri University of Science and Technology entre agosto de 2012 e maio de 2013 e com Mestrado em Engenharia Metalúrgica pela UFMG em 2023. Trabalha na RHI Magnesita desde 2014 como Pesquisador responsável por refratários monolíticos aluminosos, com foco em massas de tamponamento, massas de socar, massas plásticas e argamassas.

Vitor Guarnier Domiciano

Formado em Engenharia de Materiais pela Universidade Federal de São Carlos (UFSCar) em 2002, com M.Sc. em Ciência e Engenharia de Materiais pela mesma instituição em 2004. Trabalha no Centro de Pesquisa e Desenvolvimento da RHI Magnesita desde 2005 como Pesquisador Especialista, responsável por projetos de pesquisa e desenvolvimento em refratários monolíticos aluminosos para a área de Redução. Já apresentou mais de 40 trabalhos técnicos em diferentes eventos nacionais e internacionais.

Para as mulheres especiais da minha vida – minha Avó,
Maria Delfina do Carmo; minha Mãe, Joaquina de Oliveira;
Minha sogra, Norikô Yamagata Vieira;
e minha Esposa, Toê Yamagata Vieira Duarte.

♥♥♥♥

AGRADECIMENTOS

O número de pessoas que contribuíram para a realização do sonho de se ter uma coletânea de livros sobre refratários no Brasil é enorme. Não me atrevo a tentar citá-las, com a certeza de que farei muitas injustiças ao esquecer de inúmeras pessoas que merecem ser mencionadas. Começou com os idealizadores do curso sobre refratários para a siderurgia iniciado em 2021 e da ABM, que prontamente abraçou a ideia.

Esta coletânea é composta por três volumes – o primeiro, sobre os fundamentos da tecnologia de materiais refratários; o segundo, sobre refratários para a área de redução; e o terceiro, sobre refratários para aciaria e laminação. Ela tem uma importância relevante para profissionais que lidam com materiais refratários em todas as suas áreas de atuação, passando por Pesquisa e Desenvolvimento, Fabricação, Controle de Qualidade, Comercialização, Assistência Técnica, Manutenção, Instalação e Reciclagem de Refratários. A coletânea tem como objetivo tornar o leitor capaz de compreender os fundamentos da tecnologia de materiais refratários e sua importância no contexto industrial siderúrgico.

Não seria possível a sua realização sem a valiosa contribuição dos vários autores dos capítulos que compõem os três volumes desta coleção. Temos também de agradecer a centenas de autores de artigos e livros citados como referências, que indiretamente contribuíram para a construção do conhecimento necessário para esta publicação.

Um agradecimento especial à Associação Brasileira de Metalurgia, Materiais e Mineração (ABM) e a todas as empresas que acreditaram na importância deste projeto, financiando esta publicação e cedendo o tempo de seus colaboradores, além das imagens e informações que enriqueceram o conteúdo da obra.

Expresso, também, minha gratidão a minha esposa, filhos, netos, a toda a família e amigos que entenderam a importância desta empreitada e que, pacientemente, compreenderam a minha ausência nos momentos que eu precisava me dedicar à coordenação da obra. A todos eles, dedico esta publicação, um legado a nossa sociedade.

Ano de 2024

Alamar Kasan Duarte

PREFÁCIO

Com a publicação dos três volumes da *Série Refratários*, a coleção de livros ABM contribui para expandir o conhecimento técnico sobre um tema fundamental para a siderurgia e outros segmentos industriais. A escolha de um refratário pode definir o sucesso de um processo industrial, pois esse material influencia na segurança das pessoas, na confiabilidade, na estabilidade operacional, na longevidade e sustentabilidade da operação.

Neste *Volume II – Refratários para a Área de Redução na Siderurgia*, há o detalhamento do uso desses materiais em diferentes equipamentos e processos que integram a produção do gusa. São informações aprofundadas sobre os tipos de materiais refratários, suas características e as tecnologias de instalação e manutenção.

A *Série Refratários* fortalece o compromisso da ABM com a geração e a difusão de conhecimento fundamentais para formar e capacitar profissionais, estudantes, docentes e pesquisadores.

Jorge Oliveira
CEO ArcelorMittal Aços Planos América Latina

SIGLAS

ABNT	Associação Brasileira de Normas e Técnicas
AEB	alumina eletrofundida branca
AEE	alumina eletrofundida escura
AES	fibras de silicato de metais alcalino-terrosos
AOD	*argon oxygen decarburization*
ASTM	American Society for Testing and Materials
ATD	análise termodiferencial
ATG	análise termogravimétrica
AWS	American Welding Society (Sociedade Americana de Soldagem)
BET	Brunauer, Emmett e Teller (pesquisadores)
BTC	concretos de baixo teor de cimento
CAC	concreto à base de aluminato de cálcio
CC	Copo cerâmico
CCUS	*carbon capture, utilization and storage* (captura e utilização e/ou estocagem de CO_2)
cd	centidarcys
CFD	*computational fluid dynamics* (fluidodinâmica computacional)
CP	cimento Portland
CPE	cone pirometrico equivalente

CPFT	partícula menores que um determinado diâmetro
CPP	custo por desempenho
CPT	custo por tonelada
DA	densidade aparente
DBM	*dead burned magnésia*
DIN	Deutsches Institut fur Normung
DMA	densidade de massa aparente
EAP	estrutura analítica do projeto
ECA	Agência Europeia de Produtos Químicos
EPA	Agência de Proteção ao Meio Ambiente dos Estados Unidos
FCR	fibras cerâmicas refratárias
FDA	Folha de Dados de Aplicação de Produtos
FDT	ficha de dados técnicos
FEA	forno elétrico a arco
FLS	*full lining servisse*
FM	*fused magnésia*
HMTA	hexametilenotetramina
HTIW	lãs isolantes para alta temperatura
HTW	lãs para altas temperaturas
IARC	Agência Internacional de Pesquisa sobre Câncer
IDP	íons determinadores do potencial
ISO	Sistema Internacional de Unidades
LME	London Metals Exchange
MEF	magnésia eletrofundida
MK	Mini-key
MMMF	fibras minerais feitas pelo homem
MMVF	fibras vítreas feitas pelo homem
MOH	hidróxido metálico
OMS	Organização Mundial de Saúde
PA	porosidade aparente
PCW	fibras policristalinas
PCZ	ponto de carga zero
PIE	ponto isoelétrico
PMBOK	*Project Management Body of Knowledge*
PMT	preço por peça/peso
PVU	preservação da vida útil
RCT	resistência ao choque térmico
RCTA	resistência a compressão em temperatura ambiente

RE	raio esférico
RFTA	resistência à flexão em temperatura ambiente
SGA	*smelter grade alumina*
SU	semiuniversal
TCO	compromisso custo total
TDS	*technical data sheet*
TPF	tempo final de pega
TPI	tempo de pega inicial
UBTC	concretos ultrabaixos teores de cimento
VDZ	Verein Deutcher Zementwerke
VF	*vacuum form*
VLD	variação linear dimensional

CONTEÚDO

Capítulo 1

REFRATÁRIOS PARA FORNOS DE PELOTIZAÇÃO

Sérgio Fernando Nunes
Raphael Dias de Medeiros
Maciel Rodrigues Rocha Bianchi

1.1 INTRODUÇÃO

Desde muitos anos, há estudos direcionados para formas de aglomerar os finos do processo produtivo. Mas por que aglomerar o minério?

A aglomeração de finos é benéfica aos processos produtivos posteriores e aos reatores (fornos), pois propiciam um aumento de permeabilidade e, consequentemente, ganho de produção desses reatores.

Os motivos de se aglomerar minério podem ser definidos da seguinte forma:

- Reaproveitamento de finos.
- Permeabilidade da carga dos fornos de redução.
- Escassez de oferta de granulados.
- Composição química e propriedades metalúrgicas conhecidas e controladas.
- Empobrecimento das reservas.

Devido ao empobrecimento das reservas, foi necessário utilizar a moagem para retirar a ganga desses minérios e obter um aproveitamento melhor. Com o minério mais fino, foi extremamente necessário aglomerar o material.

Hoje, o minério é beneficiado (liberação de ganga e impurezas) e concentrado para aumentar o teor de ferro (Fe). Para que a pelota tenha valor de mercado, é necessário que o teor de Fe seja superior a 65%. As rotas em que são utilizadas as pelotas produzidas são o alto-forno e a redução direta (Figura 1.1).

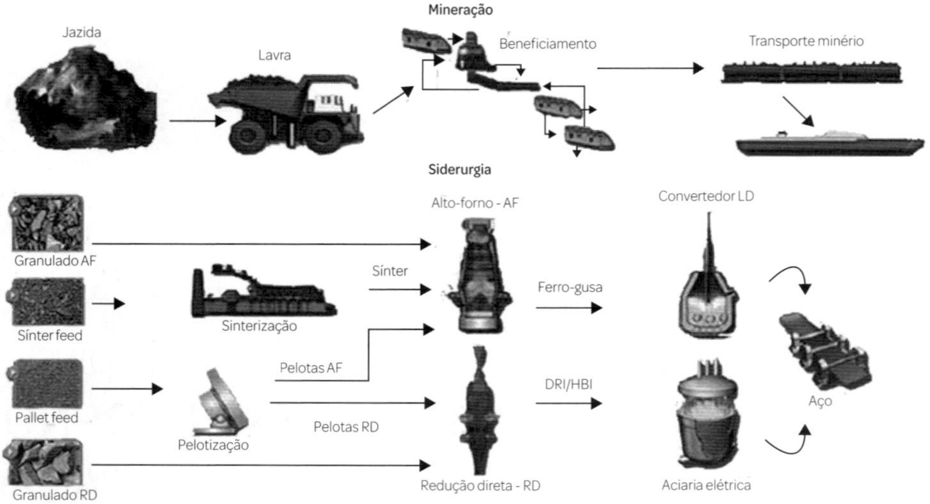

Figura 1.1 A pelotização e a siderurgia.
Fonte: Adaptada de (4).

As pelotas são produtos do processo de pelotização e podem ser divididas em basicamente dois tipos: pelotas para redução direta; e pelotas para alto-forno (Figura 1.2). No Brasil, não há rotas de redução direta. Essa rota é mais comum no Oriente Médio.

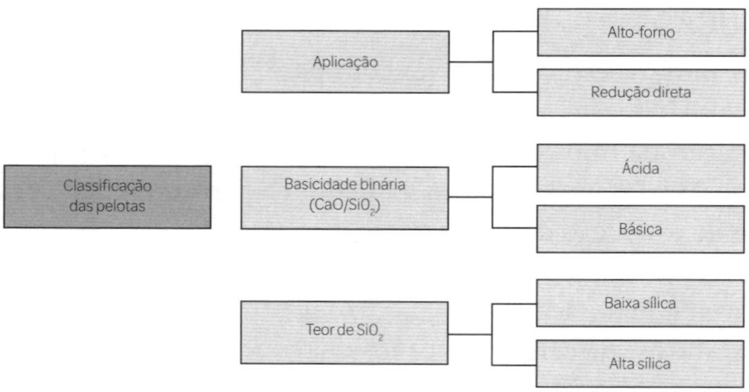

Figura 1.2 Classificação das pelotas.
Fonte: Samarco (3).

1.1.1 Rotas de pelotas de alto-forno: Estados Unidos, Europa, China (3)

As pelotas de redução direta são de baixa sílica, com sílica menor que 2%. Ou seja, pelotas "mais limpas", com menos ganga. Acima disso, são pelotas direcionadas para alto-forno.

O Brasil é o maior exportador de pelota de minério de ferro do mundo, com capacidade instalada de 70 a 75 milhões de toneladas de pelota por ano. O Brasil tem 16 plantas de pelotização, sendo 15 delas da tecnologia grelha móvel com capacidade de 2 a 8 milhões de toneladas.

Há basicamente quatro tipos de tecnologias para produção de pelota: forno rotativo; forno shaft; forno circular; e forno de grelha móvel.

No Brasil, há apenas um modelo em operação de forno rotativo, localizado em Minas Gerais. Já o forno circular foi projetado pelos europeus e, até o momento, só há um modelo recente em operação, localizado na Índia.

Os fornos shaft são de tecnologia mais antiga e de pouca operação no mundo (normalmente na China). São plantas verticais, em geral, construídas para o próprio cliente, consideradas plantas cativas.

A tecnologia de grelha móvel é a mais predominante no mundo, com maior produção e maior consumo de refratário, que pode atingir até 4 toneladas de refratário instalado. Cerca de 60% da produção mundial de pelota é feita nesse tipo de tecnologia.

O século XX foi o divisor de águas para o aperfeiçoamento dos processos de aglomeração de minério, surgindo da inviabilidade de se utilizarem finos de minério de ferro nos altos-fornos. Uma grande instabilidade política mundial fez com que estudos na Alemanha fossem direcionados para aproveitamento de rejeitos, nos processos de sinterização e briquetagem (Figura 1.3). Porém, devido à restrição do aproveitamento de materiais muito finos e dada a baixa resistência mecânica de sínters e briquetes, surgiu a necessidade de estudos no processo de pelotização.

Figura 1.3 Sínter e briquete.
Fonte: Samarco (3).

A pelotização se fortaleceu em praticamente três fases. A primeira, de 1910 a 1937, foi marcada por patentes registradas na Suécia por A. G. Andersson, onde foram feitos testes utilizando minério muito fino, água, aglomerantes, rejeitos submetidos a tratamento térmico. Nessa época, a sinterização seguia forte, porém limitada somente por não conseguir utilizar materiais muito finos (uso somente de fração grosseira, entre 0,15 e 6,3mm).

Em 1926, a Krupp fabricou, na Alemanha, uma planta-piloto com capacidade de 120 t/dia. Porém, em 1937, essa planta é desmontada para se transformar em uma sinterização para a Segunda Guerra Mundial.

A segunda fase da pelotização se inicia em 1940, marcada por uma forte demanda de minério de ferro no norte dos Estados Unidos. Durante a Guerra, as reservas de qualidade diminuíram significantemente nos Estados Unidos. O minério explorado naquela região era o taconito, que precisava ser moído em frações de até 85% < 325# (unidade de granulometria: *mesh*) para que a magnetita fosse liberada. Esse material se mostrava de sinterização, porém de fácil pelotização em tambores de mistura (segundo estudos da *US Bureau of Mines*).

Em 1943, a Universidade de Minessota desenvolveu o processo de pelotização baseado em um tambor de pelotamento e um forno de endurecimento, criando o forno do tipo shaft.

Após o fim da Segunda Guerra Mundial, já em 1947, foram retomados os estudos em pelotização. Em 1950, foram comprovados os estudos de viabilidade econômica do processo de pelotização, finalizando-se em 1955 a segunda fase da pelotização.

A terceira fase da pelotização já é marcada com a *startup* de grandes plantas de pelotização, como da Erie Mining Corporation, nos Estados Unidos (1957), com capacidade de 6Mtpa; as plantas da Vale, em 1969 (capacidade 2Mtpa); e Samarco em 1971.

A Samarco aprovou, em 2010, o projeto da quarta pelotização, forno que terminou de ser construído em 2014. Esse forno entrou em operação em 2014, sendo as operações interrompidas em 2015 devido ao acidente do rompimento da barragem de Fundão (Mariana-MG). Retornou às operações em dezembro de 2020. Tem 204m de comprimento e 4m de largura, sendo considerado o maior forno de pelotização do mundo.

1.2 PROCESSO DE PELOTIZAÇÃO

1.2.1 Forno de grelha móvel

De forma bem simplificada, no forno de grelha móvel, há fluxos de gases ascendentes e descendentes que criam regiões separadas no forno para secagem, queima e resfriamento das pelotas. Há um reaproveitamento dos gases em todas essas regiões do forno (Figura 1.4).

A secagem inicia-se com temperaturas de 350°C, utilizando gás proveniente do resfriamento secundário, com o objetivo de reduzir a umidade da pelota. A umidade da pelota é em torno de 10% a 11%, sendo secada na primeira etapa de forma ascendente (gases de baixo para cima). Em seguida, as pelotas passam para a secagem descendente (gases de cima para baixo), com recuperação de gases provenientes da queima. Posteriormente, a pelota entra na pré-queima, com temperaturas em torno de 700 a 1050°C, com função principal de finalizar a secagem e retirar a água interna da estrutura cristalina do minério, além de realizar a calcinação dos compostos presentes na mistura como o calcário.

Logo após, já acima dos 1200°C, inicia-se a queima com função de realizar as reações de escorificação e sinterização, além de conferir resistência física às pelotas. É nessa etapa que o carbono presente na mistura proveniente do carvão ou coque também queima, propiciando poros na pelota.

Após a queima, inicia-se o resfriamento da pelota para, então, dar sequência ao peneiramento (retirada dos finos < 5mm). A pelota é resfriada até atingir 150°C.

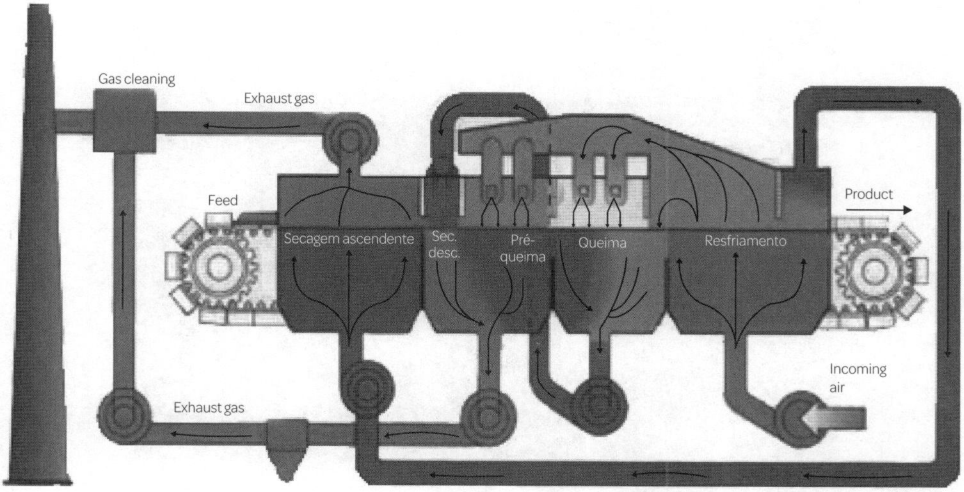

Figura 1.4 Processo de forno de grelha móvel.
Fonte: Samarco (3).

1.2.2 Forno rotativo

O forno rotativo tem um comportamento um pouco diferente, com um tambor onde são feitas a secagem dos materiais e demais preparações (Figuras 1.5 e 1.6). O aquecimento se dá basicamente por irradiação. Após o pelotamento, a pelota crua é adicionada a uma grelha para realizar as etapas de secagem e pré-queima.

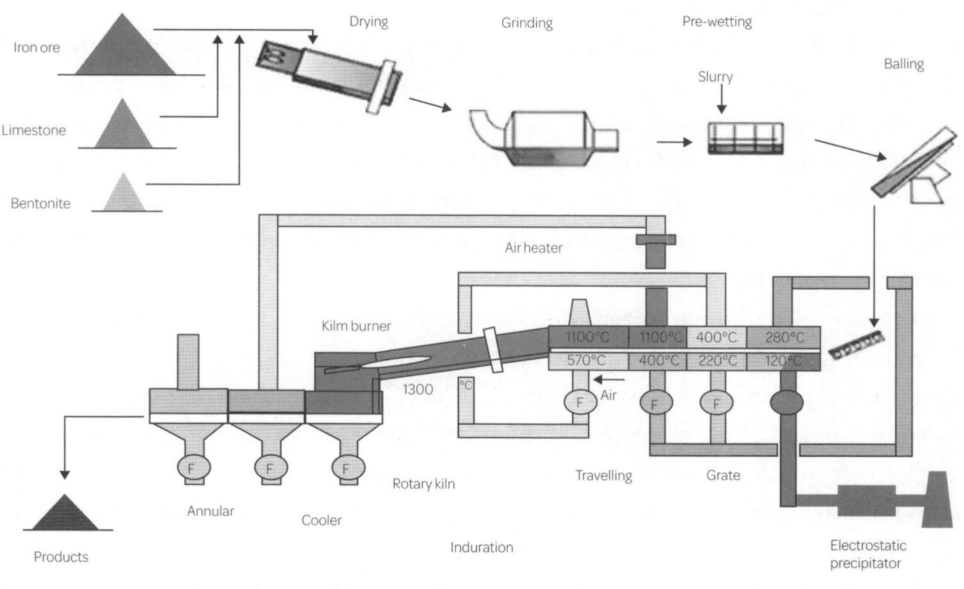

Figura 1.5 Esquemático do forno rotativo.
Fonte: Samarco (3).

Figura 1.6 Visão geral de um forno rotativo.
Fonte: Samarco (3).

As pelotas cruas, então, são direcionadas para um tambor com queimadores, atingindo temperaturas acima de 1300°C com forte presença de irradiação e convecção proveniente da chama. O gás quente atinge o leito de pelota crua, gerando uma zona de grande homogeneidade, refletindo, posteriormente, em uma qualidade melhor do produto.

1.3 REVESTIMENTO REFRATÁRIO

1.3.1 Refratários – zona de queima

A zona de queima do forno de pelotização de grelha móvel é onde há maior incidência de solicitações térmicas por causa da temperatura de trabalho nessa região. A temperatura da chama pode ultrapassar 2200°C e a face do refratário, em torno de 1700°C. Há um excessivo choque térmico em decorrência de oscilações de temperatura do fluxo de gases, com resfriamento provocado pelo ar do *downcomer* em paradas do forno. Os fornos de pelotização, então, requerem um revestimento refratário apropriado.

O forno IV da Samarco tem 46 câmaras de combustão, com queimadores de 5MW na região da queima (queimadores de alta potência). As temperaturas nas câmaras da queima são altas (acima de 1700°C), causando fusão das partículas ferrosas. Portanto, há ataque de escória/corrosão devido ao contato com as partículas ferrosas fundidas com o refratário (escória líquida no fundo da câmara). Há também erosão provocada pelo arraste das partículas finas provenientes do *downcomer*.

O gás proveniente do *downcomer* causa choques térmicos contínuos no refratário, quando o forno para, por exemplo. Torna-se, então, necessária a aplicação de alguns testes nos materiais refratários dessa região para que atendam a essas condições. Os testes necessários são de:

- Refratariedade (sobre carga).
- Temperatura máxima de uso (amolecimento e fusão).
- Expansão térmica reversível.
- Temperatura de sinterização.
- Choque térmico.
- Teste de escorificação com pelotas.

O histórico no desenvolvimento de refratários para essa região de queima está descrito na Tabela 1.1.

Tabela 1.1 Histórico de desenvolvimento de refratários.

Histórico	Tipo material	Processo fabricação	Aplicação
1977 até 1985	Chamote/bauxito	Massa plástica	Moldagem manual
1985 até 1998	Chamote/bauxito	Peças queimadas prensagem manual	Montagem de peças
1998 até 2010	Peças queimadas – mulita sinterizada, mulita eletrofundida e espinélio	Peças queimadas prensagem manual/prensa fricção	Montagem de peças
2011	Peças queimadas – alumina eletrofundida	Peças queimadas prensagem automática	Montagem de peças

Fonte: Samarco (3).

Na Samarco, até a década de 1980, eram utilizadas massa plástica e moldagem manual, porém os fornos dessa época tinham queimadores em menor número e de menor potência. As câmaras de combustão também eram menores. O cilindro é formado de peças encaixadas entre elas, inclusive a parede e o teto (Figura 1.7).

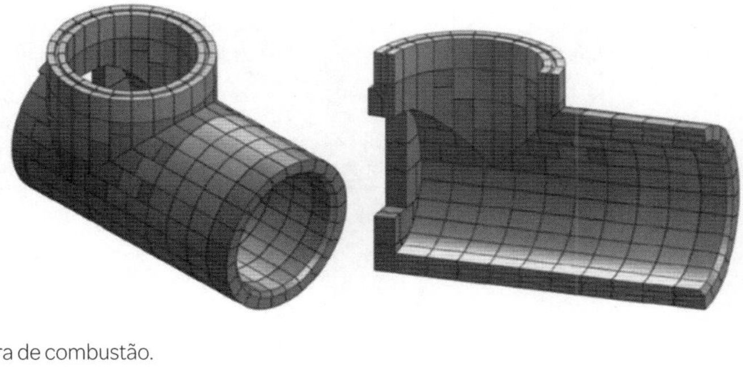

Figura 1.7 Câmara de combustão.
Fonte: RHI Magnesita.

A partir da década de 1980, com os fornos mais novos de câmaras maiores e queimadores de maior potência, foi necessário desenvolver peças queimadas, com alumina acima de 70% (prensagem manual e montagem de peças).

A partir dos anos 2000, foi desenvolvida também mulita sinterizada e eletrofundida, espinélio em alguns momentos (utilizando prensa manual e prensa hidráulica). A partir de 2011, as peças passaram a ser feitas de alumina (alumina eletrofundida, branca, tabular) em prensas automáticas, em função de suas maiores homogeneidade, densidade e resistência ao ataque de escória.

Essa evolução de materiais se deu basicamente na melhora de propriedades como resistência mecânica e resistência a choque térmico. As propriedades e demais características dos materiais testados na Samarco nessa região são ilustrados na Tabela 1.2.

Tabela 1.2 Refratários para o forno 3 da Samarco.

Ensaios	Unidade	Mulita eletrofundida	Espinélio	Alumina eletrofundida		
		Moldagem manual	Vibrado	Moldagem manual	Vibrado	Prensado
Análise química						
SiO_2	%	22,71	Traços	10,40	7,80	9,56
Al_2O_3		76,23	92,20	89,00	91,40	90,64
Fe_2O_3		0,23	0,10	0,10	0,07	0,04
$Na_2O + K_2O$		0,40	0,48	0,40	0,48	0,06
CaO + MgO		0,06		0,10	0,24	0,20
MgO			5,70			
CaO			2,10			
Propriedades físicas						
MEA	g/cm^3	2,63	2,97	2,95	2,90	3,01
PA	%	16,0	19,1	16,7	17,7	14,1
RCTA	MPa	59	47,1	77	94	98
Requeima a 1700°C × 5 horas			-0,06	-0,22	-0,91	-0,15
Choque térmico a 1000°C (água)	Ciclos	>30	17	>30	≥30	>30
Escorificação (desgaste + infiltração)	(mm)	25,0	8,2	19,3	19,2	12,3
Atributos						
Laminação		Sim	Não	Sim	Não	Não
Segregação		Não	Não	Não	Não	Não
Trinca		Não	Não	Sim	Não	Não
Núcleo escuro		Não	Não	Sim	Não	Sim

Fonte: Samarco (3).

Foram testados mulita eletrofundida, espinélio, zircônia e outros materiais. Mas o que teve um melhor custo-benefício foi a alumina eletrofundida prensada em prensa automática (alumina alta).

O espinélio obteve melhor resultado de ataque de escória, porém perdeu no resultado de choque térmico (que é crítico na pelotização). No balanço final, a alumina eletrofundida apresentou um resultado melhor. A variação linear dimensional (VLD) também é um parâmetro muito importante, em que a VLD não pode ser maior que 0,5.

Na Figura 1.8, são mostrados exemplos de câmaras de combustão. Podem ser feitas em peças queimadas na parede ou um mix, em que o cilindro seria em peças queimadas e a parede, monolítica (aplicação de *shotcreting*, por exemplo). As juntas de dilatação são muito importantes nas paredes em função da alta temperatura.

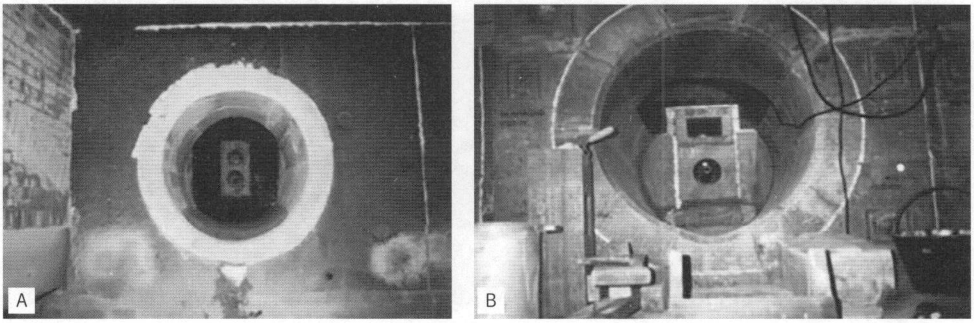

Figura 1.8 A) Câmaras e paredes monolíticas; e B) em blocos.
Fonte: Samarco (3).

Câmaras de combustão e paredes de combustão podem ser monolíticas ou em blocos. São regiões onde a temperatura máxima de uso pode atingir 1700°C, com altos teores de Al_2O_3 (acima de 80%). Portanto, nessas regiões (paredes e cilindro), os refratários são aluminosos. O material costuma apresentar porosidade de no máximo 16% e resistência à compressão acima de 90 MPa. É uma região que necessita de um refratário com alta resistência a choques térmicos e o uso de tijolos queimados permite acelerar a curva de aquecimento do forno posteriormente. Os cilindros das câmaras de combustão costumam ter teores de alumina de cerca de 90%.

Os blocos queimadores têm Al_2O_3 acima de 80%. A Tabela 1.3 exemplifica uma composição típica do refratário dos blocos queimadores.

Tabela 1.3 Composição típica de blocos queimadores.

Classe	Local de aplicação	Al_2O_3 (%)	SiO_2 (%)	CaO (%)	Fe_2O_3 (%)	Álcalis (%)	MEA (g/cm^3)	RCTA (MPa)
AL-2 Prensagem socagem	Blocos de queimadores	73,5	19,3	0,2	1,3	0,7	2,47	50
CONC-4 Alta alumina denso	Fechamento de peças e blocos em regiões críticas	92,0	2,7	2,7	0,6	< 0,2	2,91	50

Fonte: Adaptada de (2).

Os refratários do teto do forno (Figura 1.9) podem ser confeccionados em blocos ou monolítico (bombeado). O teor de Al_2O_3 recomendado desses refratários é acima de 80%. Esse refratário deve apresentar alta resistência mecânica (para suportar o peso do próprio teto), resistência térmica (devido ao gradiente térmico entre a face quente e face fria) e resistência química (por causa do contato do pó de minério carreado pelo gás).

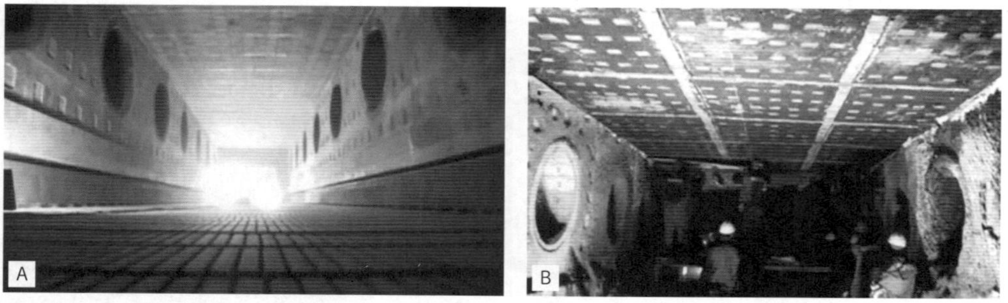

Figura 1.9 A) Refratários do teto em blocos; e B) monolítico.
Fonte: Adaptada de (3).

Portanto, essa região é susceptível ao mecanismo termoquímico: com a formação de fases do FeO do pó de minério e a sílica do refratário, há uma expansão volumétrica do material causando termoclase térmica.

O combustível utilizado nos fornos (óleo ou gás) não mostrou influência diretamente no desgaste de refratários, mas sim no controle da chama (em função da qualidade da chama).

1.3.2 Refratários – zona de resfriamento

O refratário da zona de resfriamento dos fornos de pelotização tem estrutura monolítica, porém de refratários sílico-aluminosos (alumina em torno de 45%). É uma área muito grande e de temperaturas não muito elevadas (máximo 1200°C), porém há uma erosão muito forte em função do material particulado misturado com o gás. Há, então, o uso de painéis refratários além da projeção convencional de materiais sílico-aluminosos.

Nas primeiras caixas da região, há uma zona de alta temperatura em virtude do início do resfriamento das pelotas. A região recebe várias solicitações: choques térmicos decorrentes de oscilação de temperatura no fluxo de gases; ataque de escória (corrosão); erosão (principal problema dessa região) em razão do fluxo gasoso intenso carreando partículas finas; e gradientes de temperatura e pressão.

1.3.3 Refratários – principais desafios

1. No "pé de parede" (console) da zona de resfriamento (Figura 1.10), em função da erosão, há sérios problemas de desgaste (devido à pressão positiva).

Figura 1.10 Início da zona de resfriamento do forno 1 da Samarco.
Fonte: Adaptada de (3).

2. As paredes transversais dos fornos de pelotização tendem a ser secas, ou seja, sem resfriamento com água. São paredes em forma de arco (autossustentável). Porém, no respectivo projeto, ainda há formação de trincas no meio da peça, conforme a Figura 1.11.

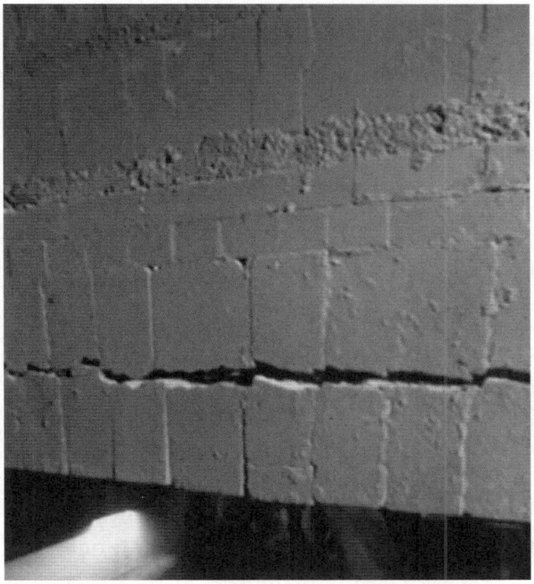

Figura 1.11 Parede do forno IV da Samarco.
Fonte: Adaptada de (3).

3. Ataque de escória líquida, no fundo da câmara de combustão.
4. Aparecimento de um *gap* entre a parede da câmara e o primeiro anel, que até hoje não há uma solução efetiva para esse problema (Figura 1.12).
5. Solidificação de escória líquida ao escorrer pela parede de refratários que está mais fria (formação de "bodes").

Figura 1.12 *Gap* entre parede e o primeiro anel.
Fonte: Adaptada de (3).

6. Ataque da escória causando termoclase e redução da espessura do teto.
7. Descontroles da chama com desgastes pontuais no cilindro da câmara de combustão.

1.3.4 Refratários – tendências

As paredes transversais com caixas refrigeradas, onde há uma viga refrigerada à água que sustenta a parede de refratários, estão sendo substituídas por paredes autossustentáveis (feitas com refratário). O objetivo é reduzir o consumo de água (ganho ambiental) e de energia, porém há algumas desvantagens como a necessidade de adequação da estrutura metálica da parede em razão do aumento da temperatura na base da parede. Há também a necessidade de um perfeito dimensionamento de juntas no sentido longitudinal, de modo a evitar tensões de dilatação que geram quedas de peças e deformação da estrutura metálica.

As caixas d'água nos pés de parede estão sendo substituídas por caixas secas, pois há riscos de obstrução por impurezas presentes na água, o que compromete o fluxo de água.

Para execução dessa transição de uso para não uso de água na estrutura dos refratários dos fornos de pelotização, é necessário ter atenção a alguns pontos como monitorar o perfil do revestimento, avaliando-se temperaturas de carcaça previstas. Para isso, é necessário um trabalho contínuo de melhorias de modo a aperfeiçoar fluxo térmico, reduzindo a temperatura de carcaça e perdas térmicas.

1.4 FORNO GRELHA - *ROTARY KILN*

A região inicial do forno rotativo se inicia com uma área reta, que apresenta temperaturas mais baixas (até 1050°C). Na parte superior, há um concreto bombeado e ancorado no teto. Portanto, requer refratários com teor de alumina de 60%.

Já as paredes do forno grelha, geralmente não apresentam desgastes (vida útil elevada).

A região de maior solicitação térmica no forno rotativo (*rotary kiln*) é o cilindro onde se encontra o queimador principal, tornando baixa a vida útil do refratário aplicada nessa região. O indicador de disponibilidade de uma planta rotativa não atinge 340 dias anuais devido a maior necessidade de paradas durante o ano. Nessa região, usam-se materiais monolíticos e peças especiais. No cilindro, não há camada de forramento, como no forno de grelha móvel.

O forno rotativo é revestido de tijolos aluminosos. Os mecanismos de desgaste mais comuns se instalam após fenômenos de colagem de finos agregados aos copos do forno que, após seu desprendimento, provocam ruptura e lascamento dos tijolos (Figura 1.13).

Figura 1.13 Limpeza e desgaste do tambor rotativo.
Fonte: Samarco (3).

O choque térmico também está presente no forno rotativo. Em geral, os fabricantes de refratários indicam curvas de resfriamento e aquecimento adequadas para seus materiais. Em paradas de manutenção programada, recomenda-se o aquecimento com equipamentos específicos para essa finalidade. Contudo, em caso de necessidade de resfriamento não planejado, é comum realizar essas curvas com os equipamentos de operação, com um controle "menos refinado", causando choque térmico e possíveis danos ao revestimento.

O cilindro costuma esquentar muito e o calor é transferido para a carcaça, gerando alguns problemas como a deformação da carcaça (Figura 1.14).

No resfriador, as solicitações maiores são choque térmico e desgaste por abrasão. O fluxo de ar com particulados nesse equipamento é muito elevado (a energia retirada das pelotas quentes é recuperada e direcionada para os dutos).

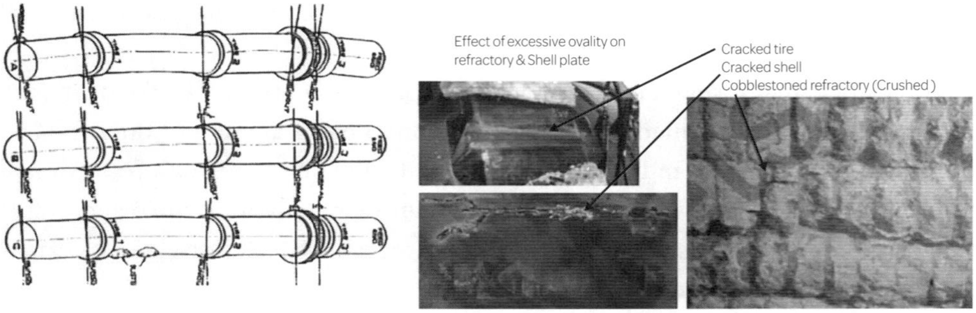

Figura 1.14 Deformação da carcaça do forno.
Fonte: Samarco (3).

A manutenção do revestimento refratário é feita anualmente, por períodos de 15 a 30 dias. Nessas paradas anuais, fazem-se reparos no forno grelha, rotativo e no resfriador. Além da manutenção anual, há pequenas manutenções mensais utilizando projeção (paradas de 24 a 36 horas).

Acesse as imagens coloridas do capítulo.

REFERÊNCIAS

(1) DUARTE, A. K. *Fundamentos em refratários*. Yamagata Consultoria, Belo Horizonte, 2018.

(2) D'ÁVILA, *et al. Refratários para pelotização e sinterização de minério de ferro. In*: Curso de refratários para redução. Belo Horizonte: ABM, maio de 2008.

(3) NUNES, S. F. *Refratário para fornos de pelotização. In:* Seminário Reframax, Vitória-ES, 2012.

(4) MOURÃO, J. M. *Aspectos conceituais relativos à pelotização de minério de ferro*. Conceitual Consultoria Minero-Siderúrgica, 2017.

(5) SILVA, R. L. A. *Refratários para fornos de pelotização. In:* Seminário Reframax, Belo Horizonte-MG, 2011.

Capítulo 2
REFRATÁRIOS PARA FORNOS DE SINTERIZAÇÃO

Horácio Ávila Ferreira
Alamar Kasan Duarte

2.1 INTRODUÇÃO

A sinterização é um processo de aglomeração a quente de uma mistura de finos de minério, coque, fundentes e adições na qual o produto resultante é o sínter de características químicas, físicas e metalúrgicas apropriadas para a operação nos altos-fornos. A Figura 2.1 mostra uma planta de sinterização de minério de ferro.

2.2 PROCESSO DE SINTERIZAÇÃO

Para facilitar o entendimento do processo de sinterização, é descrito, a seguir, o caminho que a matéria-prima percorre desde o pátio de estocagem até o alto-forno (Figura 2.2).

Do pátio de armazenamento, as matérias-primas são retiradas separadamente por tipo de material e transportadas para os silos de armazenamento. Dos silos de estocagem os materiais finos, devidamente selecionados e pesados, vão para o misturador, onde se adiciona água e, então, formam-se micropelotas (Figura 2.3).

Após as matérias-primas serem misturadas e adicionada a água, o material é transportado e distribuído na esteira da máquina de sinterização (Figura 2.4).

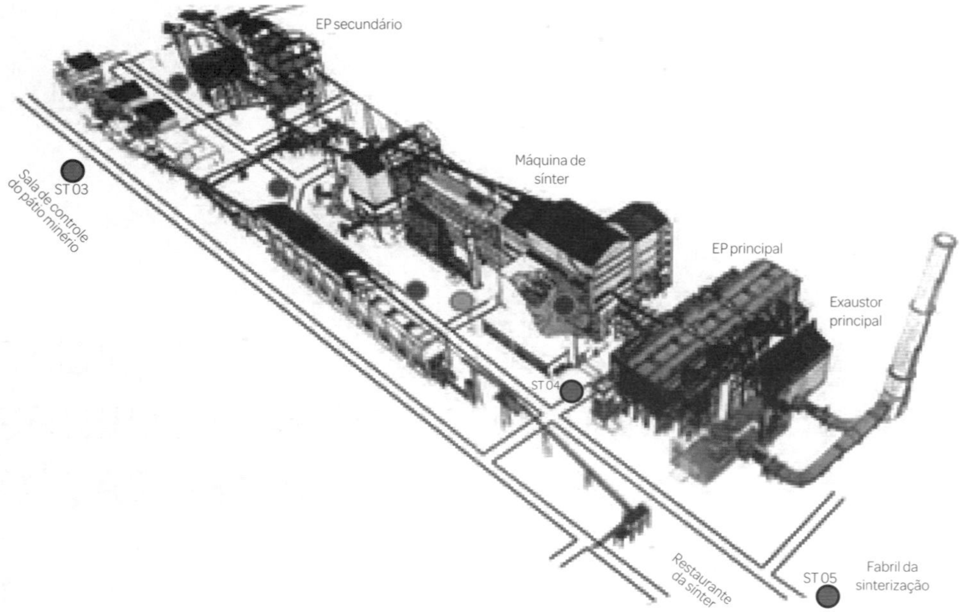

Figura 2.1 Planta típica de uma sinterização.
Fonte: Desenvolvida pela autoria do capítulo.

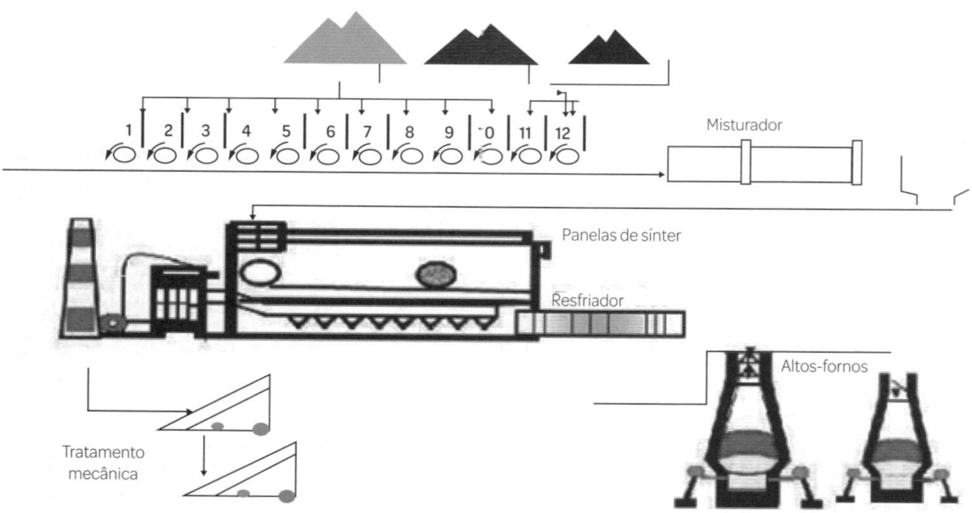

Figura 2.2 Fluxo das matérias-primas do pátio de estocagem até o alto-forno.
Fonte: Acervo da Arcelor Mittal Tubarão (AMT).

O material depositado sobre a esteira da máquina de sínter passa antes pelo forno de ignição, onde, a aproximadamente 1200°C, se inicia a sinterização do material (Figura 2.5).

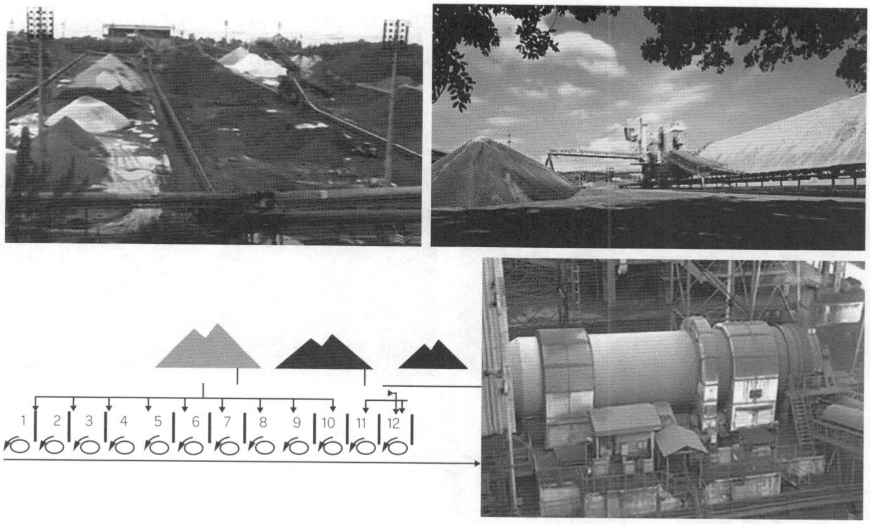

Figura 2.3 Fluxo da matéria-prima.
Fonte: Acervo da Arcelor Mittal Tubarão (AMT).

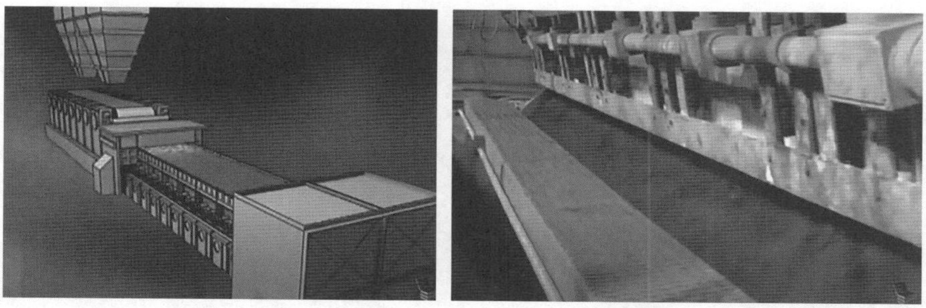

Figura 2.4 Alimentação da matéria-prima na máquina de sínter.
Fonte: Acervo da Arcelor Mittal Tubarão (AMT).

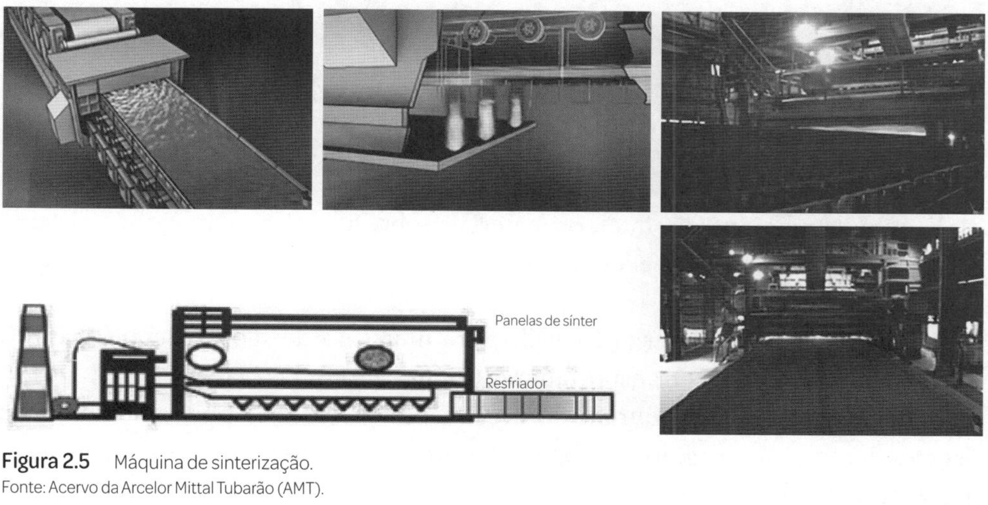

Figura 2.5 Máquina de sinterização.
Fonte: Acervo da Arcelor Mittal Tubarão (AMT).

A esteira da máquina de sínter é composta por "carros" grelha que, embora bloqueiem a queda dos materiais, permitem a passagem de ar através das grelhas (Figura 2.6).

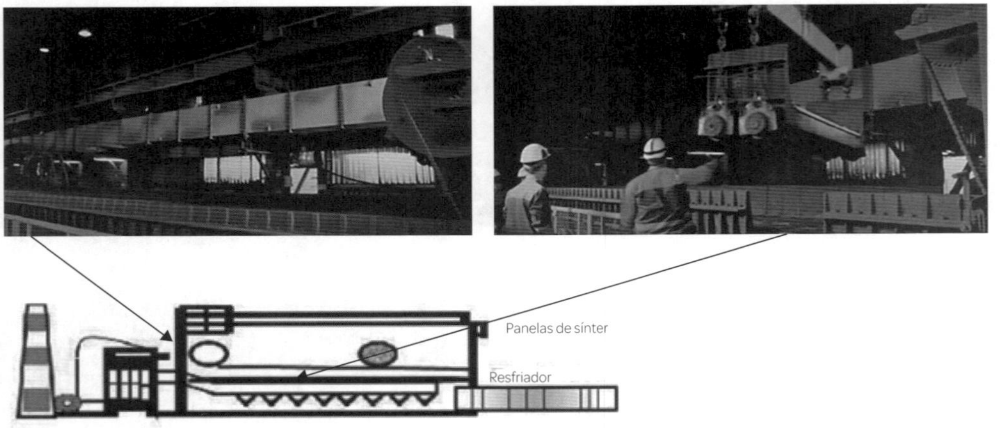

Figura 2.6 Detalhes da máquina de sinterização.
Fonte: Acervo da Arcelor Mittal Tubarão (AMT).

O ar sugado passando através da carga, de cima para baixo e ao longo de toda a esteira, mantém a temperatura elevada por intermédio da combustão, promovendo a evaporação da água e a decomposição dos carbonatos em hidratos e provocando a fusão parcial das partículas, que se aglomeram e permanecem ligadas por uma matriz de escória (Figura 2.7).

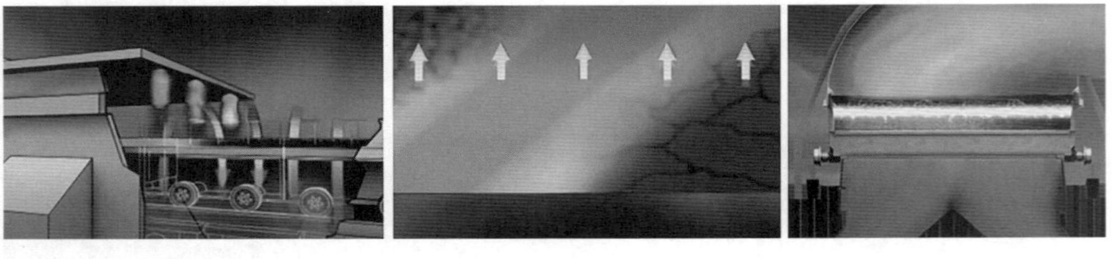

Figura 2.7 Processo de sinterização.
Fonte: Acervo da Arcelor Mittal Tubarão (AMT).

No fim da máquina de sínter, os materiais sobre a esteira caem em um sistema de britagem, são resfriados e levados por correias para o sistema de peneiramento (Figura 2.8).

Após peneirado, o material é levado para uma casa de silos e, depois, para os altos-fornos por correias transportadoras (Figura 2.9).

Todos os pós coletados durante a sucção na esteira, nos despoeiramentos e nos peneiramentos, são dirigidos aos precipitadores eletrostáticos e retornam ao sistema (Figura 2.10).

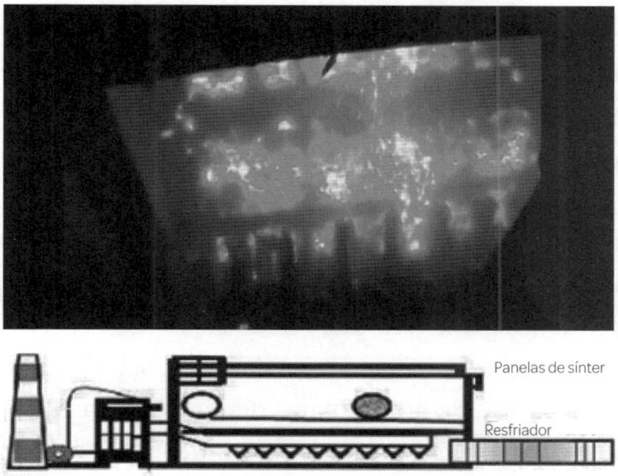

Figura 2.8 Sistema de resfriamento.
Fonte: Acervo da Arcelor Mittal Tubarão (AMT).

Figura 2.9 Transporte do sínter até o alto-forno.
Fonte: Acervo da Arcelor Mittal Tubarão (AMT).

Figura 2.10 Sistema de coleta de pó gerado no processo.
Fonte: Acervo da Arcelor Mittal Tubarão (AMT).

2.3 MECANISMOS DE DESGASTE DOS REFRATÁRIOS

Durante o processo de sinterização, vários são os fenômenos que atacam os refratários dos fornos de ignição e, entre estes, destacam-se:

- Variação de temperatura, principalmente próximo aos lintéis de entrada e saída.
- Paradas abruptas dos fornos, causando rápida queda de temperatura.
- Aquecimento dos fornos em temperaturas muito acima das curvas previstas para o aquecimento gradativo dos refratários.
- Projeção contra as paredes refratárias da mistura a sinterizar. Ao aderir contra a parede do revestimento, o óxido de ferro da mistura penetra o revestimento e reage com a sílica presente na matriz refratária, provocando a corrosão. Estabelece-se, então, uma relação direta entre a concentração de sílica no refratário e os níveis de corrosão. Testes comprovam, em escala laboratorial, que quanto menor a presença de sílica livre no refratário, menor o desgaste do revestimento.

2.4 PROJETOS DE REVESTIMENTO REFRATÁRIO

Principais itens a serem levados em consideração durante o desenvolvimento do projeto refratário para o forno de ignição:

- processo de sinterização;
- mecanismos de desgaste;
- máxima temperatura permitida para as partes metálicas (cálculo das isotermas obtidas por meio do revestimento refratário sugerido);
- conhecimento/discussão sobre o projeto mecânico (tipo de aço, implantação ou não de lintéis refrigerados etc.);
- propriedades dos refratários;
- localização dos queimadores;
- dimensionamento e posicionamento das juntas de expansão;
- estabelecimento de curva de secagem;
- estabelecimento de curva de aquecimento;
- levantamento de campo para verificar possíveis interferências na montagem refratária;
- procedimento de aplicação dos refratários.

A Figura 2.11 mostra um exemplo de projeto de revestimento refratário de um forno de ignição.

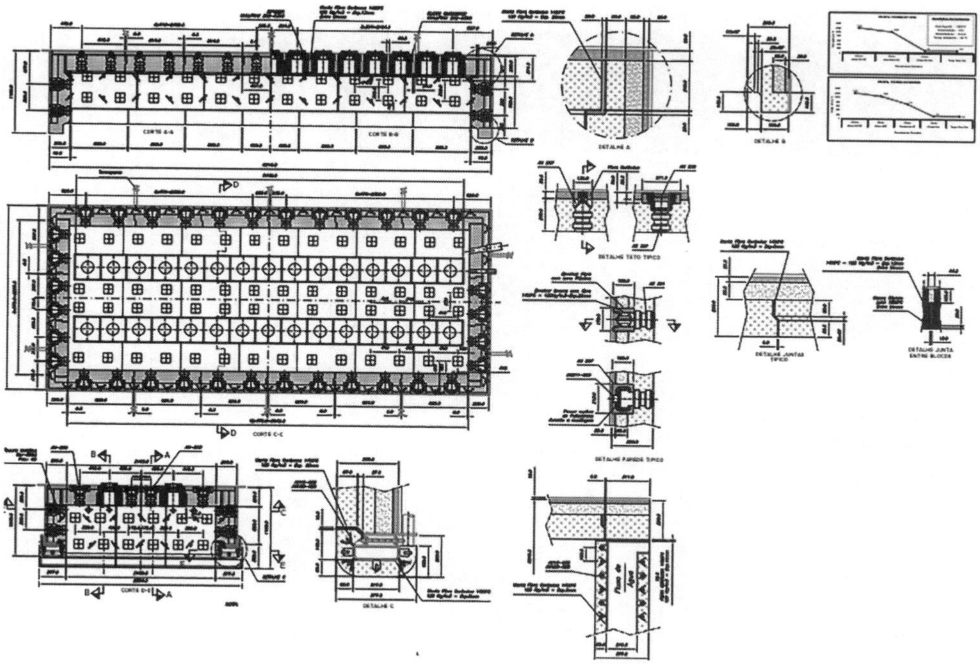

Figura 2.11 Projeto de um forno de ignição.
Fonte: Acervo da Arcelor Mittal Tubarão (AMT).

A Tabela 2.1 mostra uma lista de refratários típicos utilizados em um forno de ignição.

Tabela 2.1 Propriedades típicas de refratários usados no forno de ignição.

		Teto/paredes/lintéis				Queimadores
		Âncoras concreto	Concreto face quente	Concreto isolante	Placa sílica diatomácea	Concreto
Composição química	%					
Al_2O_3		89	70,3	60,9		80,9
SiO_2		9,8	24,1	24,7		11
Fe_2O_3		0,1	1	2		1,7
CaO			1,25			
MgO				2,4		
Densidade aparente a 110°C	g/cm^3	2,87	2,61	1,66	0,3	2,9
815°C			2,64	1,69		
1250°C				1,71		
1450°C			2,57			
Porosidade aparente a 110°C	%	19,1	12,8	41,5		15,5
815°C			16,4	48		

(Continua)

Tabela 2.1 Propriedades típicas de refratários usados no forno de ignição. (*Continuação*)

		Teto/paredes/lintéis				Queimadores
		Âncoras concreto	Concreto face quente	Concreto isolante	Placa sílica diatomácea	Concreto
1250°C				44,4		
1450°C			12			
Resistência à flexão a 110°C	MPa	9,9	14	1,5		12
815°C			20	1,3		
1250°C				5,4		
1450°C			29			
Resistência à compressão a 110°C	MPa	61,3	56	4		56
815°C			73	4		
1250°C				11,8		
1450°C			130			
Máxima temperatura de uso	°C	1815		1200	1260	1400
Variação linear dimensional a 110°C	%		0,22	-0,28		
815°C			-0,06	0,5		
1250°C				2,72		
1450°C			0,62			
Condutividade térmica a 200°C	W/m°K	1,9		0,55	0,049	
400°C				0,57	0,068	
600°C				0,57	0,094	
800°C				0,58	0,130	
1000°C				0,59	0,170	
Resistência à erosão	cm^3		11,5			

2.5 CONSTRUÇÃO DE UM NOVO FORNO

Seguem, de forma detalhada, as etapas necessárias para a construção e a montagem de um novo forno de ignição.

- Preparação da carcaça: solda de grampos, suportes das âncoras e tubos para passagem de termopares nas paredes (Figuras 2.12 a 2.14).
- Aplicação de isolamentos para a carcaça (mantas e placas) e montagem das âncoras nas paredes (Figura 2.15).
- Montagem das formas nas paredes e aplicação de concreto isolante (Figura 2.16).
- Transporte da carcaça, pré-preparada para local onde serão concluídos o refratamento e a secagem (Figura 2.17).

- Aplicação de isolamento, soldagem dos grampos de fixação das âncoras, colocação de formas e aplicação do concreto isolante e concreto de trabalho nas paredes e no teto (Figuras 2.18 e 2.19).
- Instalação dos queimadores – teto (Figuras 2.20 a 2.22).
- Giro da carcaça para a posição de secagem dos refratários (Figura 2.23).
- Transporte e montagem da carcaça na posição final, instalação dos termopares, instalação da cortina no lintel de saída e aquecimento (Figuras 2.24 e 2.25).

Figura 2.12 Preparação da carcaça – solda de grampos, suportes das âncoras e tubos para passagem de termopares nas paredes.
Fonte: Acervo da Arcelor Mittal Tubarão (AMT).

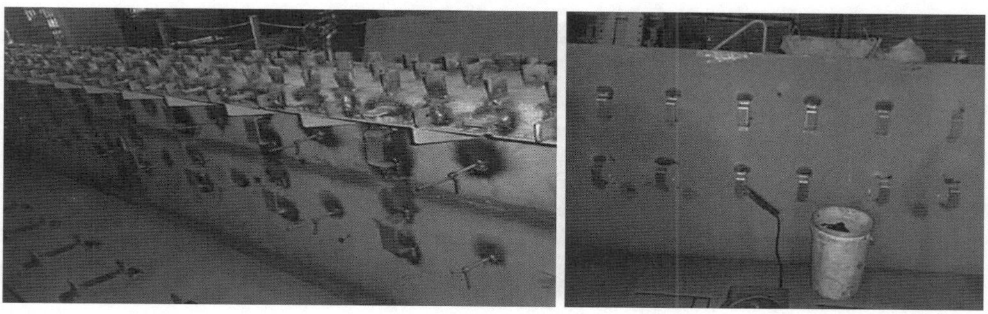

Figura 2.13 Solda das âncoras.
Fonte: Acervo da Arcelor Mittal Tubarão (AMT).

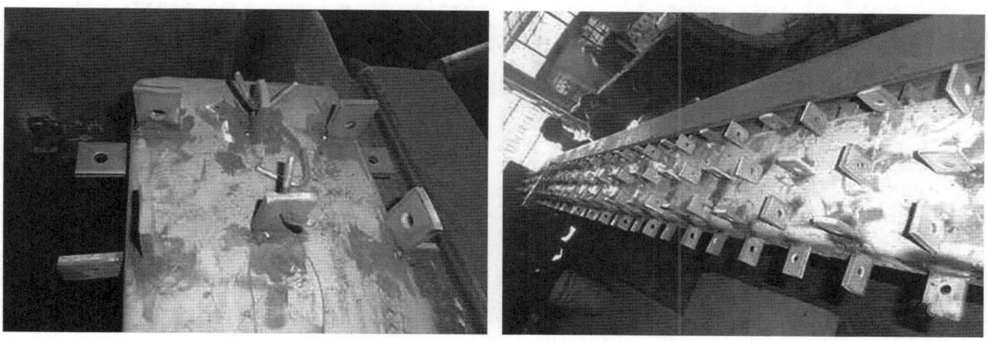

Figura 2.14 Ancoragem.
Fonte: Acervo da Arcelor Mittal Tubarão (AMT).

Figura 2.15 Isolamento da carcaça.
Fonte: Acervo da Arcelor Mittal Tubarão (AMT).

Figura 2.16 Concretagem do material isolante.
Fonte: Acervo da Arcelor Mittal Tubarão (AMT).

Figura 2.17 Transporte da carcaça para finalização do refratamento.
Fonte: Acervo da Arcelor Mittal Tubarão (AMT).

Figura 2.18 Instalação do refratário.
Fonte: Acervo da Arcelor Mittal Tubarão (AMT).

Figura 2.19 Concretagem do refratário de trabalho.
Fonte: Acervo da Arcelor Mittal Tubarão (AMT).

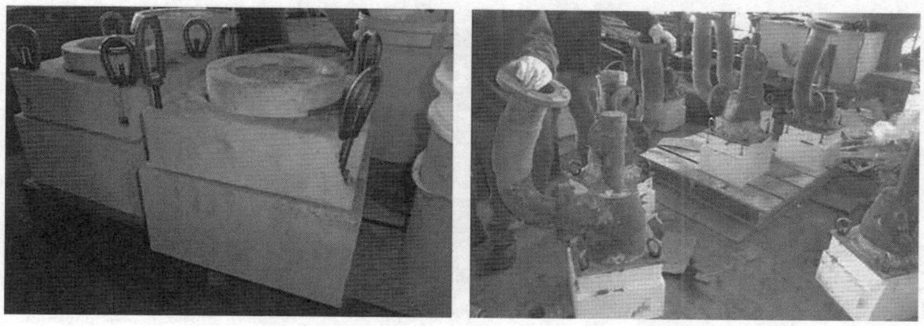

Figura 2.20 Instalação dos queimadores no teto.
Fonte: Acervo da Arcelor Mittal Tubarão (AMT).

Figura 2.21 Instalação dos queimadores no teto.
Fonte: Acervo da Arcelor Mittal Tubarão (AMT).

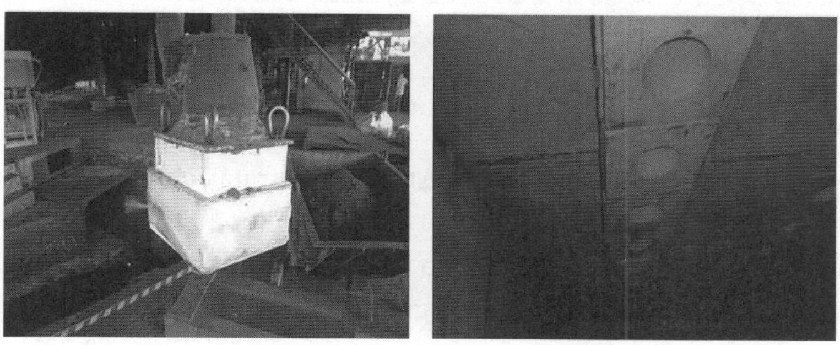

Figura 2.22 Instalação dos queimadores no teto.
Fonte: Acervo da Arcelor Mittal Tubarão (AMT).

Figura 2.23 Posicionamento da carcaça para a secagem do refratário.
Fonte: Acervo da Arcelor Mittal Tubarão (AMT).

Figura 2.24 Transporte e posicionamento final da carcaça.
Fonte: Acervo da Arcelor Mittal Tubarão (AMT).

Figura 2.25 Transporte e posicionamento final da carcaça.
Fonte: Acervo da Arcelor Mittal Tubarão (AMT).

2.6 MANUTENÇÃO REFRATÁRIA

A seguir, serão mostrados danos no revestimento refratário e soluções usadas para reparo.

- Danos nos refratários na região do teto e reparo por projeção (Figura 2.26).
- Danos nos refratários do lintel (Figura 2.27).
- Troca das ancoras cerâmicas e reparo por projeção (Figura 2.28).
- Danos nos refratários das paredes laterais (Figura 2.29).

- Reparo nas ancoragens e reparo por projeção das paredes (Figura 2.30).
- Uso de "cotonetes" para proteger os bocais dos queimadores durante a projeção de concreto (Figura 2.31).
- Danos nos refratários dos queimadores (Figura 2.32).
- Reparo considerando a troca dos queimadores (Figura 2.33).
- Abertura de trincas nas paredes, lintéis e teto com reparo por calafetação (Figura 2.34).

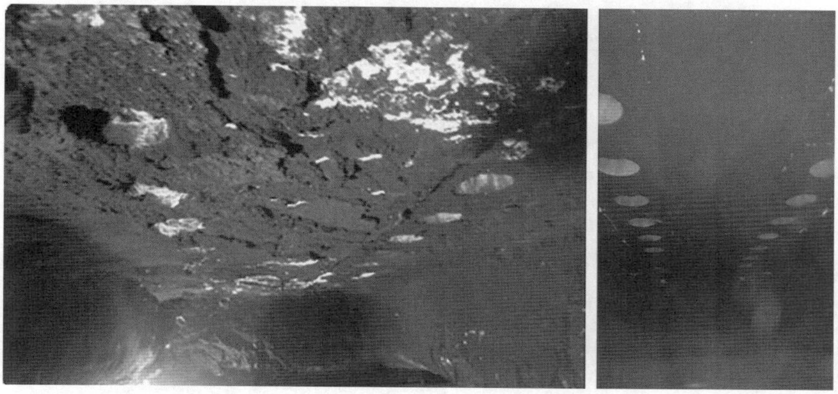

Figura 2.26 Danos e reparo em teto.
Fonte: Acervo da Arcelor Mittal Tubarão (AMT).

Figura 2.27 Danos e reparos no lintel.
Fonte: Acervo da Arcelor Mittal Tubarão (AMT).

Figura 2.28 Reparo de ancoragem e projeção.
Fonte: Acervo da Arcelor Mittal Tubarão (AMT).

Figura 2.29 Danos e reparos nas paredes laterais.
Fonte: Acervo da Arcelor Mittal Tubarão (AMT).

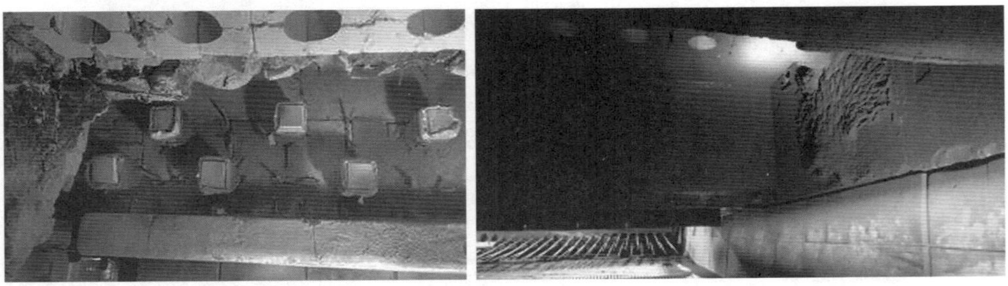

Figura 2.30 Danos e reparos nas paredes laterais.
Fonte: Acervo da Arcelor Mittal Tubarão (AMT).

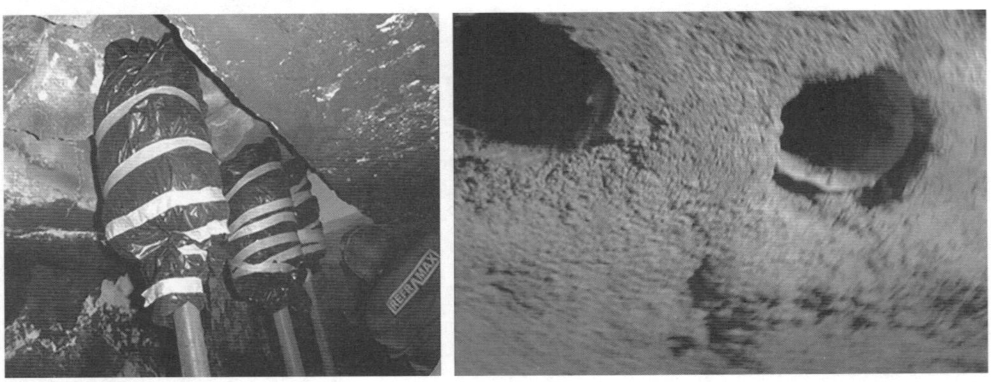

Figura 2.31 Reparo em teto.
Fonte: Acervo da Arcelor Mittal Tubarão (AMT).

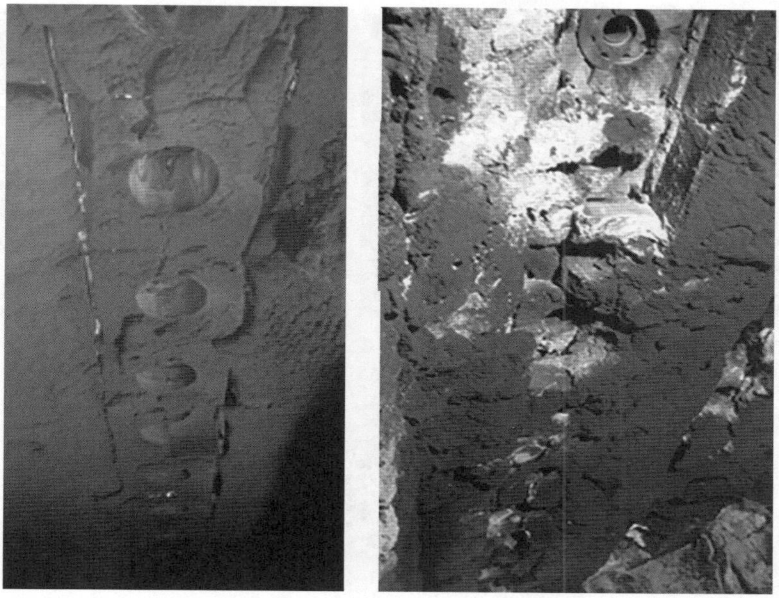

Figura 2.32 Danos em queimadores.
Fonte: Acervo da Arcelor Mittal Tubarão (AMT).

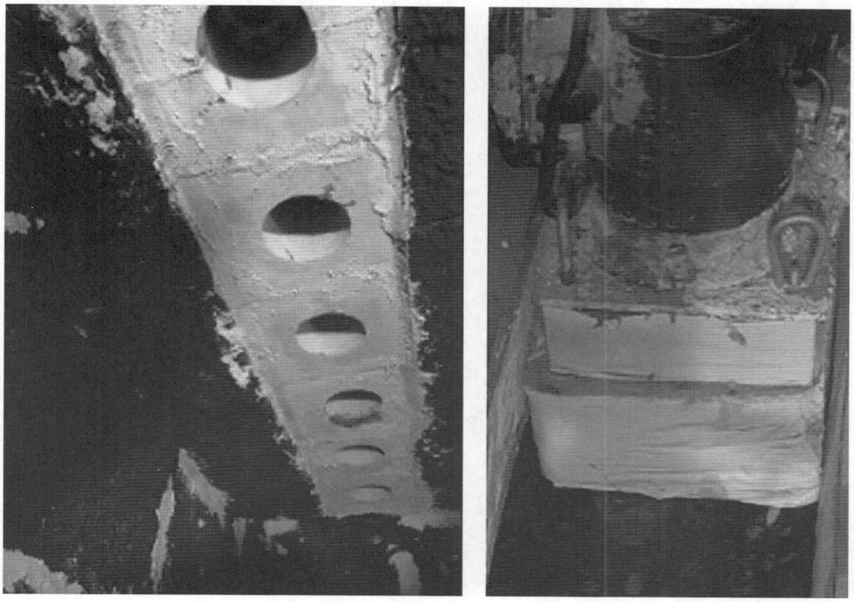

Figura 2.33 Troca de queimadores.
Fonte: Acervo da Arcelor Mittal Tubarão (AMT).

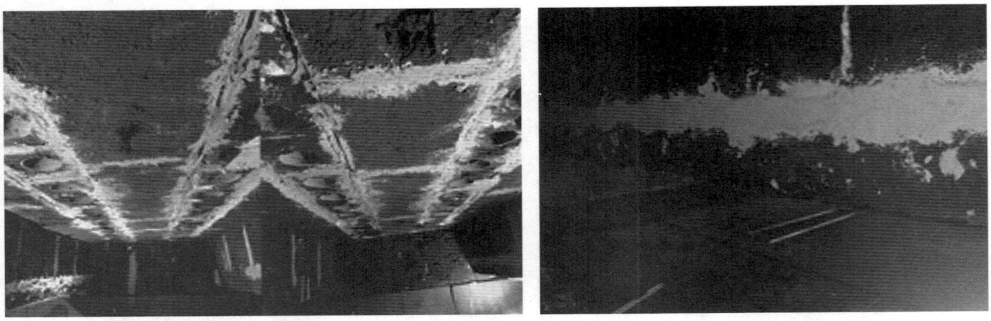

Figura 2.34 Calafetação em trincas (2).
Fonte: Acervo da Arcelor Mittal Tubarão (AMT).

Acesse as imagens coloridas do capítulo.

REFERÊNCIA

(1) As imagens mostradas neste trabalho foram fornecidas gentilmente pela Arcelor Mittal Tubarão (AMT).

Capítulo 3
REFRATÁRIOS PARA COQUERIA CONVENCIONAL

Horácio Ávila Ferreira
Alamar Kasan Duarte

3.1 INTRODUÇÃO

A coqueria é a área responsável pela produção do coque, que é o produto da destilação e da aglomeração do carvão mineral. Essa unidade de processo tem como principal característica o aquecimento indireto do carvão mineral dentro de fornos fechados (células) para remoção da matéria volátil nele contida (Figuras 3.1 e 3.2).

3.2 PROCESSO DE COQUEIFICAÇÃO

As principais etapas do processo de coqueificação são:

- **Perda de umidade:** ocorre em temperaturas entre 100 e 120°C e caracteriza-se pela liberação de umidade presente no carvão.
- **Volatização primária:** primeiro estágio da coqueificação propriamente dita e efetiva-se entre temperaturas da ordem de 350 a 550°C, com a liberação de hidrocarbonetos pesados e alcatrão.
- **Fluidez:** concretiza-se entre 450 e 600°C, quando o material se torna fluido, pastoso, devido ao rompimento das pontes de oxigênio presentes em sua estrutura química.
- **Inchamento:** etapa que se desenvolve paralelamente à fluidez devido à pressão dos gases difundindo-se na estrutura de microporos do carvão. Assim, a

intensidade do inchamento será função da velocidade de liberação desses gases através da massa fluida. É uma fase de grande importância, na medida em que deve ser devidamente controlada para se evitarem danos aos equipamentos da coqueria.

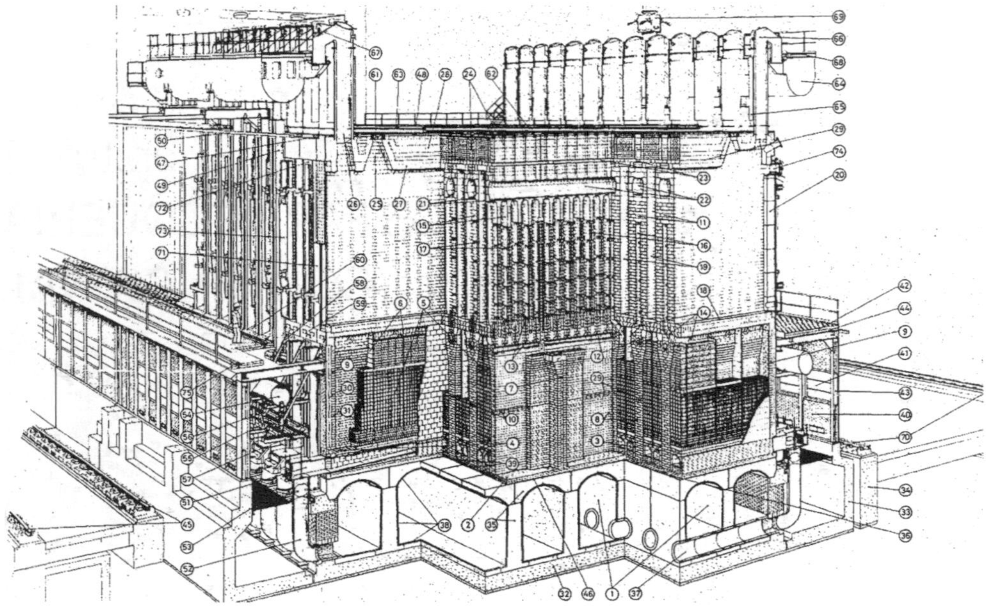

Figura 3.1 Coqueria convencional.
Fonte: Adaptada de (1).

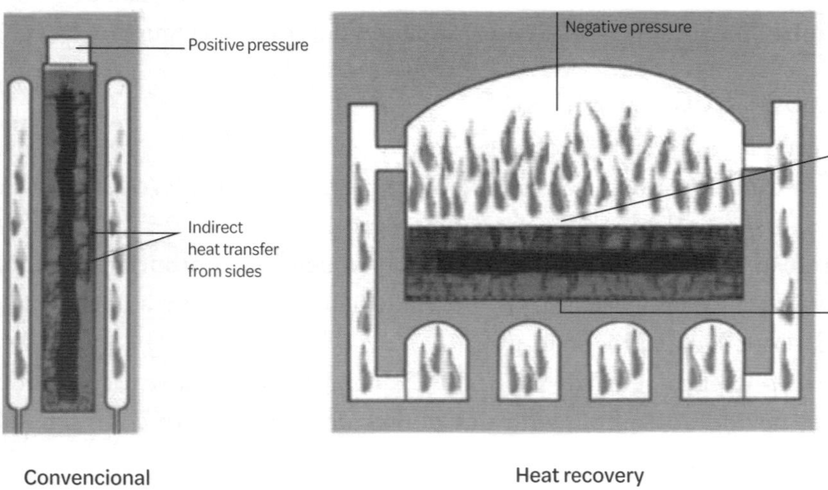

Figura 3.2 Coqueria heat recovery.
Fonte: Adaptada de (1).

- **Ressolidificação:** ocorre a temperaturas próximas de 700°C, formando o semicoque. Determina em grande parte a qualidade do coque, uma vez que uma ressolidificação sem formação de fissuras originará um produto de elevada resistência mecânica.
- **Volatização secundária:** última fase do processo, ocorre na faixa situada entre 850 e 1300°C com eliminação, sobretudo, de hidrogênio.

Para facilitar o entendimento do processo de coqueificação, é descrito, a seguir, o caminho que a matéria-prima percorre desde o carregamento do carvão até o fornecimento do coque ao alto-forno (Figuras 3.3 a 3.13).

Figura 3.3 Carregamento de carvão pelo topo da bateria.
Fonte: Acervo da Acelor Mittal Tubarão (AMT).

Figura 3.4 Carregamento dos fornos pelo carro de carregamento.
Fonte: Acervo da Acelor Mittal Tubarão (AMT).

O aquecimento dos fornos de forma indireta pelas paredes laterais, que também aquecendo os tijolos refratários, transmite ao interior dos fornos temperaturas entre 1100 e 1300°C visando a coqueificação da mistura de carvões (Figura 3.6).

Após aproximadamente 16 horas de queima, é formado um produto sólido, poroso e infusível: o coque (Figura 3.7).

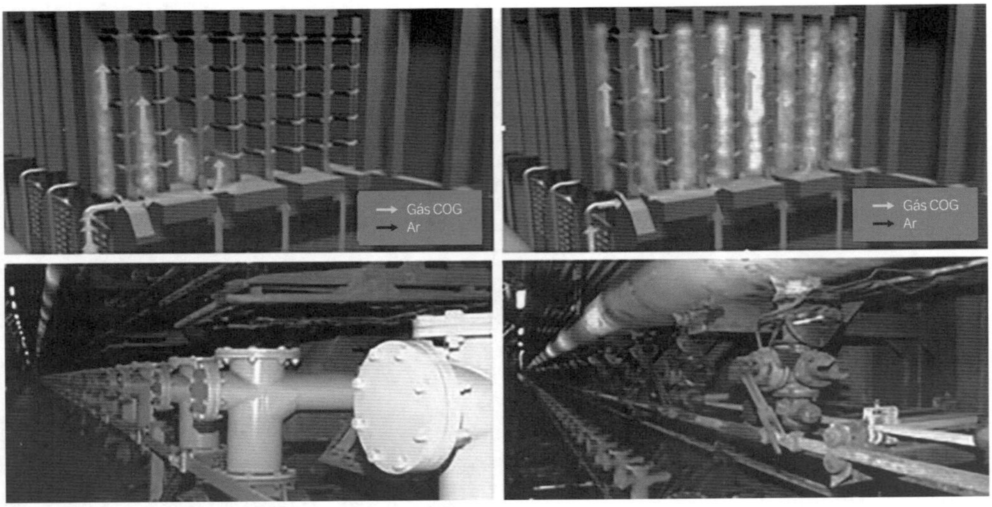

Figura 3.5 Insuflação de ar e gás misto ou gás de coqueria puro através dos regeneradores indo para as câmaras de combustão.
Fonte: Acervo da Acelor Mittal Tubarão (AMT).

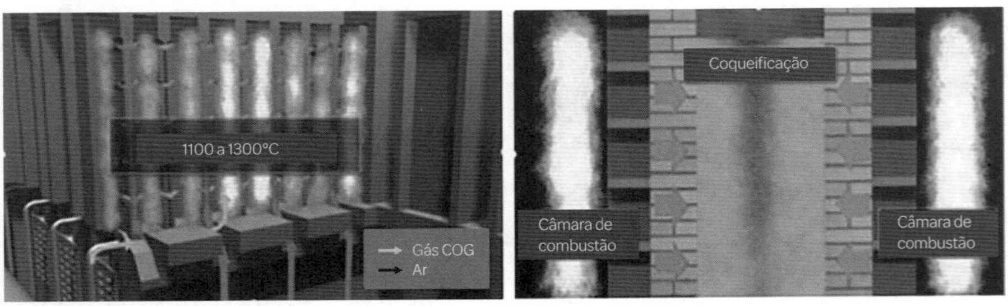

Figura 3.6 Aquecimento indireto dos fornos.
Fonte: Acervo da Acelor Mittal Tubarão (AMT).

Figura 3.7 Formação do coque.
Fonte: Acervo da Acelor Mittal Tubarão (AMT).

A Figura 3.8 mostra o avanço da frente térmica durante o processo de coqueificação.

A Figura 3.9 mostra a transformação do carvão em coque.

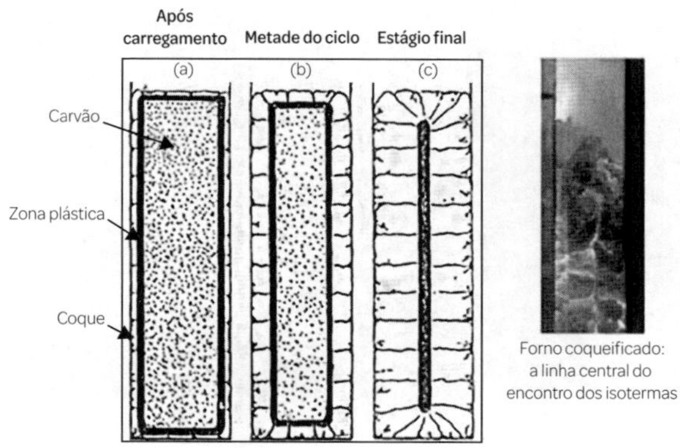

Figura 3.8 Avanço da frente térmica.
Fonte: Adaptada de (2).

Figura 3.9 Transformação do carvão em coque.
Fonte: Adaptada de (2).

Após a queima, o coque produzido é desenfornado dos fornos pelo embolo da máquina desenfornadora (Figura 3.10).

Figura 3.10 Desenfornamento do coque.
Fonte: Acervo da Acelor Mittal Tubarão (AMT).

O coque, empurrado pelo embolo, cai em uma guia de coque que o despeja em uma caçamba (Figura 3.11).

Figura 3.11 Coque descarregado.
Fonte: Acervo da Acelor Mittal Tubarão (AMT).

O coque é transportado, ainda incandescente, para o CDQ (Unidade de Apagamento a Seco) como é mostrado na Figura 3.12.

Figura 3.12 Coque sendo transportado para o CDQ.
Fonte: Acervo da Acelor Mittal Tubarão (AMT).

No CDQ, o coque é apagado por intermédio da circulação de mistura gasosa rica em nitrogênio por aproximadamente 4 horas e é despejado nas correias transportadoras sob uma temperatura de cerca de 180°C (Figura 3.13).

Figura 3.13 Apagamento do coque no CDQ.
Fonte: Acervo da Acelor Mittal Tubarão (AMT).

3.3 MECANISMOS DE DESGASTE

Os principais mecanismos de desgaste do revestimento refratário da coqueria estão mostrados na Figura 3.14 e na Tabela 3.1.

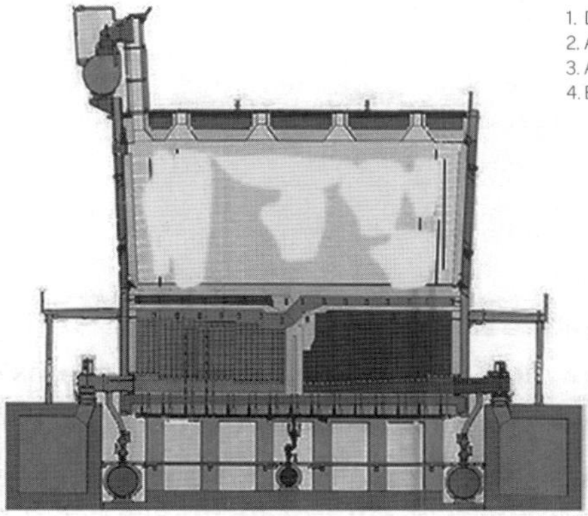

Figura 3.14 Mecanismos de desgaste do revestimento refratário da coqueria.
Fonte: Adaptada de (5).

Tabela 3.1 Mecanismos de desgaste do revestimento refratário da coqueria.

Degradação dos tijolos refratários	• Trincas na matriz refratária devido a choques térmicos • Lascamentos, fendas e perda de massa por estresse termomecânico • Desgastes induzidos nos refratários por ações externas (acidentes) • Queda nas juntas entre tijolos e desprendimento de argamassa de reparo
Afrouxamento do sistema de amarração da bateria	• Projeto original ineficiente do sistema de escoramento (*bracing*) • Regulagem inadequada do sistema de escoramento – tirantes e molas • Quebras e rupturas em tirantes e perda de eficiência das molas • Acidentes operacionais
Degradação de sistema de aquecimento e em regeneradores	• Expansão indevida da alvenaria refratária das paredes dos fornos • Expansão na região do topo - abertura da parte superior da bateria • Queda de tijolos e perda de matriz • Afastamento entre a contensão metálica e os refratários dos fornos
Expansão anormal dos fornos	• Má combustão nas câmaras de combustão: - controle térmico inadequado - estequiometria de combustão - vazamento de gás cru do forno para as câmaras - colapso nos regeneradores (curto-circuito ar/gás sob as câmaras) • Drástica redução de temperatura em câmaras extremas • Danificação permanente de refratários sílica/sílico-aluminoso/*checkers*

Fonte: Desenvolvida pela autoria do capítulo.

3.4 MATERIAIS REFRATÁRIOS

As Tabelas 3.2 e 3.3 mostram os tipos de refratários e suas características para as principais regiões da coqueria.

Tabela 3.2 Tipos de refratários usados nas diversas regiões da coqueria.

Partes da coqueria	Refratário
Topo	Tijolos sílico-aluminosos Tijolos isolantes
Paredes	Tijolos de sílica
Soleira	Tijolos de sílica
Regeneradores	Paredes – tijolos de sílica e sílico-aluminosos *Checkers* – tijolos sílico-aluminosos
Portas	Tijolos de alta alumina
Tubos de ascensão	Tijolos de alta alumina

Fonte: Desenvolvida pela autoria do capítulo.

Os principais itens de destaque são:

- **Tijolos de sílica fundida, também conhecido como "tijolos de sílica zero expansão":** o tijolo de sílica fundida é produzido a partir de uma matéria prima especial, a sílica vítrea. O método de produção desta matéria-prima é o de fundir uma fonte pura de quartzo em um forno elétrico a arco especial, em temperaturas acima de 1800°C, com um resfriamento rápido para se obter a sílica na forma amorfa. Diferentes tamanhos de tijolos de sílica fundida podem ser produzidos. Pureza normal $SiO_2 > 99,5\%$ e alta pureza com $SiO_2 \geq 99,99\%$. Sua principal vantagem, comparando-os com os tijolos de sílica convencional, é a baixa expansão térmica (sílica convencional = 1, 2% a 1,25% e sílica fundida = aproximadamente 0,3%). Esses tijolos de sílica fundida já estão sendo muito utilizados para se fazer manutenções localizadas em fornos de coqueria durante operação, mas também estão sendo utilizados em novas construções.

Tabela 3.3 Características típicas dos refratários usados nas diversas regiões da coqueria.

Propriedades	Aluminoso	Sílico-aluminoso	Isolante	Sílica	
				Convencional	Sílica fundida
Aplicação	Regenerador CDQ	Regenerador CDQ Tubo de ascensão Topo das câmaras	Regenerador CDQ Tubo de ascensão Topo das câmaras	Regeneradores Paredes Soleiras	Reparações a quente
Análise química (%) Al_2O_3 SiO_2 Fe_2O_2 CaO	 70,0 28,0 0,3 	 47,0 47,0 1,2 	 40,0 < 0,7 	 0,4 95,3 1,2 2,4	 0,7 97,0 0,2 0,1
MEA (g/cm^3) Massa específica PA (%) RCTA (MPa)	2,62 14,0 70,0	2,40 13,0 70,0	0,90 55,0 2,5	1,88 2,32 20,5 46,0	1,70 24,0 18,0
DTRL até 1000°C (%) VLDR a 1300°C × 5h (%)	0,56 0,0	0,50 -0,3	0,50 -1,0	1,20 0,1	
CPE (Orton) Creep 50h x 0,2MPa	> 38 (1835°C) < 1,0% (1450°C)	34 (1785°C) < 1,0% (1350°C)		 < 0,13% (1450°C)	
Condutividade térmica (W/m.K)	1,6 (1000°C)	1,4 (1000°C)	0,3 (1000°C)	1,7 (1000°C)	1,6 (1000°C)

Fonte: Adaptada de (5).

- **Uso de *big blocks*:** nome dados às peças de sílica fundida fabricadas em dimensões muito grandes. Essas peças podem ser usadas desde a região dos regeneradores até a do topo.

Essas peças, conforme pode ser visto nas imagens seguintes, são fabricadas com dimensões que podem corresponder a 10 ou 12 peças tradicionais. Para seu manuseio durante a montagem, são necessários equipamentos específicos (talhas apoiadas no topo, ganchos tipo tesoura etc.), mas que reduzem o tempo de montagem (Figura 3.15).

Figura 3.15 Exemplos de peças de *big blocks*.
Fonte: Acervo da Acelor Mittal Tubarão (AMT).

3.5 PRESERVAÇÃO DAS BATERIAS DE COQUE

A preservação e o controle térmico de uma coqueria são de fundamental importância para mantê-la em boas condições operacionais e prolongar sua vida útil.

Com o passar dos anos de operação, uma coqueria é submetida a desgastes que implicam a rápida correção destes visando manter a produção de coque em quantidade e qualidade suficientes para atingir as metas de produção da usina.

A deterioração da coqueria começa no momento que ela inicia sua produção, sendo afetada em suas partes metálicas e nos refratários por vários fatores como:

- condições operacionais de enfornamento e desenfornamento;
- fatores mecânicos;
- flutuações de temperatura, influenciando tanto as partes metálicas como os refratários;
- expansões e contrações dos refratários;
- avarias por impacto mecânico;
- vazamento de gás;
- falha humana;
- qualidade da matéria-prima;

- controle deficiente de aquecimento;
- entrada de ar nos fornos;
- engaiolamentos dos fornos;
- condições climáticas;
- falta ou má regulagem dos sistemas de compressão dos refratários, entre outros.

Tendo em vista os vários fatores que podem danificar as coquerias, acompanhar a evolução dessas avarias é fundamental; nesse sentido, várias são as metodologias de inspeção ou diagnose que podem ser utilizadas, destacando-se:

- inspeção visual;
- endoscopias;
- câmeras de alta resolução;
- *scanner* etc.

O acompanhamento do desgaste e das avarias nas baterias deve ser feito rotineiramente abrangendo, sobretudo, as seguintes áreas e os seguintes pontos de atenção a serem inspecionados e reparados ao longo do ano:

- tubos de ascensão (partes metálicas e refratários);
- topo da bateria;
- paredes dos fornos;
- portas (partes metálicas e refratários);
- regeneradores;
- canais de fumaça;
- canais de entrada de ar e gás;
- tubulações de ar e gás;
- sistema de molas de tensionamento;
- Tirantes.

Outra ferramenta importante para o acompanhamento da evolução de desgaste de uma bateria é sua diagnose.

3.5.1 Diagnose

A diagnose de idade consiste num aparato teórico que permite a avaliação do estado geral dos refratários da bateria em comparação ao que seria esperado para as condições previstas em projeto. A avaliação realiza-se por meio de um gráfico comparativo da idade diagnosticada e da idade cronológica ao longo do tempo (Figura 3.16). A idade cronológica é invariavelmente representada como uma reta, indica a passagem do tempo e é referência para a análise da condição real da bateria. A idade diagnosticada é calculada a partir da vida útil remanescente estimada por modelos empíricos que ponderam resultados da inspeção visual e por aparelhos tomando em consideração dados do comportamento térmico e cartas de operação da bateria, quando disponíveis. Se a idade diagnosticada estiver acima da referência, a bateria encontra-se mais idosa e, portanto, mais deteriorada do que o esperado. Tomando-se medidas para melhoria da condição refratária, pode-se retornar à evolução normal ou mesmo obter um desempenho superior às condições previstas em projeto.

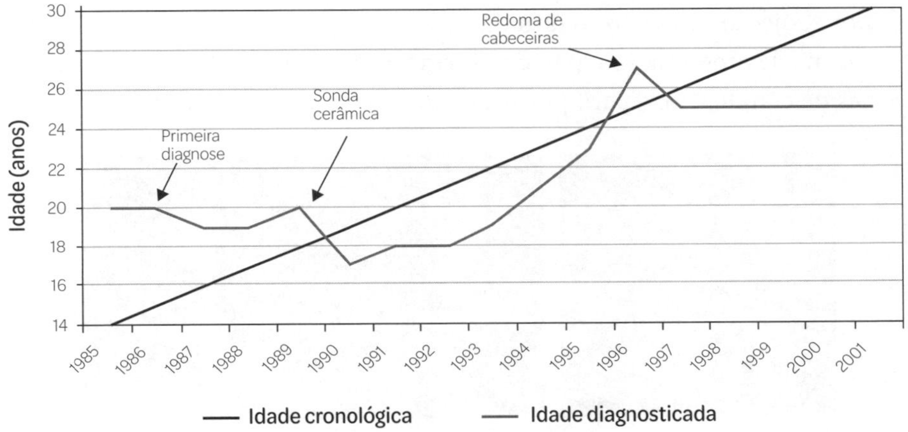

Figura 3.16 Gráfico de idade cronológica *versus* idade verificada ou real.
Fonte: Adaptada de (4).

3.5.2 Rotina de preservação (Figuras 3.17 a 3.31)

- Troca de tirante rompidos.
- Limpeza das canaletas dos tirantes.
- Selagem das bocas de carregamento.
- Troca dos refratários danificados no piso.
- Ajuste dos tirantes longitudinais.
- Ajuste da tensão das molas dos tirantes transversais.
- Reparo nos refratários dos quadrantes das bocas de enfornamento.
- Reparos nos refratários das bocas de inspeção das câmaras de combustão.
- Levantamento topográfico dos trilhos de translação dos carros de carregamento.
- Rotina de preservação – tubo de ascensão.
- Limpeza e caldeamento das juntas das bases.
- Limpeza do coque e alcatrão no selo das tampas dos tubos.
- Verificação e correção de trincas nas bases de ferro fundido.
- Preenchimento do vazio entre a base e o tubo.
- Se necessário, trocar a base do tubo de ascensão.
- Rotina de preservação – chapa espelho (Figura 3.22).

- Rotina de preservação – portas – refratários danificados/reparo por troca total.
- Rotina de preservação – portas – vazamentos/reparos por projeção.
- Rotina de preservação – paredes dos fornos – danos nos refratários.
- Rotina de preservação – paredes – queda localizada de refratários/reparo com solda cerâmica e tijolos de sílica fundida.
- Rotina de preservação – paredes – trincas, fissuras e juntas abertas/reparo por projeção de concreto refratário.
- Rotina de preservação – paredes – trincas, fissuras e juntas abertas nas câmaras de combustão/reparo por projeção de argamassa – *dry sealing*.

Figura 3.17 Reparo dos quadrantes das bocas de carregamento.
Fonte: Acervo da Acelor Mittal Tubarão (AMT).

Figura 3.18 Reparo nos tijolos do topo.
Fonte: Acervo da Acelor Mittal Tubarão (AMT).

Figura 3.19 Reparo nos visores de inspeção.
Fonte: Acervo da Acelor Mittal Tubarão (AMT).

Figura 3.20 Reparo da base dos dutos de ascensão.
Fonte: Acervo da Acelor Mittal Tubarão (AMT).

Figura 3.21 Reparo da base dos dutos de ascensão.
Fonte: Acervo da Acelor Mittal Tubarão (AMT).

Figura 3.22 Deformação da chapa espelho.
Fonte: Acervo da Acelor Mittal Tubarão (AMT).

Figura 3.23 Deformação da região da chapa espelho.
Fonte: Acervo da Acelor Mittal Tubarão (AMT).

Figura 3.24 Reparo da chapa espelho.
Fonte: Acervo da Acelor Mittal Tubarão (AMT).

Figura 3.25 Reparo de portas.
Fonte: Acervo da Acelor Mittal Tubarão (AMT).

Figura 3.26 Reparo de vazamento em portas.
Fonte: Acervo da Acelor Mittal Tubarão (AMT).

O objetivo dessa técnica é minimizar vazamentos de gás bruto na área do forno para câmaras de combustão para combater as emissões fugitivas de chaminé. Geralmente, esse tipo de manutenção é feito em combinação com *gunning* ou solda cerâmica. Deve ser executado de quatro a cinco vezes por ano/forno. O material aplicado, que geralmente consiste em pó de quartzo mais fino, é soprado de forma

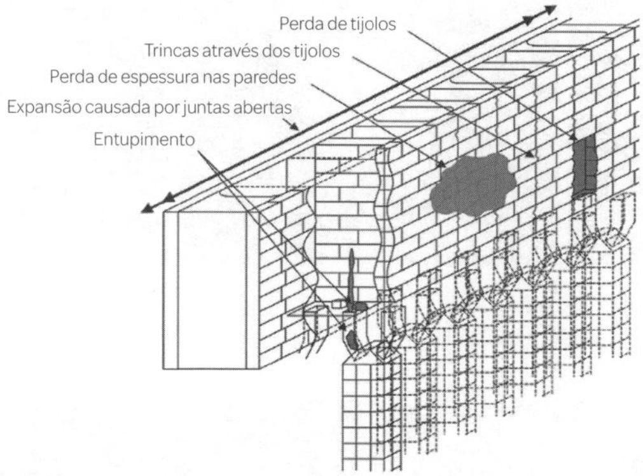

Figura 3.27 Tipos de problemas em paredes.
Fonte: Adaptada de (3).

Figura 3.28 Rotina de preservação – paredes – trincas e fissuras/reparo por solda cerâmica.
Fonte: Acervo da Acelor Mittal Tubarão (AMT).

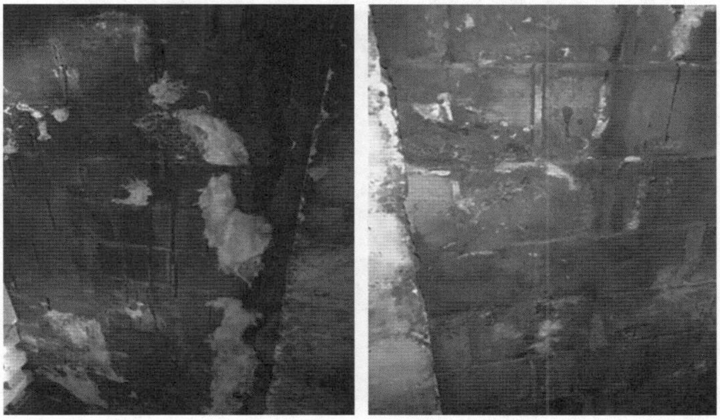

Figura 3.29 Paredes com trinca.
Fonte: Acervo da Acelor Mittal Tubarão (AMT).

lenta e contínua com o ar para o interior do forno. Durante a aplicação, o forno deve ser verificado quanto a vazamentos e ser novamente selado.

- Rotina de preservação – paredes – trincas, fissuras e juntas abertas nas câmaras de combustão/reparo por projeção de argamassa – *dry sealing* (Figuras 3.32 a 3.35).

Figura 3.30 Paredes reparadas por solda cerâmica.
Fonte: Acervo da Acelor Mittal Tubarão (AMT).

Figura 3.31 Reparo por projeção.
Fonte: Acervo da Acelor Mittal Tubarão (AMT).

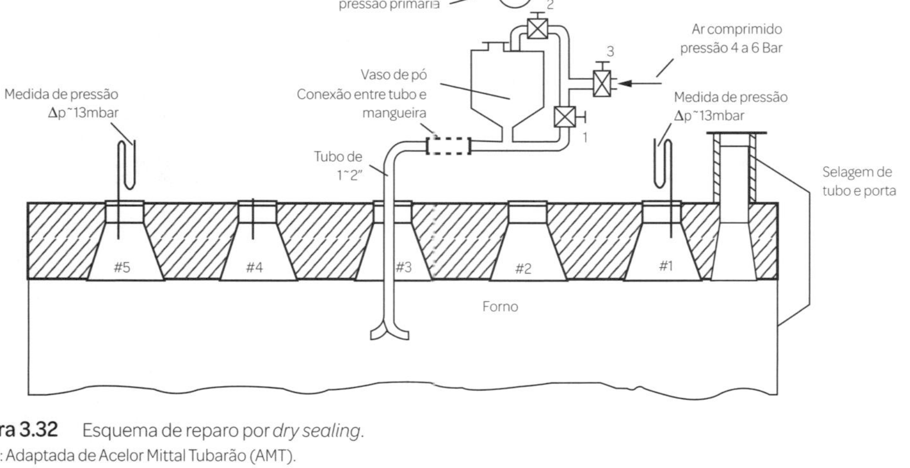

Figura 3.32 Esquema de reparo por *dry sealing*.
Fonte: Adaptada de Acelor Mittal Tubarão (AMT).

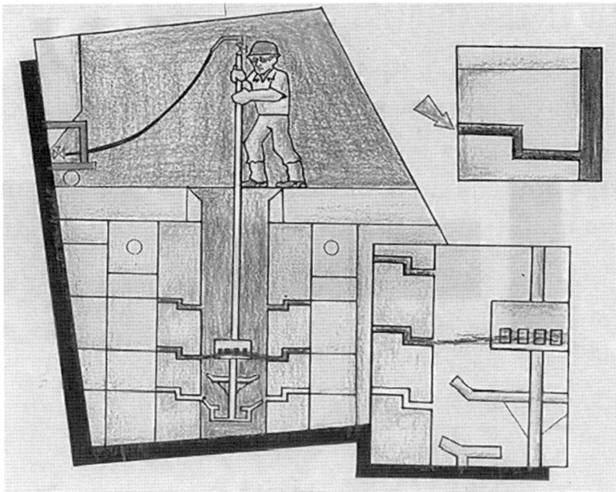

Figura 3.33 Esquema de reparo por *dry sealing*.
Fonte: Acervo da Acelor Mittal Tubarão (AMT).

Figura 3.34 Equipamentos utilizados para reparos tipo *dry sealing*.
Fonte: Acervo da Acelor Mittal Tubarão (AMT).

Figura 3.35 Rotina de preservação – regeneradores.
Fonte: Acervo da Acelor Mittal Tubarão (AMT).

3.6 REPARO A QUENTE DOS FORNOS

Os reparos a quente são serviços executados enquanto as baterias de coque ainda continuam produzindo (Figuras 3.36 a 3.59). Esses reparos podem ser realizados considerando-se a demolição e a reconstrução de uma ou mais paredes inteiras, bem como podem se limitar a determinado número de câmaras de combustão em um dos lados da coqueria (lado máquina ou lado coque) ou em ambos os lados em paralelo.

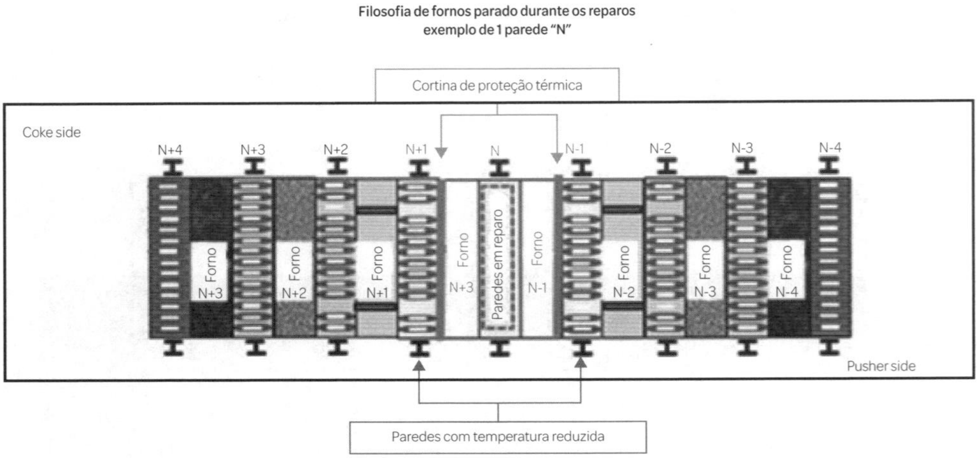

Figura 3.36 Esquema de fornos parados durante reforma – uma parede.
Fonte: Adaptada de Acelor Mittal Tubarão (AMT).

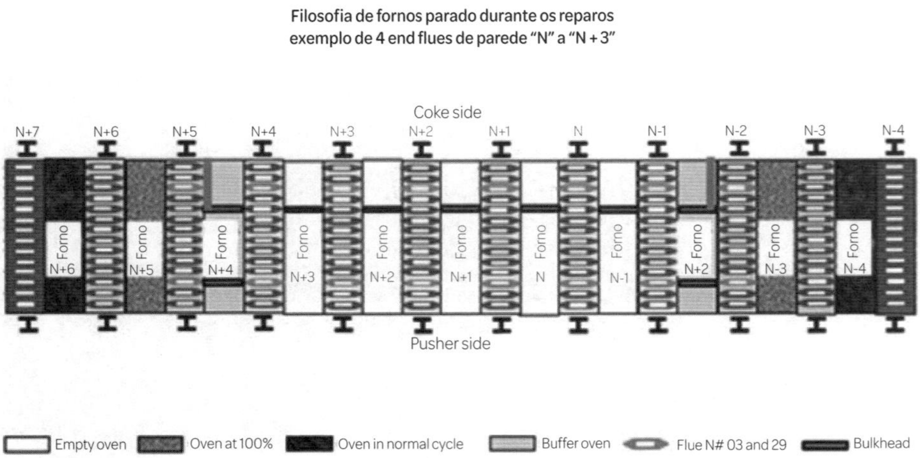

Figura 3.37 Esquema de fornos parados durante reforma – quatro paredes.
Fonte: Adaptada de Acelor Mittal Tubarão (AMT).

3.6.1 Equipamentos provisórios

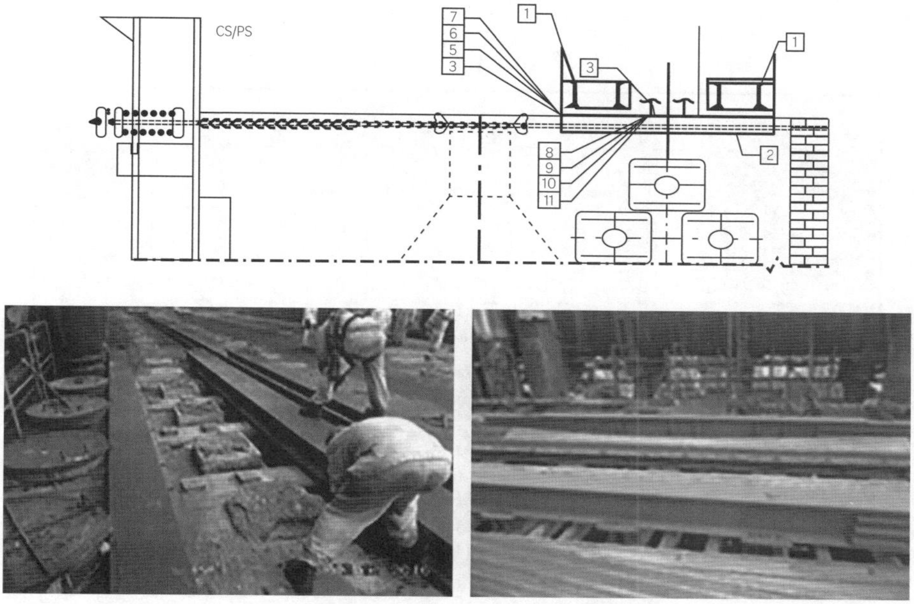

Figura 3.38 Instalação de ponte provisória sobre a região de reparo para translação do carro de carregamento.
Fonte: Acervo da Acelor Mittal Tubarão (AMT).

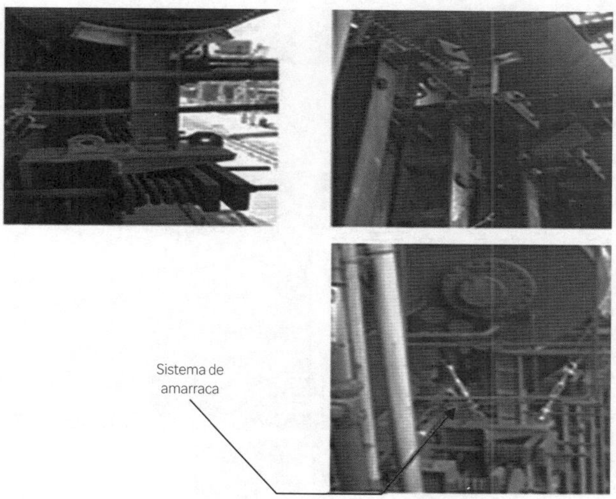

Figura 3.39 Suporte provisório para apoio e sustentação do coletor.
Fonte: Acervo da Acelor Mittal Tubarão (AMT).

- **Montagem de proteções térmicas – "cortinas":** montagem de painéis de isolamento interno (cortina) – esses isolamentos são utilizados para proporcionar conforto térmico aos refrataristas que trabalharão no reparo.

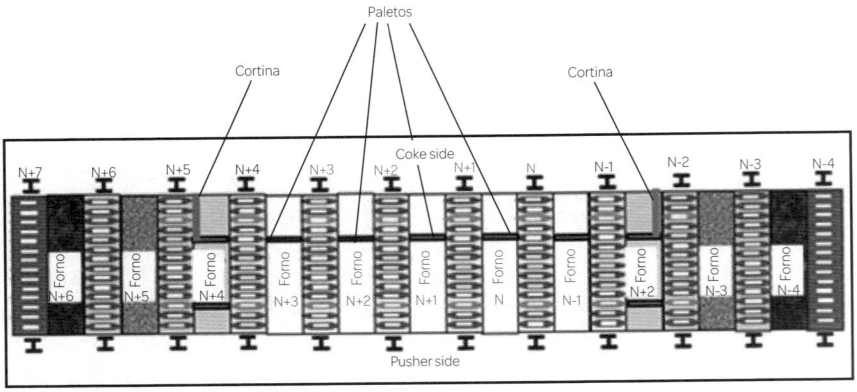

Figura 3.40 Fabricação de "cortina".
Fonte: Acervo da Acelor Mittal Tubarão (AMT).

Figura 3.41 Montagem de cortina.
Fonte: Acervo da Acelor Mittal Tubarão (AMT).

- **Montagem de proteções térmicas – "paletos":** montagem de painéis de isolamento interno (paletós) – estes isolamentos, também chamados *bulkheads*, são posicionados entre as paredes dos fornos e no limite entre a região que será trocada e a que será mantida aquecida.

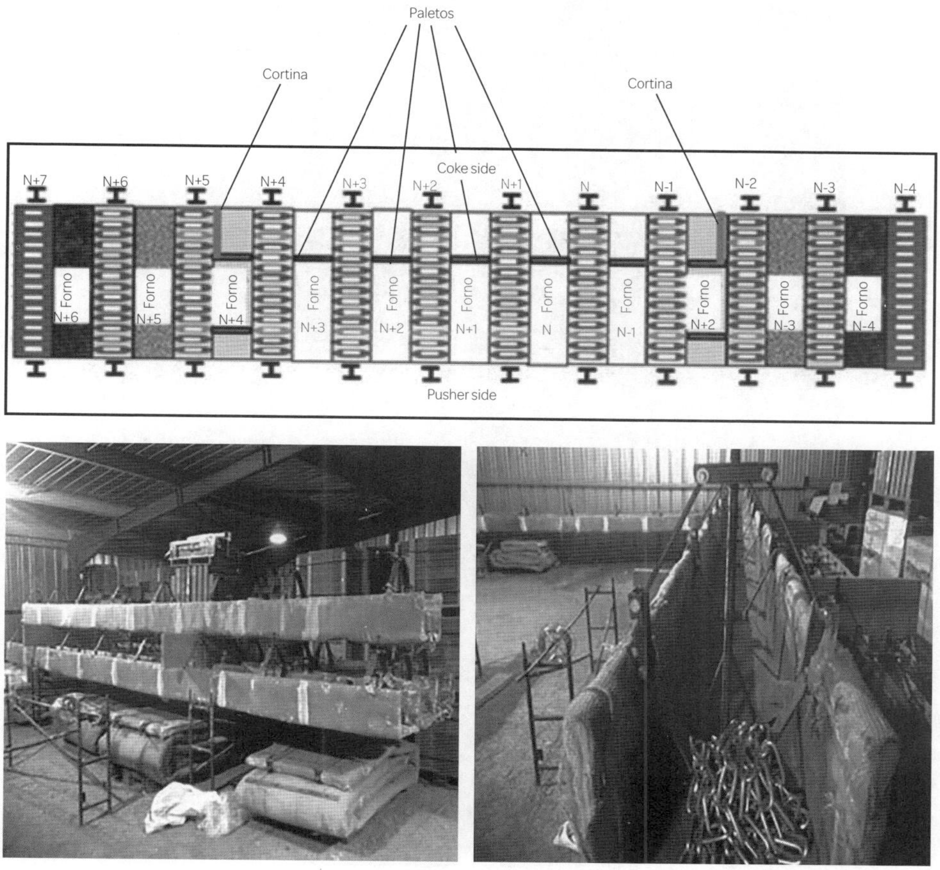

Figura 3.42 Paletós.
Fonte: Acervo da Acelor Mittal Tubarão (AMT).

- **Demolição dos refratários – travamentos:** demolição dos refratários – tendo em vista o escopo de demolição, a equipe executará a demolição, sendo que a cada metro demolido serão instalados travamentos horizontais (apoiados entre as paredes demolidas) e transversais (apoiados entre as paredes demolidas e os *bulckstays*).

Figura 3.43 Montagem de paletós.
Fonte: Acervo da Acelor Mittal Tubarão (AMT).

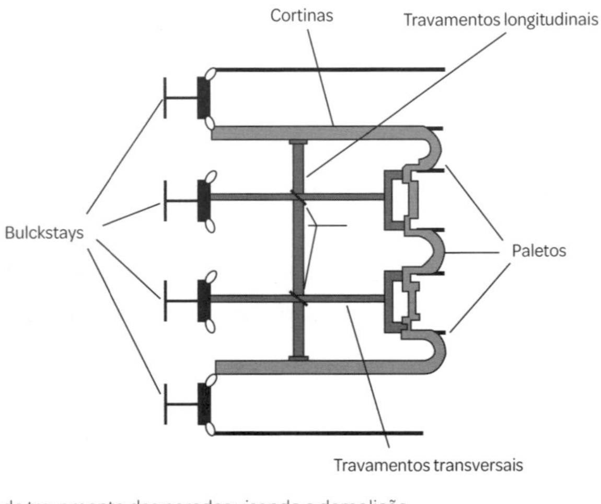

Figura 3.44 Esquema de travamento das paredes visando a demolição.
Fonte: Adaptada de Acelor Mittal Tubarão (AMT).

Figura 3.45 Travamento das paredes durante demolição.
Fonte: Acervo da Acelor Mittal Tubarão (AMT).

- **Demolição dos refratários – isolamento das paredes remanescente:** demolição dos refratários visando manter a temperatura das paredes remanescentes; a cada meio metro demolido, são coladas, nessas paredes, mantas de fibra cerâmica.

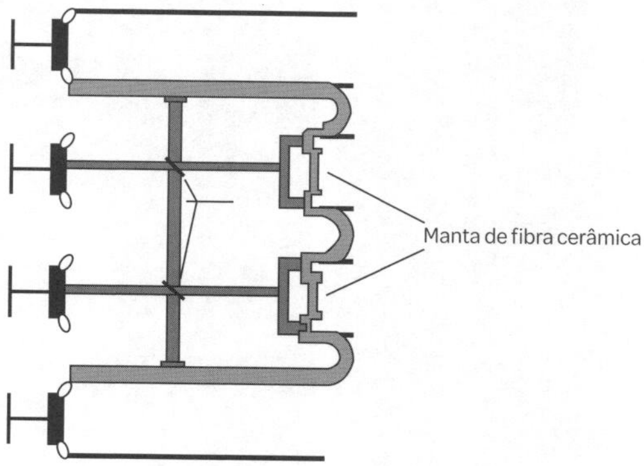

Figura 3.46 Esquema de isolamento térmico das paredes durante a demolição.
Fonte: Adaptada de Acelor Mittal Tubarão (AMT).

Figura 3.47 Isolamento térmico das paredes durante demolição.
Fonte: Acervo da Acelor Mittal Tubarão (AMT).

3.6.1.1 Demolição dos refratários – sequência

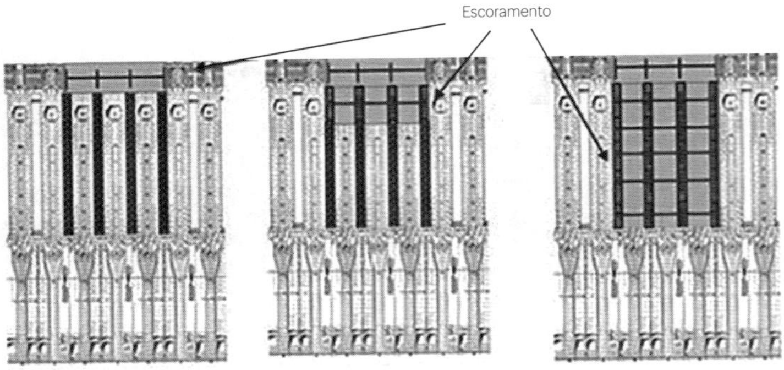

Figura 3.48 Demolição – sequência.
Fonte: Adaptada de Acelor Mittal Tubarão (AMT).

3.6.1.2 Montagem dos refratários – soleira

Figura 3.49 Isolamento dos tijolos da soleira.
Fonte: Acervo da Acelor Mittal Tubarão (AMT).

Figura 3.50 Isolamento dos tijolos da soleira.
Fonte: Acervo da Acelor Mittal Tubarão (AMT).

- **Montagem dos refratários – início pelas paredes:** a montagem dos refratários das paredes se inicia do centro para as extremidades e deverá ser acompanhada de checagens a cada fiada, sendo:
  - verificação topográfica do topo da soleira;
  - proteção com papel alumínio das bocas da soleira;
  - pré-montagem dos tijolos das cabeceiras (extremidades);
  - checagem da distância;
  - medir a distância da linha de centro da parede N para a linha de centro da parede adjacente (LM/LC);
  - checar a verticalidade das faces (prumo);
  - checar o nivelamento do topo das paredes;
  - checar distância entre paredes (LM/LC);
  - checar a espessura das juntas entre tijolos;
  - checagem topográfica.

3.6.1.3 Montagem dos refratários – início pelas paredes

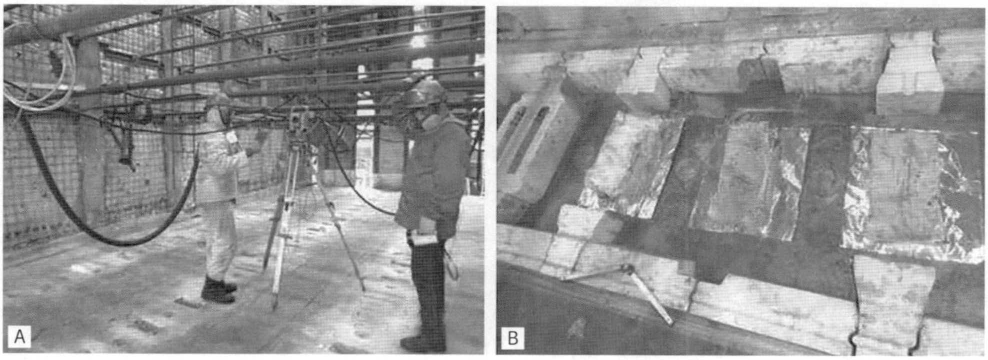

Figura 3.51 A) Início do refratamento das paredes. B) Checagem topográfica; C) proteção com papel alumínio dos bocais da soleira.
Fonte: Acervo da Acelor Mittal Tubarão (AMT).

Figura 3.52 Início do refratamento das paredes. A) Pré-montagem da fiada; B) pré-montagem dos tijolos da cabeceira.
Fonte: Acervo da Acelor Mittal Tubarão (AMT).

Figura 3.53 A) Início do refratamento das paredes. B) Início da montagem pelo centro; C) checagem física da montagem.
Fonte: Acervo da Acelor Mittal Tubarão (AMT).

- **Montagem dos refratários – prevenção contra queda de resíduos:** durante a montagem, para evitar queda de resíduos dentro das câmaras de combustão, são utilizados bloqueios com chapas revestidas de tecido ou mantas instaladas dentro das câmaras e apoiadas nas fiadas que vão sendo montadas e, a cada cinco fiadas, essas chapas são retiradas e são coladas lâminas de papel alumínio. Após o término da montagem das paredes, o papel alumínio é furado utilizando-se uma barra metálica.

Figura 3.54 Refratamento das paredes.
Fonte: Acervo da Acelor Mittal Tubarão (AMT).

- **Montagem dos refratários – travamentos e andaimes:** à medida que as fiadas são concluídas, os travamentos horizontais e transversais são retirados e, para manter a estabilidade das paredes e possibilitar a montagem mais alta, são instados andaimes entre as paredes das câmaras de combustão (fornos), travamentos e andaimes.

Figura 3.55 Montagem dos refratários.
Fonte: Acervo da Acelor Mittal Tubarão (AMT).

3.6.1.4 Montagem dos refratários – sequência

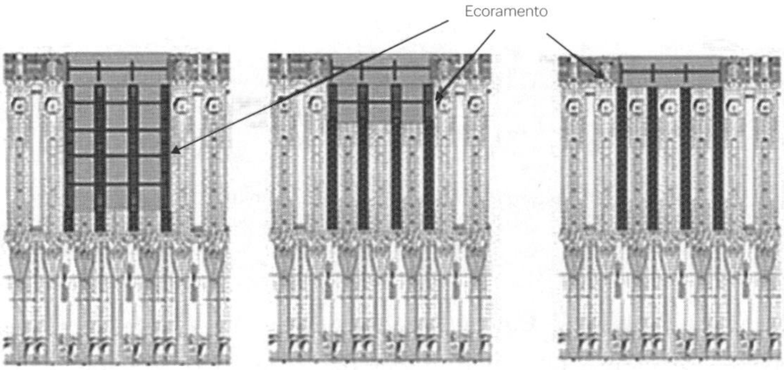

Figura 3.56 Montagem – sequência.
Fonte: Acervo da Acelor Mittal Tubarão (AMT).

3.6.1.5 Aquecimento

Figura 3.57 Aquecimento.
Fonte: Acervo da Acelor Mittal Tubarão (AMT).

3.6.1.6 Montagem dos refratários do topo

Figura 3.58 Montagem dos refratários do topo.
Fonte: Acervo da Acelor Mittal Tubarão (AMT).

Figura 3.59 Montagem dos refratários dos tubos de ascensão.
Fonte: Acervo da Acelor Mittal Tubarão (AMT).

Acesse as imagens coloridas do capítulo.

REFERÊNCIAS

(1) THYSSENKRUPP UHDE. *Competence and know-how by tradition: a new dimension in cokemaking technolgy* – 2004. *In*: Catálogo da ThyssenKrupp Uhde.

(2) PAUL WURTH. Catálogo publicado em 2013.

(3) KASAI, K.; TSUTSUI, Y. Recent technology of coke oven refractories. *In*: Nippon Steel Technical Report, n. 98, July 2008.

(4) DUARTE, A. K. *Fundamentos em materiais refratários. In:* Curso Alafar, Belo Horizonte, MG, 2015.

(5) DUARTE, A. K. *Refratários para a coqueria*. Curso *in company*, Belo Horizonte, MG, maio de 2020.

(6) ITALIMPIANTI. *Operating instructions for high-capacity coke oven battery*, v. 4, 1984.

(7) FERREIRA, H. A. *Preservação refratária de baterias de coque*. ABM Week. São Paulo: AMB, 2016.

Capítulo 4

REFRATÁRIOS PARA COQUERIA *HEAT RECOVERY*

Lucas Batista de Almeida
Neussias Inocêncio Henrique

4.1 INTRODUÇÃO

4.1.1 Processo

Coquerias que utilizam a tecnologia *heat recovery* para produção de coque e de vapor como subproduto do processo empregam a matéria volátil presente no carvão como combustível para aquecimentos dos fornos. O ar necessário para ocorrer a combustão é sugado da atmosfera através de exaustores, fazendo o processo trabalhar com pressão negativa.

Os fornos, de maneira geral, estão na horizontal, são fornos com altura menor que as coqueria convencionais, como mostra a Figura 4.1, e têm as seguintes dimensões: 13 metros de comprimento; 4 de largura; e 3 de altura. O forno é dividido em duas câmaras de combustão – primária e secundária (topo e *sole flue* respectivamente). O topo é composto por 6 entradas de ar e a soleira composta por 16 entradas de ar.

O processo de enfornamento e de desenfornamento é feito pelas portas que estão nos dois lados dos fornos após a compactação ou não da massa de carvão.

Figura 4.1 Dimensões do forno.
Fonte: Acervo da Ternium.

O processo de queima da matéria volátil se desenvolve em duas etapas. Primeiramente, o ar sugado no topo dos fornos reage com os gases provenientes da massa de carvão enfornada; nessa etapa, ocorre a queima de aproximadamente 60% dos gases. Os gases remanescentes são sugados para a soleira pelos *down comers*. Após os gases percorrerem toda a extensão da soleira e serem queimados, os fumos são enviados aos coletores via *uptakes* (Figura 4.2).

O coletor tem como objetivo transportar os gases queimados durante a combustão até as caldeiras onde a energia térmica será utilizada para a produção de vapor.

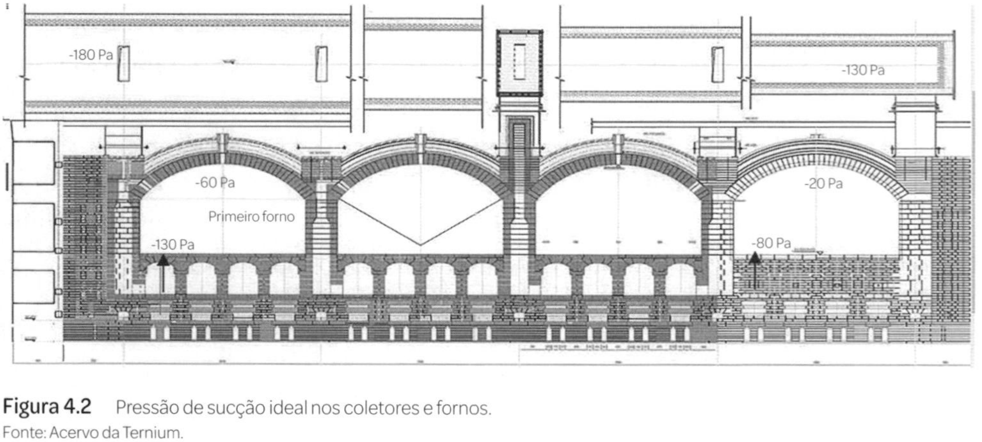

Figura 4.2 Pressão de sucção ideal nos coletores e fornos.
Fonte: Acervo da Ternium.

A Figura 4.3 ilustra o fluxo de gás no forno entre as camadas de combustão primária e secundária.

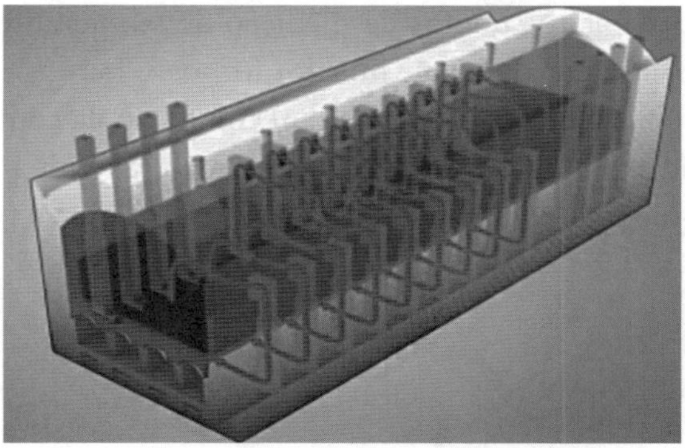

Figura 4.3 Fluxo de gás.
Fonte: Acervo da Ternium.

As Figuras 4.4 e 4.5 apresentam o fluxo de gás entre o sole flue e o coletor de gás.

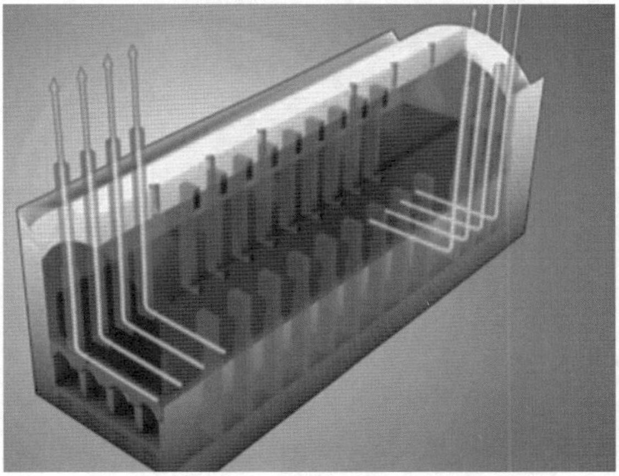

Figura 4.4 Fluxo de gás.
Fonte: Acervo da Ternium.

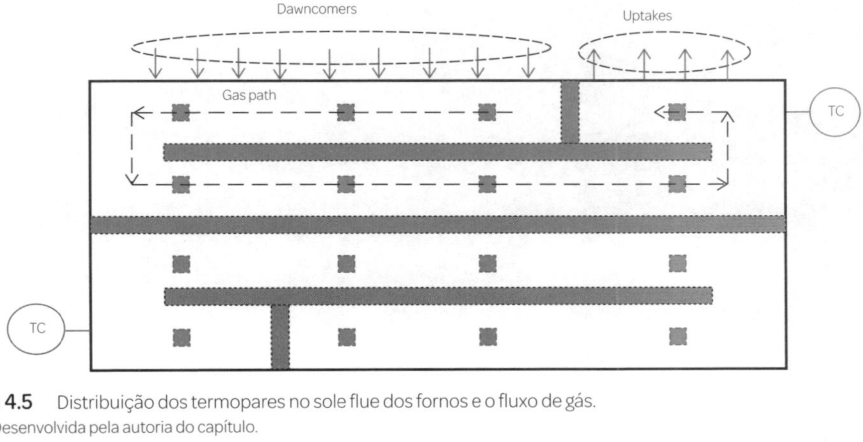

Figura 4.5 Distribuição dos termopares no sole flue dos fornos e o fluxo de gás.
Fonte: Desenvolvida pela autoria do capítulo.

A Figura 4.5 apresenta os pontos de medição de temperatura do sole flue dos fornos e o fluxo de gás dentro do sole flue dos fornos.

A Figura 4.6 exemplifica um modelo em 3D do forno da coqueria.

A Figura 4.7 mostra uma visão superior de uma planta de produção de coque com os devidos equipamentos.

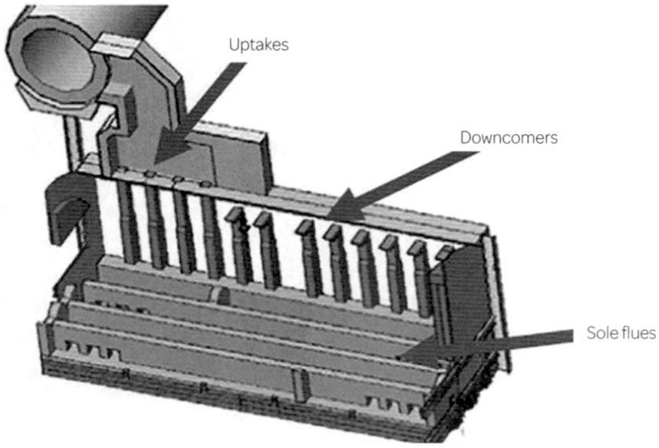

Figura 4.6 Modelo 3D do forno da coqueria da Ternium.
Fonte: Acervo da Ternium.

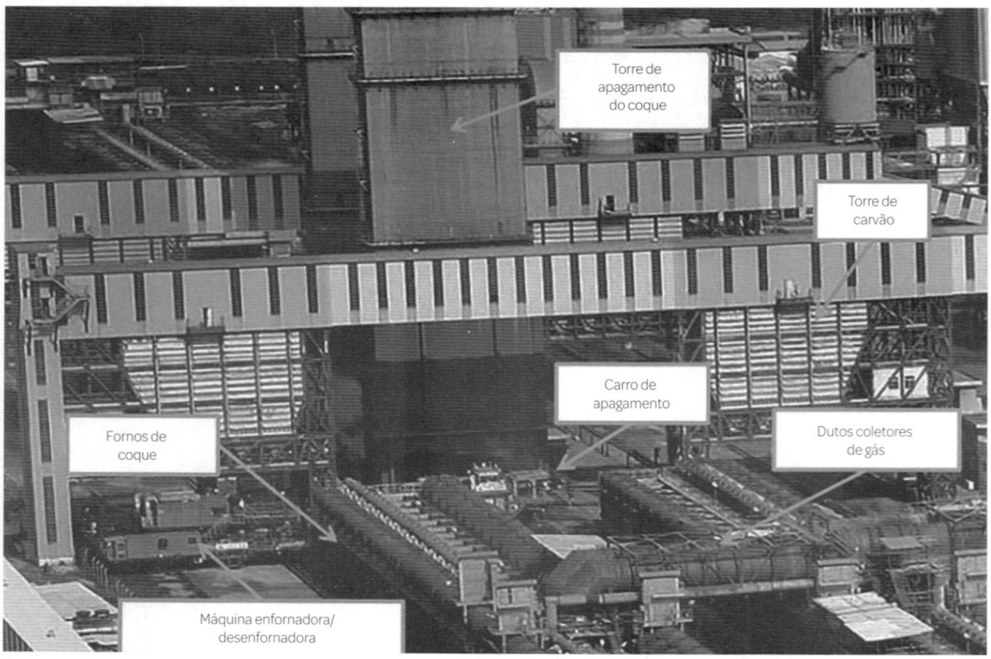

Figura 4.7 Visão superior de uma planta de produção de coque.
Fonte: Acervo da Ternium.

Figura 4.8 Linha do carro de carregamento.
Fonte: Acervo da Ternium.

Figura 4.9 Imagem aérea da linha de carregamento e do topo.
Fonte: Acervo da Ternium.

Figura 4.10 Topo dos fornos.
Fonte: Acervo da Ternium.

Figura 4.11 Linha do carro recebedor de coque.
Fonte: Acervo da Ternium.

4.1.2 Mecanismo de desgaste dos refratários

Para uma coqueria *heat recovery*, os mecanismos de desgaste são:

- elevação da temperatura do equipamento além do limite de trabalho do refratário;
- choque térmico;
- abrasão;
- choque mecânico.

De forma a ilustrar, seguem alguns exemplos (Figura 4.12):

Figura 4.12 Fotos de desgaste dos refratários.
Fonte: Acervo da Ternium.

4.1.3 Materiais refratários

Como no setor siderúrgico, é necessária alta temperatura, a coqueria tem como material base os refratários para processos que operam acima de 150°C e os únicos materiais disponíveis e que alcançam as maiores eficiências de isolamento são os cerâmicos por dois principais motivos: a baixa condutividade térmica desses materiais em relação aos metais; e sua alta estabilidade térmica quando comparados aos polímeros.

Em fornos de produção de coque, são proximamente dez diferentes especificações de material refratário e, devido à estrutura dos fornos, existem cerca de 200 diferentes formatos de tijolos refratários na coqueria, de forma a ilustrar a magnitude do consumo de refratários, cada forno de coqueria *heat recovery* requer aproximadamente 55 mil tijolos (Figura 4.13).

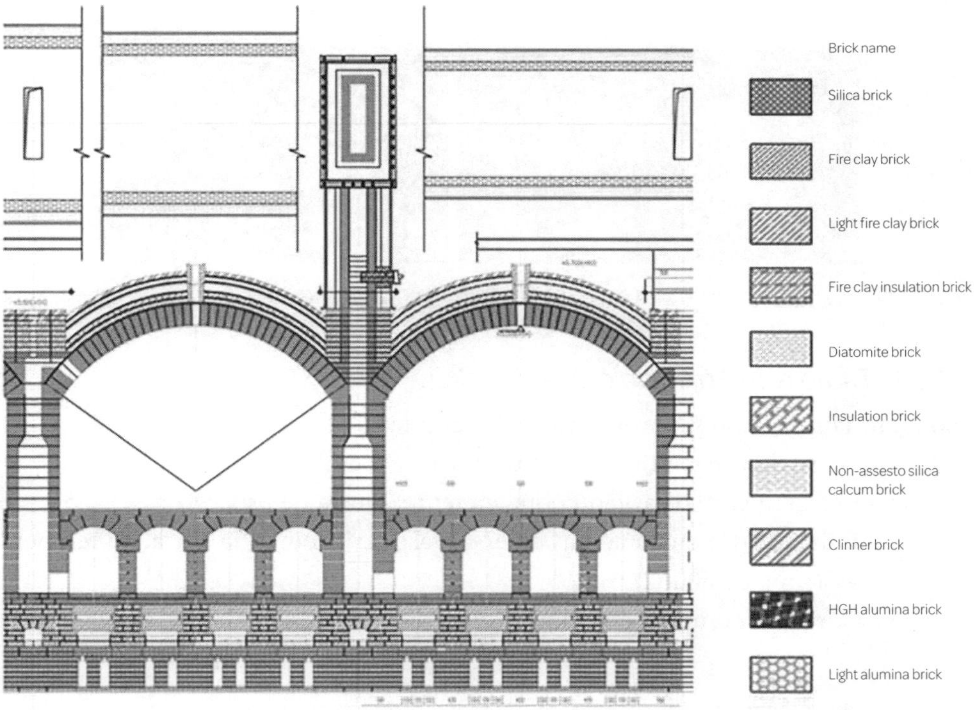

Figura 4.13 Materiais refratários utilizados em uma coqueria *heat recovery*.
Fonte: Acervo da Ternium.

Os materiais refratários utilizados em larga escala em uma coqueria são:

- tijolo refratário de alta sílica SiO_2;
- sílico-aluminoso (Al_2O_3 – SiO_2);
- aluminoso e alta alumina (Al_2O_3);
- densos;
- semidensos;

- isolantes;
- concreto refratário;
- placas e mantas de fibra cerâmica.

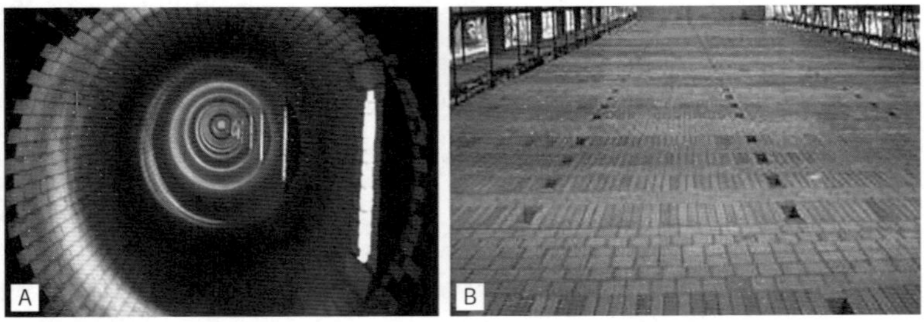

Figura 4.14 A) Coletores de gases dos fornos; B) saída de ar de dentro dos sole flue.
Fonte: Acervo da Ternium.

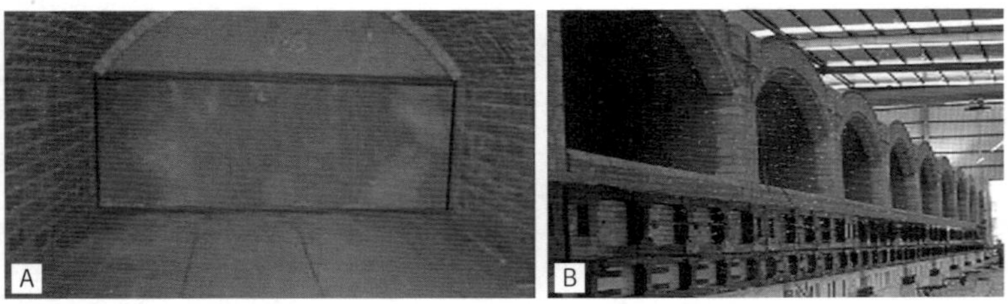

Figura 4.15 A) Vista interna dos fornos; B) parte externa dos fornos – *jamb side* e lintéis.
Fonte: Acervo da Ternium.

4.1.3.1 Tijolo refratário de alta sílica SiO_2

São materiais que apresentam como característica:

- refratariedade e condutividade térmica;
- não reagem com o carvão/coque na temperatura de processo;
- estabilidade dimensional das diversas fases cristalinas da sílica em temperaturas acima de 600°C;
- resistência a compressão, choque mecânico e abrasão.

Tabela 4.1 Especificação de refratários de sílica para a coqueria *heat recovery*.

Item		Especificação
SiO_2	%	≥ 94,5
Al_2O_3	%	≤ 1,5
Fe_2O_3	%	≤ 1,5
CaO	%	≤ 2,5
$Na_2O + K_2O$	%	≤ 0,35
Temperatura máxima de uso	°C	≤ 1350

Fonte: Desenvolvida pela autoria do capítulo.

Esses tijolos são instalados nas regiões periféricas dos fornos como lintel, *jamb side* por causa de sua resistência ao choque mecânico.

4.1.3.2 Sílico-aluminosos (Al_2O_3 - SiO_2)

São materiais que apresentam como característica:

- ausência de reações com o carvão/coque;
- resistência a variações bruscas de temperatura;
- menor refratariedade;
- baixo custo.

Tabela 4.2 Especificação de refratários sílico-aluminosos para coqueria *heat recovery*.

Item		Baixa resistência	Média resistência	Alta resistência	Super--resistência	Alta alumina
SiO_2	%	60/70	60/70	50/60	46/53	< 50
Al_2O_3	%	23/33	26/36	35/40	40/44	> 50
Outros componentes	%	6/10	5/9	5/9	5/7	-
Temperatura máxima de uso	°C	1000	1200	1400	1600	> 1600

Fonte: Desenvolvida pela autoria do capítulo.

Tabela 4.3 Especificação de refratários sílico-aluminosos para o topo da coqueria *heat recovery*.

Item – Tijolo clinker do topo dos fornos		Especificação
SiO_2	%	≥ 70
Al_2O_3	%	≤ 22
Fe_2O_3	%	≤ 7
Porosidade aparente	%	≤ 15
RCTA	MPa	≥ 60

Fonte: Acervo da Ternium.

Esses tijolos são instalados nos fornos no sistema de admissão de ar e na fase externa do forno, onde apresentam variações de temperatura.

4.1.3.3 Aluminosos (Al_2O_3) – tijolos densos

São materiais que apresentam como característica:

- ausência de reações com o carvão/coque;
- resistência a esforços mecânicos;
- alta densidade.

Tabela 4.4 Especificação de refratários aluminosos para coqueria *heat recovery*.

Tijolos do lintel e *jamb side*		Especificação
SiO_2	%	≤ 27,7
Al_2O_3	%	≥ 65
Fe_2O_3	%	≤ 1,55
CaO	%	≤ 2,5
Variação linear (reaquecimento)	%	-0,4/+0,1
	h	2
	°C	1500
Temperatura máxima de uso	°C	1600
RCTA	MPa	≥ 49

Fonte: Desenvolvida pela autoria do capítulo.

4.1.3.4 Aluminosos (Al_2O_3) – tijolos isolantes

São materiais que apresentam como característica:

- baixa condutividade térmica;
- ausência de reações com o carvão/coque e gases do processo;
- resistência a variações bruscas de temperatura;
- reduzida densidade;
- alta refratariedade.

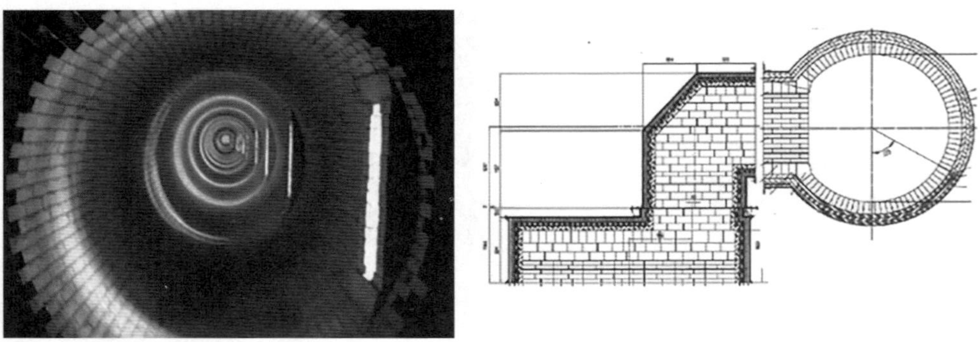

Figura 4.16 Refratários usados nos coletores de gases.
Fonte: Acervo da Ternium.

Tabela 4.5 Especificação de refratários aluminosos isolantes para coqueria *heat recovery*.

Tijolos do coletor de gases		Especificação
SiO_2	%	≤34
Al_2O_3	%	≥63
Fe_2O_3	%	≤1,3
Densidade aparente	g/cm^3	1,3

(*Continua*)

Tabela 4.5 Especificação de refratários aluminosos isolantes para coqueria *heat recovery*. (*Continuação*)

Tijolos do coletor de gases		Especificação
Variação Linear (reaquecimento)	%	-0,1
	h	5
	°C	1500
Temperatura máxima de uso	°C	1600
RCTA	MPa	4,5
Condutividade térmica	W/m.K	0,5

Fonte: Desenvolvida pela autoria do capítulo.

4.1.3.5 Concretos refratários

São materiais que apresentam como características:

- resistência ao choque térmico;
- resistência mecânica elevada;
- facilidade de manuseio e instalação.

Figura 4.17 Porta dos fornos da coqueria *heat recovery*.
Fonte: Acervo da Ternium.

Tabela 4.6 Especificação de concreto refratário para porta de coqueria *heat recovery*.

Concreto das portas de coqueria		Especificação
SiO_2	%	≤ 12,5
Al_2O_3	%	≥ 80
Fe_2O_3	%	≤ 1,5
CaO	%	≤ 2,5
TiO_2	%	≤ 3,5
Densidade aparente	g/cm^3	2,65
Variação linear (reaquecimento)	%	-1,6
	h	24
	°C	1500
Temperatura máxima de uso	°C	1700
RCTA	MPa	≥50

Fonte: Desenvolvida pela autoria do capítulo.

4.1.3.6 Manta e placas

São materiais que apresentam como características:

- de fácil instalação e não sofrem combustão;
- reduzido coeficiente de dilatação e contração sob temperaturas elevadas.

Figura 4.18 Uso de manta isolante em porta dos fornos da coqueria *heat recovery*.
Fonte: Acervo da Ternium.

Tabela 4.7 Especificação de manta isolante para a porta dos fornos.

Manta de fibra cerâmica		Especificação
SiO_2	%	44/48
Al_2O_3	%	52/54
Fe_2O_3	%	0,1/0,2
Densidade aparente	g/cm³	0,064/0,192
Variação linear (reaquecimento)	%	2,0
	h	24
	°C	1300
Temperatura máxima de uso	°C	1260/1426

Fonte: Desenvolvida pela autoria do capítulo.

Material utilizado para vedação das portas da coqueria, isolamento térmico das portas e caldeiras, formar o corpo das válvulas de *bypass* das caldeiras e para reparos a quente.

4.1.3.7 Massas de fibra cerâmica

São materiais que apresentam como características:

- preenchimento de trincas e frestas;
- aumento da vida útil do isolamento e da estrutura metálica;

- superfície altamente resistente à erosão de gases em altas velocidade e temperatura;
- reduzido coeficiente de dilatação e contração sob temperaturas elevadas.

Figura 4.19 Uso de produto à base de manta isolante para reparo em porta dos fornos.
Fonte: Acervo da Ternium.

Tabela 4.8 Especificação de manta isolante para reparo das portas dos fornos.

Massa de fibra cerâmica		Especificação 1	Especificação 2
SiO_2	%	36	38
Al_2O_3	%	62	60
Fe_2O_3	%	0,29	0,14
TiO_2	%	0,01	0,1
Outros	%	0,6	1,2
Densidade aparente	g/cm^3	0,77	1,05
Variação linear (reaquecimento)	%	-0,2	-0,5
	h	5	5
	°C	1500	1500
Resistência à erosão	%	16,4	2,5
RCTA	MPa	0,4	4,8

Fonte: Desenvolvida pela autoria do capítulo.

4.2 PRESERVAÇÃO DAS BATERIAS DE COQUE

4.2.1 Inspeção

Padronização das rotinas de inspeção maximizando sua utilização dentro dos padrões de funcionamento dos equipamentos, aliada a outras técnicas que visam um maior ganho de aproveitamento da equipe nos requisitos de segurança, meio ambiente, preservação do ativo, qualidade final do produto e melhorias contínuas de processo.

Tabela 4.9 Plano de inspeção.

PLANO DE INSPEÇÃO DAS BATERIAS DE COQUE

Mês	JULHO				AGOSTO					SETEMBRO				OUTUBRO				NOVEMBRO					DEZEMBRO				JANEIRO				FEVEREIRO				MARÇO					ABRIL				MAIO					JUNHO				
Semana / Atividades	28	29	30	31	32	33	34	35	36	37	38	39	40	41	42	43	44	45	46	47	48	49	50	51	52	53	1	2	3	4	5	6	7	8	9	10	11	12	13	14	15	16	17	18	19	20	21	22	23	24	25	26	27
1		1													1											1														1													
2			2	2	2	2	2	2	2																			2	2	2	2	2	2	2																			
3										3								3								3									3									3									3
4	4										4								4								4									4									4								
5											5	5											5	5												5	5												5	5			
6													6	6	6																									6	6	6											
7																						7																										7					
8			8				8					8					8				8				8				8					8					8				8				8					8	
9		9														9												9										9													9		
10	10									10										10							10										10									10							
11	11	11																									11	11																									
12			12	12	12	12	12	12	12	12	12	12	12	12	12	12	12	12	12	12																																	
13																															13	13	13	13	13	13	13																

1	INSPEÇÃO VISUAL FORNO EXTERNO
2	INSPEÇÃO VISUAL FORNO INTERNO (SOLEIRAS, PAREDES E ABÓBADAS)
3	INSPEÇÃO VISUAL DOS SOLE FLUES
4	INSPEÇÃO VISUAL DA RAMPA DE COKE
5	INSPEÇÃO VISUAL COLETORES INTERNOS
6	INSPEÇÃO DOS TIRANTES TRANSVERSAIS, LONGITUDINAIS E MOLAS
7	INSPEÇÃO VISUAL CONCRETO CIVIL PAREDE DE CONTENÇÃO
8	INSPEÇÃO VISUAL DE PORTAS SUPERIORES E INFERIORES
9	INSPEÇÃO DE CABIDES DE PORTAS
10	INSPEÇÃO VISUAL DAS VÁLVULAS DAS CALDEIRAS (BY PASS e RG's), VÁLVULAS ENTRADA DE GÁS (PISO 6000) E SALÕES DAS CALDEIRAS
11	INSPEÇÃO TERMOGRÁFICA COLETORES EXTERNOS E CALDEIRAS
12	INSPEÇÃO POR RANKING DOS FORNOS (COMMIT)
13	TOPOGRAFIA

Fonte: Acervo da Ternium.

Plano de inspeção das estruturas refratárias e metálicas:

- tijolo do topo;
- tijolos do *sole flue*;
- tijolos das paredes internas;
- estrutura metálica - *buckstay*;
- estrutura metálica - tirantes;
- estrutura metálica - molas;
- vedação de portas, *downcomers* e cabeceira;
- substituição e fixação de tijolos de arco;
- inspeção das portas de visita dos coletores;
- conservação de *pin wall* (substituição de tijolos e argamassa);
- conservação de dutos e vedação dos anéis;
- projeção refratária de dutos e nas portas;
- vedação das válvulas de entrada de caldeira;
- limpeza do forno e dos dutos do gás;
- limpar e reformar portas para montagem de refratários;
- suporte de andaimes para reparos refratários;
- reforma de peças metálicas de portas;
- reparo de *buckstays*;
- limpeza de dutos;
- reparo de fornos, substituição de tijolos;
- conservação das passarelas;
- reparo e conservação de suportes de portas.

4.2.2 Diagnose

O processo de endoscopia utiliza um gravador e um monitor LCD que registra as imagens captadas pelas microcâmeras posicionadas na extremidade de uma lança refrigerada à água, possibilitando inspecionar equipamentos operando com até 1650°C.

Após as conclusões físicas das inspeções dos fornos, serão elaborados três produtos da diagnose:

- **Relatório de inspeção:** foram emitidos os relatórios de inspeção por forno para uma diagnose segura, relacionando todas as anomalias detectadas, listagem das pendências para criação de *back log* e conclusões técnicas.
- **Ranqueamento dos fornos:** foram apresentadas a listagem e *ranks* dos fornos de acordo com suas avarias/condições, que serão apresentados em forma gráfica de fácil compreensão, mostrando as posições dos fornos de acordo com sua condição ao fim da inspeção.

- **Estimativa da vida útil da bateria de coque:** com todo o *know how* dos refratárias, em que, a partir do "ranqueamento" e dos dados das condições de operação das baterias, é possível determinar a vida útil dos fornos bem como a viabilidade econômica do forno.

A classificação é aplicada a cada componente do forno e sole flue no momento da inspeção. A escala de classificação vai de 0 a 5, em incrementos de 0,5. Zero indica "novo" ou condição "sem danos" e 5 significa que esse componente do forno ou sole flue como incapaz de produzir coque.

Existe uma correlação entre a determinação do *ranking* e uma escala de tempo de quando o forno necessitará ser reparado ou de quando o forno deve ser reavaliado.

As três categorias básicas de classificação são:

- escala de 0,0 a 0,5 monitoramento das condições;
- escala de 1,0 a 3,0 manutenção preventiva;
- escala de 3,5 a 5,0 manutenção corretiva.

Tabela 4.10 Frequência de reparos.

Vida estimada antes de reparos (meses)	*Rank*	Frequência recomendada de inspeção (semanas)	Estágio de manutenção	Condição típica
120+	0,0	104	Monitoramento das condições	Novo, sem danos
48-120	0,5	52		Reconstrução recente
24-48	1,0	26	Manutenção preventiva	Esperados futuros reparos
18-24	1,5	20		Previsão de reparos iminentes
12-18	2,0	10		Pequeno dano – reparos regulares
6-12	2,5	6		Médios danos – reparos frequentes
3-6	3,0	4		Grandes danos – reparos intensos
2-3	3,5	2	Manutenção corretiva	Maiores danos – reparos com painéis de tijolos
1-2	4,0	1		Danos extensivos – previsão de reconstrução
0-1	4,5	Cada desenfornamento		Danos extensivos – reconstrução planejada
0	5,0	-		Fora de serviço

Fonte: Desenvolvida pela autoria do capítulo.

4.2.3 Reparo a quente dos fornos

- Cortar as aberturas nos dutos coletores de gases.
- Limpar os materiais refratários.
- Substituir a fibra cerâmica.
- Substituir os tijolos.

Acesse as imagens coloridas do capítulo.

BIBLIOGRAFIA

ALMEIDA, M. T. *Manutenção preditiva*: confiabilidade e qualidade. 2000.

ARAÚJO, L. *Manual de siderurgia*. São Paulo: Editora Arte & Ciência, 1997. v. 1. 470p.

COELHO, R. J. *Modelos de previsão de qualidade metalúrgica do coque a partir da qualidade dos carvões individuais e do coque obtido no forno piloto de coqueificação da CST*. Dissertação (Mestrado) – Universidade Federal de Ouro Preto. Rede Temática em Engenharia de Materiais, 2003.

DUARTE, A. K. Classificação de refratários. *In: Curso Fundamentos de Refratários*. Belo Horizonte, 2012.

HANCOCK, J. D. *Practical refractories*. Huddersfield: Cartworth Industries, 1988. 371p.

HENRIQUE, N. I.; COELHO, R. J.; JUNQUEIRA, Y. S. F. *et al*. Reparo a quente nos coletores de gases de combustão, através da projeção de massa refratária com vídeo monitoramento. *In: 46º Seminário de redução de minério de ferro e matérias-primas*. Rio de Janeiro, 2016.

HENRIQUE, N. I.; FONSECA, G. R. da; SOUZA ALMEIDA, C. de; COELHO, R. J.; HUMBERTO, C.; MIRANDA, R.; WILLIAMS, B. *Reparo a quente nos coletores de gases de combustão através da projeção da massa refratária com videomonitoramento*. Rio de Janeiro: ABM WEEK, 2016.

HENRIQUE, N. I.; JUNQUEIRA, Y. S. F.; COELHO, R. J.; HENRIQUE, N. I. *et al*. PID combustão – *um melhor controle para queima dos gases em coqueria heat recovery*. *In: 46º Seminário de redução de minério de ferro e matérias-primas*. Rio de Janeiro, 2016.

IBAR – Indústria Brasileira de Artigos Refratários. 2012. Disponível em: http://www.ibar.com.br/quem-somos/refratarios.html. Acesso em: 19 jun. 2018.

JUNQUEIRA, Y. S. F.; COELHO, R. J.; HENRIQUE, N. I. *et al*. *Stamping charger com automatismo* – compactação da massa de carvões – estudo teórico e análise prática na tkCSA. *In: 44º Seminário de redução de minério de ferro e matérias-primas*. Belo Horizonte, 2014.

KIM, R.; SCHUECKER, F.J. *Coke oven with optimized control and method of control*. Patent Publication Number: 20090032382. Date of Patent: Jun 18, 2013.

LOBATO, E. *Relatório técnico 71 – refratários*. Brasília: Ministério de Minas e Energia, 2009.

MATOS, J. Concepção cerâmica dos produtos básicos e aplicações e variáveis que afetam no desempenho. *In: Concepção cerâmica dos produtos fabricados na fábrica de básicos*. Contagem, 2001. 1-80.

MENEZES, I. *Refratários:* propriedades mecânicas, fratura e efeitos termomecânicos. *In: Seminário sobre aciaria e refratários*. Belo Horizonte, 1989, p. 1-181.

SILVA, G. Refratários para siderurgia. *In:* MOURÃO, M. *et al. Introdução à siderurgia*. Edição 2007. São Paulo: Associação Brasileira de Metalurgia, Materiais e Mineração (ABM), 2011. Capítulo 9. p. 257-307.

SILVA, J. E.; OLIVEIRA, A. F. Evolução do uso de carvões "soft" e "steam coal" na coqueria heat recovery e impactos na qualidade do coque e no custo da mistura. *In: 45º Seminário de redução de minério de ferro e matérias-primas*. Rio de Janeiro, 2015.

VIVALDINI, D. O.; MOURÃO, A. A. C.; SALVINI, V. R.; PANDOLFELLI, V. C. 2014. Revisão: fundamentos e materiais para o projeto da microestrutura de isolantes térmicos refratários de alto desempenho [do original "Review: Fundamentals and materials for the microstructure design of high performance refractory thermal insulating"]. *Cerâmica*, 60, p. 297-309.

WESTBROOK, R. W. *Coke oven flue gas sharing*. Patent Publication Number: US6596128 B2. Date of Patent: Jul 22, 2003.

Capítulo 5
REFRATÁRIOS PARA REGENERADORES DE ALTOS-FORNOS

Horácio Ávila Ferreira
Jove Gontijo Neto

5.1 INTRODUÇÃO E PROCESSO

5.1.1 Definição

Os regeneradores são os equipamentos utilizados na indústria siderúrgica para a geração de ar em altas temperaturas a serem insufladas nos altos-fornos com o objetivo de produzir o ferro-gusa. São eles os responsáveis por gerar o ar quente que servirá como combustível para a redução do minério de ferro em ferro-gusa nos altos-fornos (Figura 5.1).

5.1.2 Sistema de insuflação

Os regeneradores – que podem ser de câmara de combustão interna e externa (Figura 5.3) – fazem parte do sistema de insuflação de ar quente nos fornos (Figura 5.2), sistema este dividido em:

- **Câmara de combustão (*combustion chamber*):**
  - queimador cerâmico ou metálico (*ceramic burner/burner*);
  - duto de ar de combustão (*air inlet pipe*);
  - duto de gás de combustão (*gas inlet pipe*);
  - saída para linha de ar quente (*hot blast outlet*);
  - ignitor e detector de chama (*ignition burner and flame detector*).

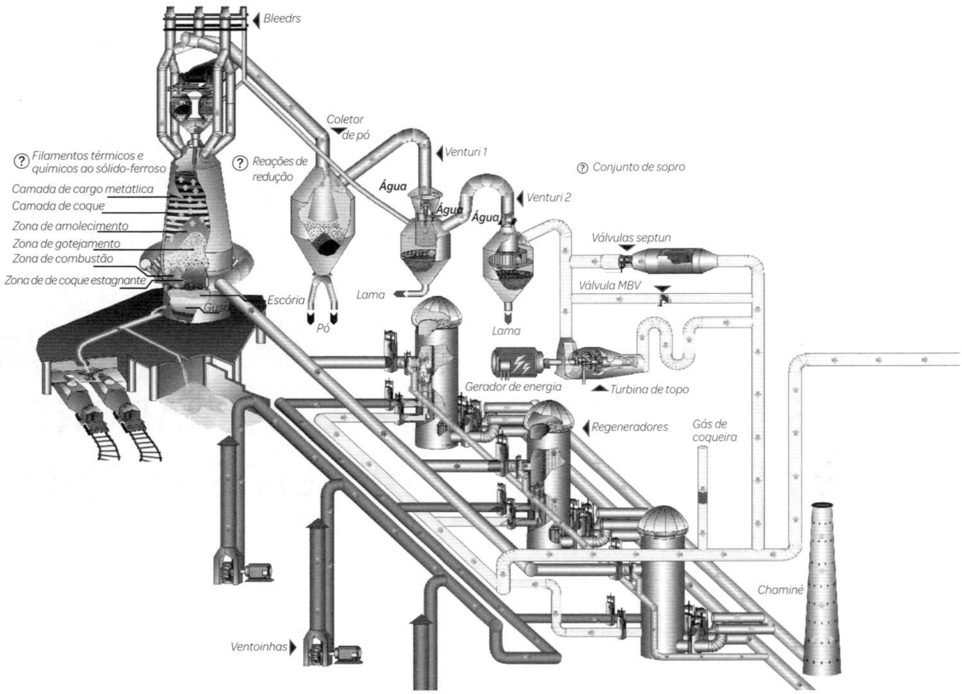

Figura 5.1 Visão geral dos regeneradores de um alto-forno.
Fonte: Trabalho Gerdau - Internet.

- **Câmara de *checker* (*checker chamber*):**
  - sala de grelhas (*grid room*);
  - canal de fumaça (*waste gas*);
  - duto de sopro de ar frio (*cold blast inlet*);
  - *manhole* de visita (*manhole*);
  - empilhamento de *checkers* (*checkers*).
- domo (*dome*): *manhole* do domo;
- chaminé;
- *branch pipe* (no caso de regeneradores com câmara de combustão externa);
- duto de interligação ao tubulão de ar quente;
- juntas de expansão da linha de ar quente;
- tubulão de ar quente/linha de ar quente (*hot blast main*);
- câmara de mistura (*mixing pot*);
- duto de interligação ao anel de ar quente (*main header*);
- anel de ar quente (*bustle pipe*);
- *tuyere stock* e ventaneiras.

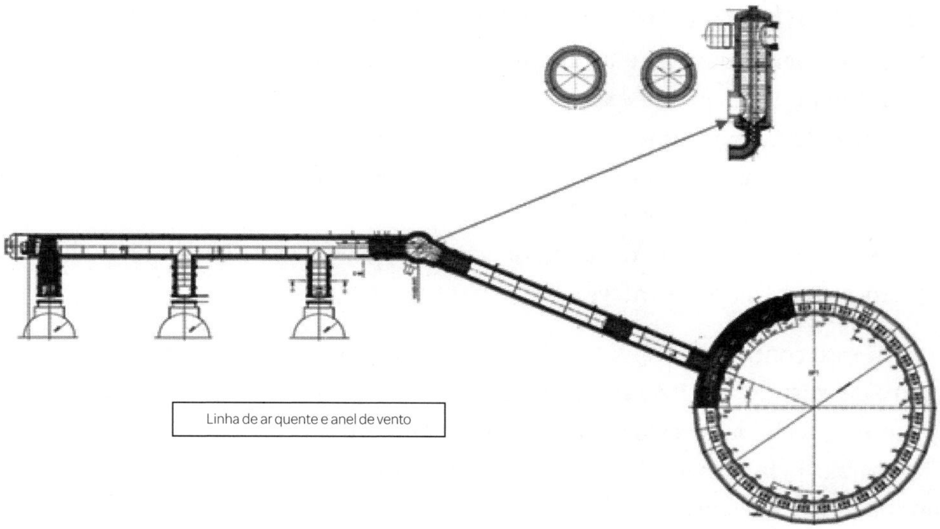

Figura 5.2 Linha de ar quente e anel de vento.
Fonte: Desenvolvida pela autoria do capítulo.

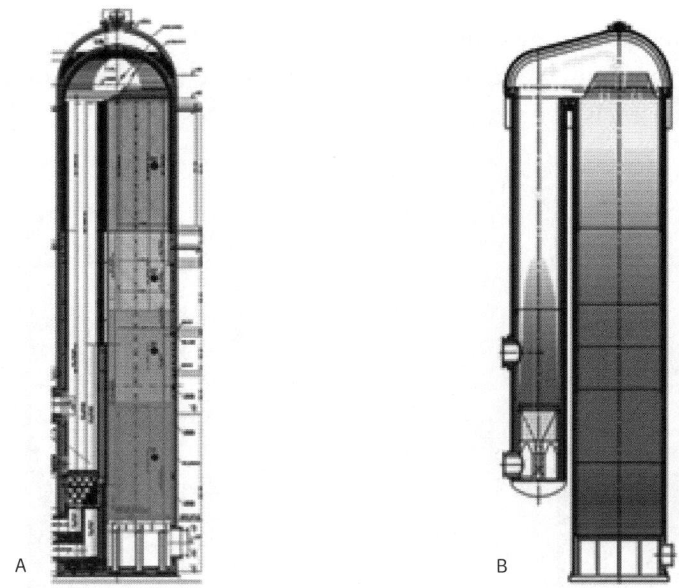

Figura 5.3 A) Regeneradores com câmaras de combustão interna; B) externa.
Fonte: Adaptada de (3).

5.1.3 Operação – ciclo de combustão

Com relação à operação dos regeneradores, é importante destacar a função primária desses equipamentos, ou seja, insuflar ar quente nos altos-fornos cujo descritivo sequencial entre o sopro e a combustão é apresentado a seguir.

5.1.3.1 Ciclo de gás ou de encharque de calor nos refratários do checker

- Fechamento das válvulas de saída de ar quente VAQ (*hot blast valve*) para o tubulão de ar quente e da válvula de entrada de ar frio (*cold blast valve*), localizada na parte inferior da sala de grelhas na câmara de *checker*.
- Abertura das válvulas de ar e gás (*air and gas inlet*) localizadas abaixo da região do queimador cerâmico.
- Abertura da válvula de saída de gás queimado (*waste gas*) para a chaminé, localizada na parte inferior da câmara de cheques.

Com esse controle de válvulas, libera-se a entrada de ar e gás que, passando pela câmara de mistura, é feita a ignição acima desta, como a saída para o tubulão de ar quente está fechada, o calor gerado pela chama que se forma tem como sentido único passar pela câmara de combustão, subir até o domo e descer pela câmara de empilhamento dos chekers, promovendo, assim, o encharque ou a retenção de calor nos tijolos desse tipo.

Como a única válvula aberta é a de saída para a chaminé, esse gás queimado é dirigido para ela.

Após um tempo pré-determinado necessário para a maior absorção de calor pelos *checkers*, a válvula de saída para a chaminé é fechada, bem como as válvulas de entrada de ar e gás.

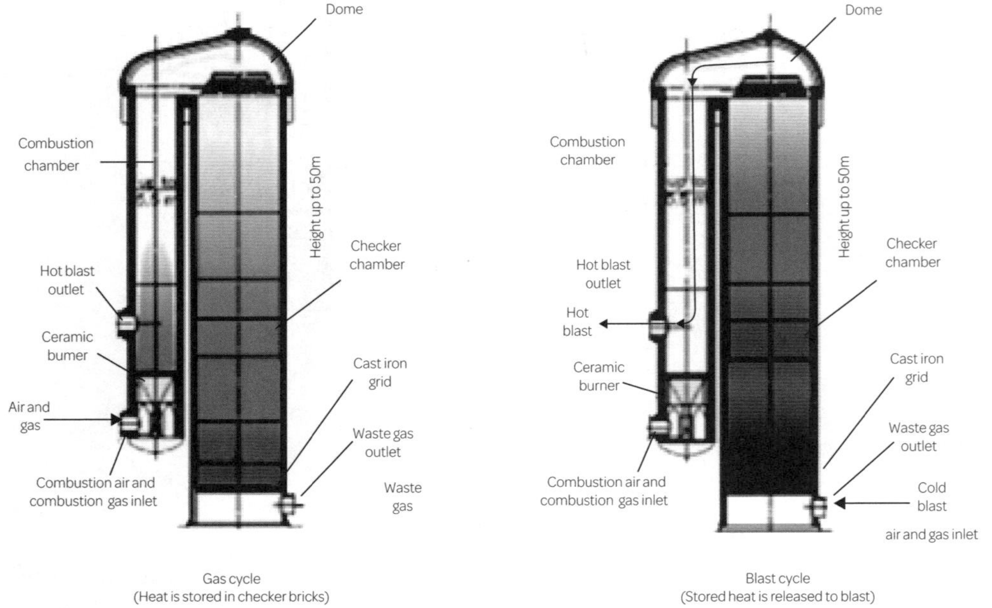

Figura 5.4 Ciclo de aquecimento e sopro no regenerador.
Fonte: Adaptada de (3).

5.1.3.2 Ciclo de sopro ou de ventilação

Inversamente ao ciclo de combustão, a sequência será:

- Abertura das válvulas de ar quente (VAQ) para o tubulão de ar quente, da válvula de entrada de ar frio (*cold blast valve*), localizada na parte inferior da câmara dos *checkers*.
- Fechamento das válvulas de ar e gás localizadas abaixo da região do queimador cerâmico.
- Fechamento da válvula de saída de gás queimado para a chaminé, localizada na parte inferior da câmara de *checkers*.

Com esse controle de válvulas, o ar de sopro frio, proveniente dos sopradores, entrará pela parte inferior da câmara de *checkers*, passará pelo empilhamento encharcado a uma velocidade que pode variar de aproximadamente 20.000 a 50.000Nm^3/h ou mais (esse valor depende de cada sistema de insuflamento e de cada modelo de regenerador), permitindo a absorção de todo o calor retido nos *checkers*, levando o ar quente para o alto-forno.

5.2 MECANISMOS DE DESGASTE

Os regeneradores são construções muito dinâmicas, com os refratários assentados com extremo cuidado dimensional, sujeito continuamente a tensões térmicas e movimentações (Tabela 5.1).

Tabela 5.1 Ciclo de aquecimento e sopro no regenerador.

Domos	• Cargas termomecânicas • Ação prolongada de altas temperaturas e particulado • Particulado do ar e gás de combustão • Abertura de trincas durante o resfriamento
Empilhamento	• Carga termomecânica variando ao longo do empilhamento • Particulado do ar e gás de combustão • Variação de temperatura, principalmente na parte mais baixa do empilhamento
Câmara de combustão	• Inversão de temperatura • Choque térmico • Carga térmica • Pulsação da chama
Queimador cerâmico	• Inversão de temperatura • Choque térmico • Particulado do ar e gás de combustão • Pulsação da chama
Montagem	• Falhas na fundação • Problemas de soldagem na carcaça • Má montagem dos refratários, o que pode causar passagem de gás pelas juntas • Trincas e fissuras na carcaça devido à ação de corrosão sob tensão

Fonte: Adaptada de (3).

Todos os elementos e seções refratárias devem estar livres de tensões térmicas durante a operação normal por toda a campanha. Gradientes térmicos sobre os tijolos devem ser minimizados. Os refratários devem poder se expandirem livremente sem restrições e devem suportar carga a certa temperatura sem falhar.

Expansões e contrações podem provocar *gaps* entre os refratários e o fluxo gasoso pode passar através desses *gaps*.

Exemplos de degradação dos refratários:

- Trincas geradas durante o resfriamento (Figura 5.5).
- Problemas e falhas ocorridos na parede de partição (Figura 5.6).
- Problemas na fundação (Figura 5.7).
- Falhas na solda da carcaça dos regeneradores (Figura 5.8).

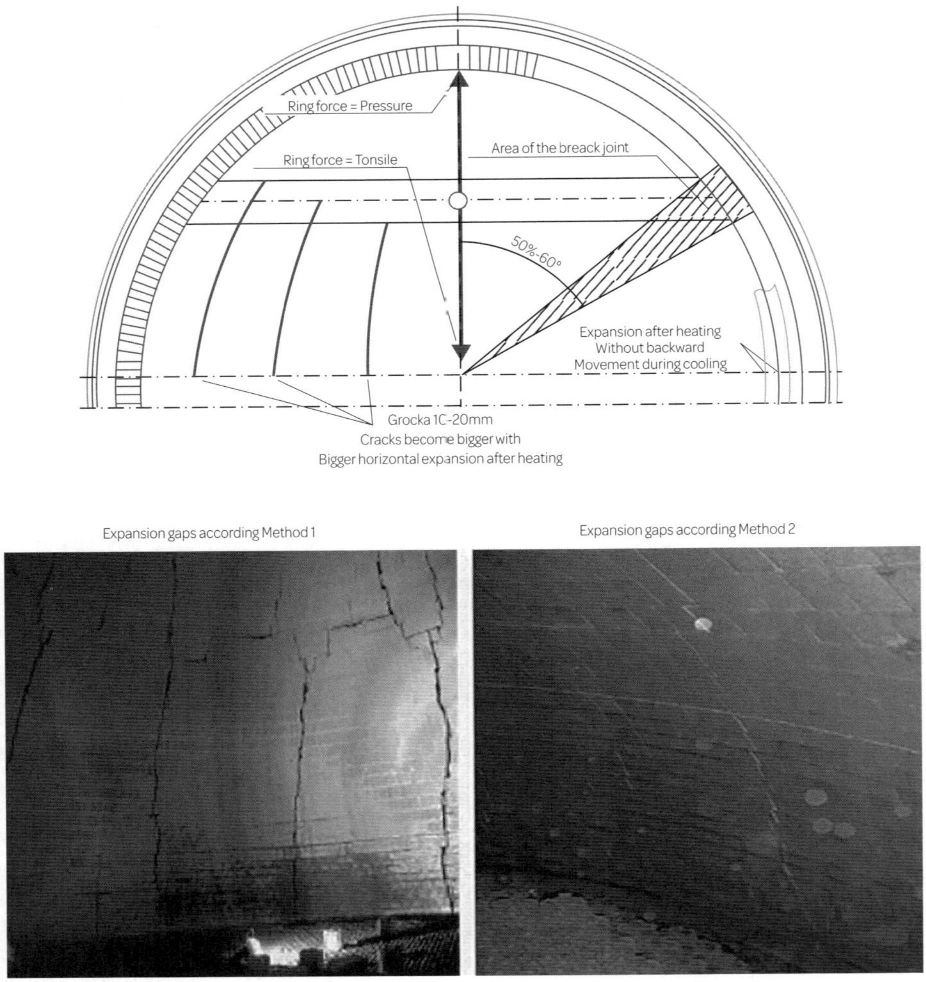

Figura 5.5 Trincas geradas durante o resfriamento do regenerador.
Fonte: Adaptada de (3).

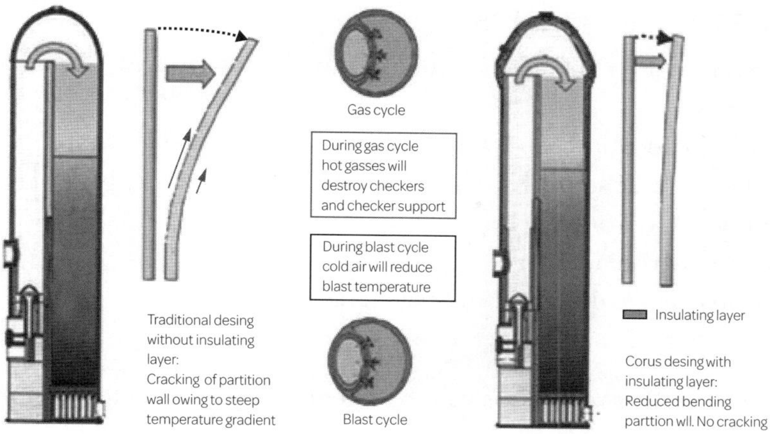

Figura 5.6 Falhas na parede de partição.
Fonte: Adaptada de (7).

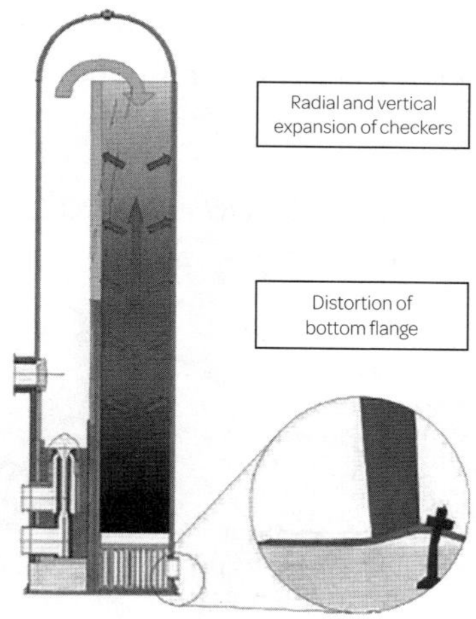

Figura 5.7 Problemas na fundação.
Fonte: Adaptada de (7).

Figura 5.8 Falha na solda da carcaça.
Fonte: Adaptada de (2).

5.3 PROJETOS REFRATÁRIOS

Fatores importantes para o desenvolvimento de um projeto refratário de um regenerador:

- produção do alto-forno (t/dia);
- temperatura de sopro;
- volume de sopro (Nm^3/h);
- número de regeneradores;
- projeto e *design* da carcaça do regenerador;
- expectativa de campanha.

De forma geral, os refratários para os regeneradores devem ter duas propriedades essenciais:

- Excelente estabilidade em volume, em função do tempo, sob a carga e a temperatura existente em cada nível do aparelho.
- Boa capacidade calorífica e um coeficiente elevado de difusividade térmica, principalmente para os refratários de empilhamento.

5.3.1 Estrutura dos domos

5.3.1.1 Câmara de combustão interna – domo apoiado na parede – projeto antigo (Figura 5.9)

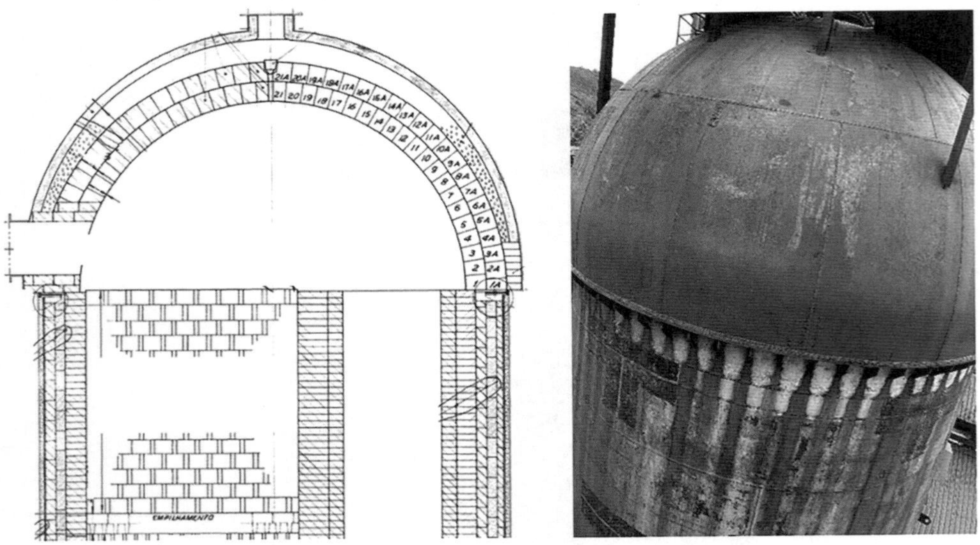

Figura 5.9 Exemplo de um projeto antigo de regenerador de câmara interna.
Fonte: Adaptada de (2).

5.3.1.2 Câmara de combustão interna – domo apoiado na parede – projeto novo (Figura 5.10)

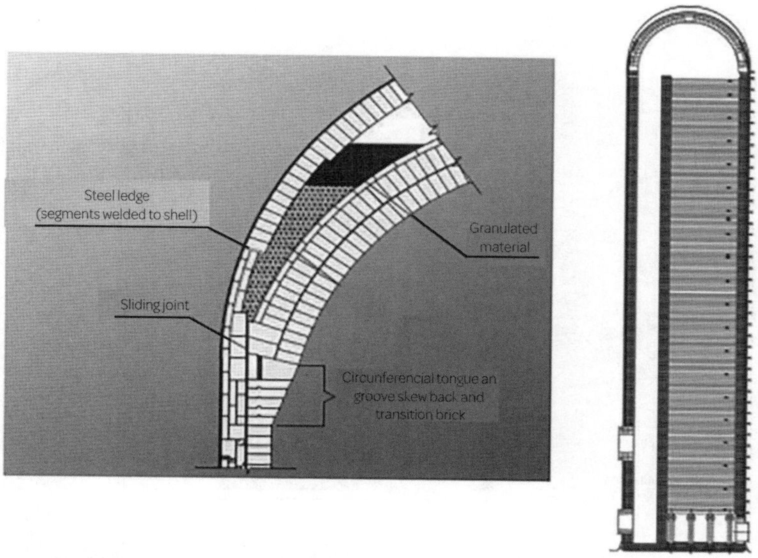

Figura 5.10 Exemplo de um projeto novo de regenerador de câmara interna.
Fonte: Adaptada de (3).

5.3.1.3 Evolução dos projetos dos domos

A Figura 5.11 mostra a evolução dos projetos dos domos.

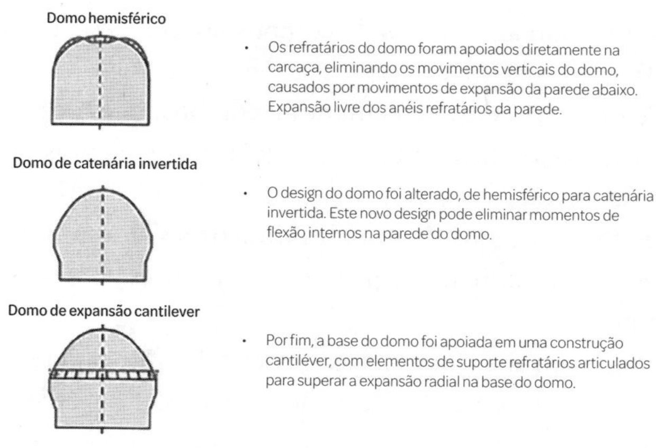

Figura 5.11 Evolução dos projetos do regenerador.
Fonte: Adaptada de (7).

5.3.1.4 Domo em forma de cogumelo

Independente, não se apoia na parede, tem um anel metálico de sustentação (Figura 5.12).

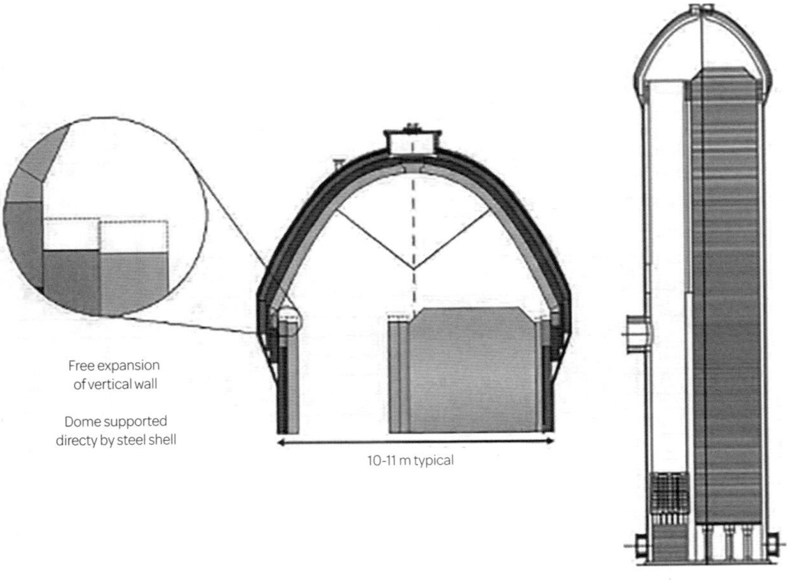

Figura 5.12 Domo em forma de cogumelo.
Fonte: Adaptada de (7).

5.3.1.5 Câmara de combustão externa

Duplo domo abrangendo as câmaras de combustão, *checker* e partes do regenerador (Figura 5.13).

- A junta de expansão entre a câmara de combustão e a câmara dos *checkers* permite a expansão independente dos dois equipamentos quando o modelo tiver duto de ligação.
- Refratamento em domos de grandes dimensões. Mesmo o domo sendo de sílica e de grande dimensão, permite, com sucesso, o seu resfriamento e aquecimento.
- Aquecimento bem-distribuído nos *checkers* durante o período de ventilação devido a uma estrutura assimétrica dos *checkers*.
- Embora o contorno dos equipamentos seja revestido com camadas de isolamento, as carcaças deverão ser protegidas contra a corrosão sob tensão.

Componentes de construção que não tensionam nem influenciam a expansão uns dos outros:

- câmara de combustão;

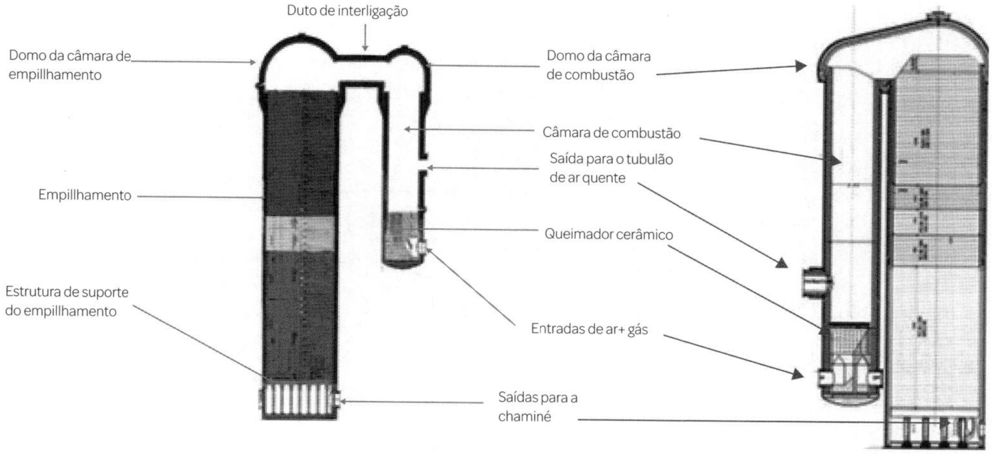

Figura 5.13 Regenerador com câmara de combustão externa.
Fonte: Adaptada de (7).

- câmara de empilhamento;
- domos;
- duto de interligação;
- empilhamento;
- grelha metálica;
- o fato de o duto de interligação estar acima do empilhamento garante uma ótima distribuição de calor durante o período de combustão;
- o domo menor e simétrico da câmera de combustão, cujo raio não depende do tamanho da câmera de empilhamento, garante a melhor segurança operacional.

5.3.1.6 Câmara de combustão interna – partes do regenerador

Com relação ao *design* estático, os regeneradores de câmara de combustão interna têm seus componentes trabalhando de forma independente uns dos outros (Figura 5.14).

- Embora no passado alguns problemas de expansão tenham ocorrido mais frequentemente do que no caso dos regeneradores de câmara de combustão externa, esses problemas já foram solucionados.
- Durante a construção da parede que divide a câmara de combustão da câmara de empilhamento, uma chapa de aço inox é instalada entre as entradas de ar e gás para prevenir vazamentos de gás, visando diminuir a possibilidade de "curto-circuito".
- Duas a três fiadas de refratários separam a câmara de combustão da câmara de empilhamento.

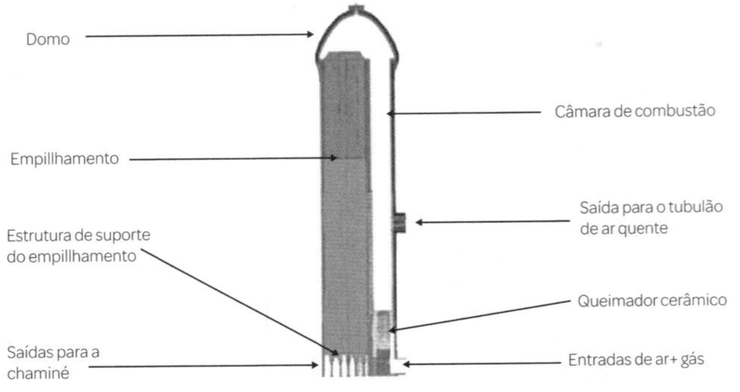

Figura 5.14 Câmara de combustão interna.
Fonte: Adaptada de (7).

5.3.1.6.1 Queimador na base do domo (Figura 5.15)

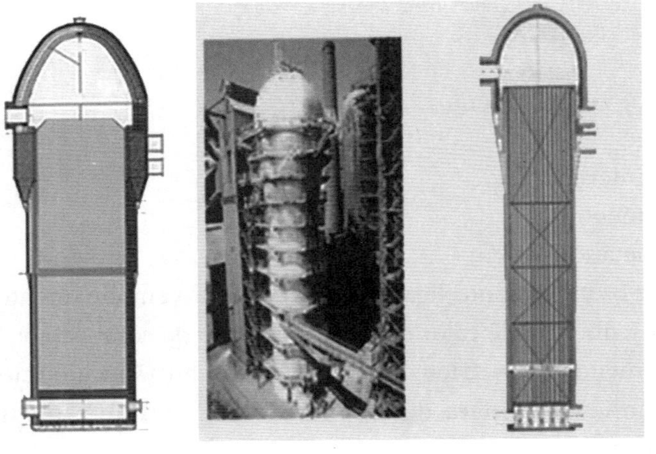

Figura 5.15 Regenerador com queimador na base do domo.
Fonte: Adaptada de (2).

5.3.1.6.2 Queimador no domo (Figura 5.16)

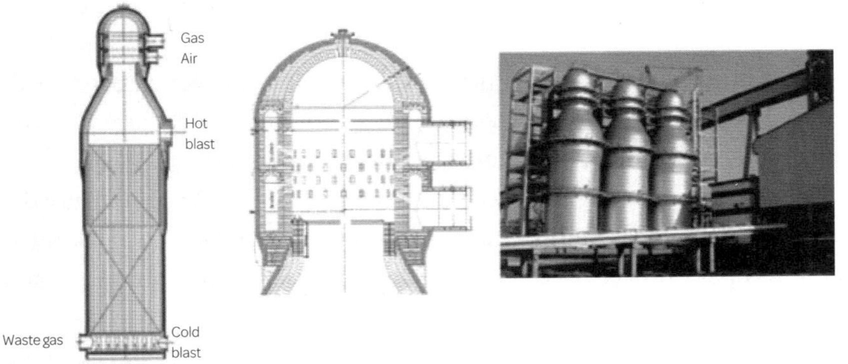

Figura 5.16 Regenerador com queimador no domo.
Fonte: Adaptada de (2).

5.3.1.6.3 Queimador cerâmico (Figura 5.17)

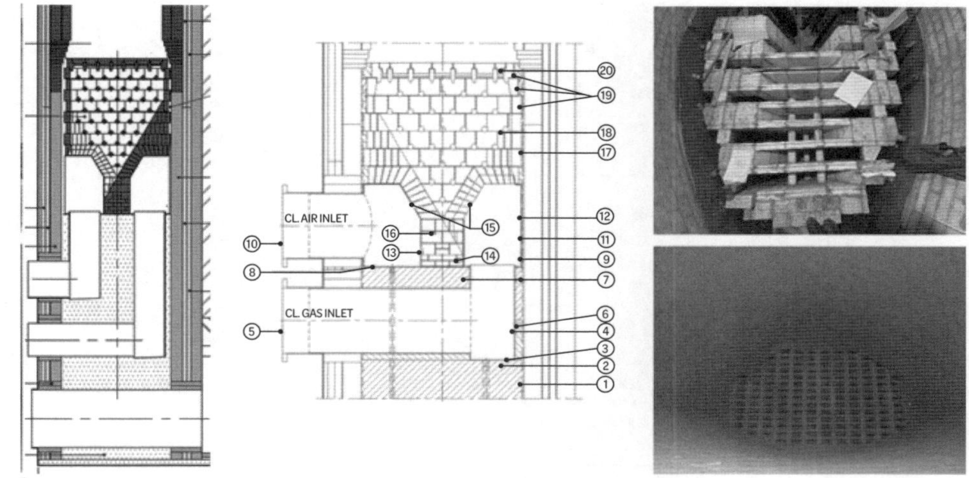

Figura 5.17 Exemplo de um projeto de queimador cerâmico – Danieli Corus.
Fonte: Acervo técnico da Danieli Corus.

5.3.1.6.4 Queimador metálico

Estrutura de suporte do empilhamento (Figura 5.18)

Figura 5.18 Exemplo de um projeto – Danieli Corus.
Fonte: Acervo técnico da Danieli Corus.

5.4 MATERIAIS REFRATÁRIOS

Os refratários para regeneradores devem apresentar os seguintes itens que serão comentados na sequência: boa estabilidade sob cargas em altas temperaturas; distribuição de temperatura nos chekers; capacidade calorífica; sílica; e alumina.

5.4.1 Boa estabilidade sob cargas em altas temperaturas

Os refratários utilizados no empilhamento sofrem duas solicitações simultâneas relacionadas com a temperatura e com as cargas às quais são submetidos. A Figura 5.19 apresenta a variação dessa caraterística em função da altura do empilhamento.

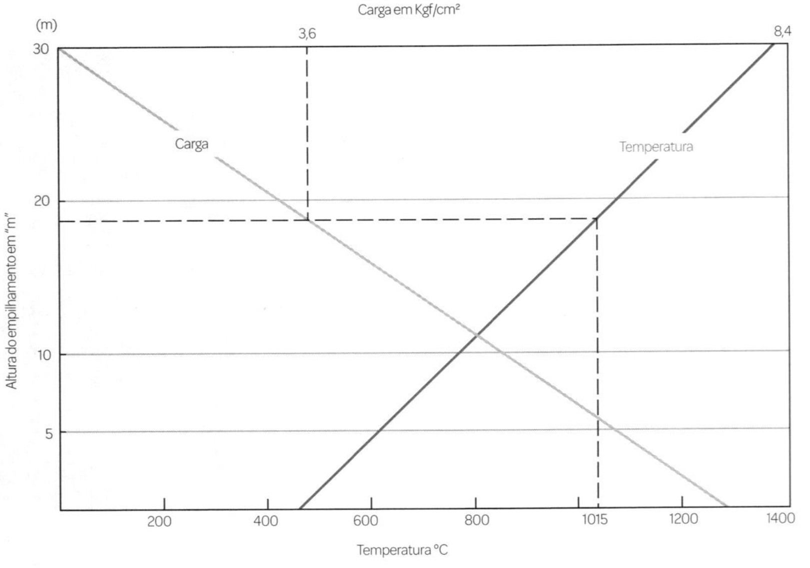

Figura 5.19 Variação da temperatura e carga em função da altura do empilhamento.
Fonte: Adaptada de (8).

Em função da temperatura e da carga às quais são submetidos os refratários em um regenerador, um ou mais dos fenômenos listados a seguir poderá ocorrer:

- Coesão entre os elementos dos refratários (grãos e ligantes, cristais e fases líquidas.
- Viscosidade da fase vítrea a partir da temperatura, em que ela, ficando suficientemente abundante, regula o processo de deformação.
- Sinterização, densificação, recristalização da matéria sólida do tijolo.
- Deformação plástica da matéria sólida colocada sob cargas elevadas.

Levando-se em consideração o exposto, para se definirem os refratários adequados para cada região do empilhamento, faz-se necessária a realização de ensaios de deformação em diferentes materiais e em diferentes temperaturas e cargas, o teste de *creep* (Figura 5.20).

5.4.2 Distribuição de temperatura nos *checkers*

A Figura 5.21 mostra a distribuição de temperatura nos *checkers* em função da altura do empilhamento e temperatura do domo do regenerador.

5.4.3 Capacidade calorífica

Essa capacidade depende da natureza constituinte dos refratários, portanto do seu calor específico e de sua densidade aparente: para composições iguais, ela é tanto menor quanto mais poroso é o produto, implicando o uso de refratários de baixa porosidade, pois serão menos sensíveis à deformação sob carga.

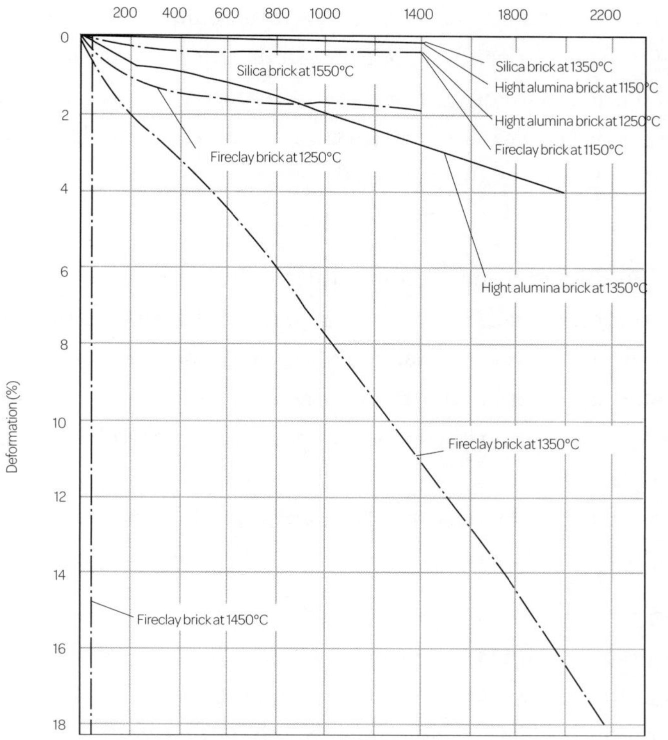

Figura 5.20 Teste de *creep* – carga de 2kg/cm² para vários materiais e temperaturas.
Fonte: Adaptada de (8).

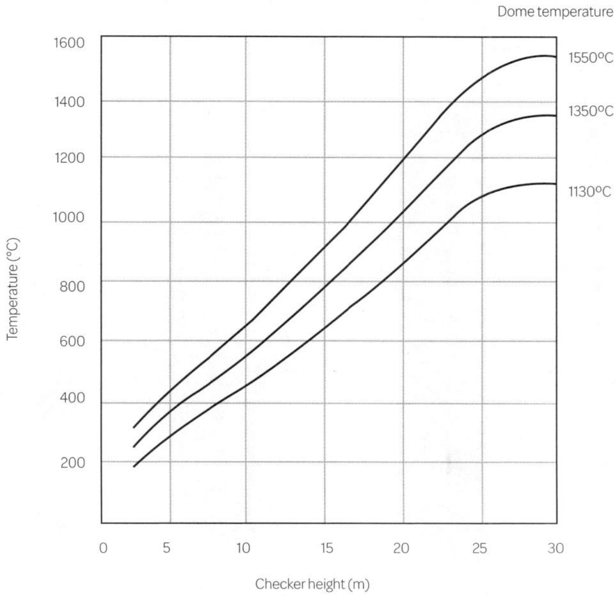

Figura 5.21 Distribuição de temperatura nos *checkers* em função da altura do empilhamento.
Fonte: Adaptada de (8).

Para uma mesma capacidade calorífica, a difusividade térmica é proporcional à condutividade térmica do produto. À exceção da sílica, os refratários muito cristalinos têm uma condutividade térmica inversamente proporcional ao crescimento da temperatura; por sua vez, a sílica apresenta uma capacidade de acumular calor inferior à dos refratários de alta alumina.

5.4.4 Sílica

- Menos densa (armazena menos calor).
- Expansão rápida abaixo de 573°C, expansão mínima acima de 573°C.
- Na faixa de temperatura mais baixa, a sílica deve ser aquecida e resfriada mais lentamente para evitar rachaduras.
- Na câmara de combustão, a sílica pode ser sensível ao maior tempo de desligamentos.
- Muito boas estabilidade e propriedades de fluência possibilitando atingir temperaturas mais altas.

5.4.5 Alumina

- Mais densa que a sílica, implicando custo mais alto.
- Expansão linear em toda a faixa de temperatura.
- Pode ser aquecida e resfriada mais rápido do que a sílica.
- Mais sensível ao ataque alcalino.

A Figura 5.22 e as Tabelas 5.2 a 5.5 mostram os principais refratários usados nos regeneradores.

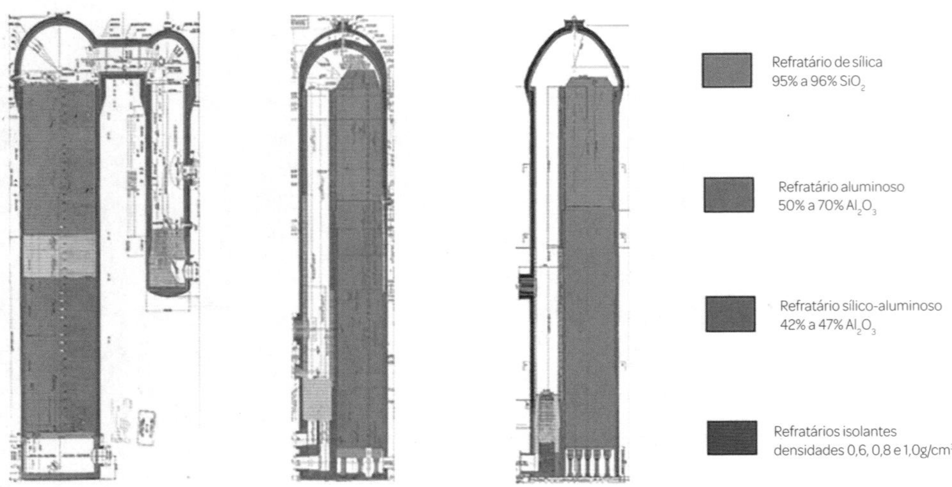

Figura 5.22 Principais refratários utilizados nos regeneradores.
Fonte: Adaptada de (7).

Tabela 5.2 Tijolos refratários densos para o regenerador.

		Sílica	Sílico-aluminoso	Alta alumina	
		Domo, paredes e *chekers*	Queimador cerâmico	Queimador cerâmico	Paredes e *chekers*
Composição química	%				
SiO_2		≥ 95			
Al_2O_3		$\leq 1,5$	≥ 42	≥ 65	65
Fe_2O_3		≤ 1	≤ 2		≤ 2
CaO		≤ 3	≤ 1	≤ 1	$\leq 0,5$
$Na_2O + K_2O$		$\leq 0,35$	$\leq 0,7$	$\leq 0,7$	$\leq 0,5$
Refratariedade (SK)		≥ 32	≥ 34	≥ 37	≥ 34
Densidade aparente	g/cm³	$\leq 1,87$	≥ 2	$\geq 2,7$	$\geq 2,5$
Porosidade aparente	%	≤ 23	≤ 20	≤ 22	≤ 20
Quartzo residual	%	$\leq 1,5$			
Resistência à compressão a frio	MPa	≥ 40	≥ 40	≥ 50	≥ 75
Refratariedade sob carga	°C	≥ 1630	≥ 1450		≥ 1450
Variação linear permanente a 1450°C × 2h	%	$\leq 0,2$	-0,5 a 0,1	-0,4 a 0,1	-0,1 a 0,1
Creep em compressão 1500°C × $Z_{S\text{-}2S}$	%	$\leq 0,12$	$\leq 0,2$		

Fonte: Desenvolvida pela autoria do capítulo.

Tabela 5.3 Materiais refratários isolantes para o regenerador.

		D ± 1	D ± 0,8	D ± 0,8	D ± 0,6
Composição química	%				
SiO_2		≥ 35	≥ 55	≥ 50	≥ 55
Al_2O_3		≥ 60	≥ 36	≥ 45	≥ 37
Fe_2O_3		$\leq 0,7$	≤ 1	$\leq 0,7$	$\leq 0,7$
Temperatura máxima de trabalho	°C	≥ 1550	≥ 1250	≥ 1450	≥ 1150
Densidade aparente	g/cm³	$\leq 1,1$	$\leq 0,75$	$\leq 0,8$	$\leq 0,65$
Condutividade térmica a 600°C	Kcal-mh°C	$\leq 0,4$	$\leq 0,24$	$\leq 0,32$	$\leq 0,2$
Resistência à compressão a frio	MPa	$\geq 3,5$	≥ 2	$\geq 2,8$	$\geq 1,5$
Contração em aquecimento a 1550°C/12h	%	≤ -1	$\leq -0,5$	$\leq -0,6$	$\leq -0,8$

Fonte: Desenvolvida pela autoria do capítulo.

Tabela 5.4 Materiais típicos refratários concretos para o regenerador

		Concreto aluminoso baixo cimento	Concreto sílico-aluminoso	Concreto isolante
Composição química	%			
Al_2O_3		≥50	≥ 40	≥ 40
Fe_2O_3		≤ 1		
CaO		≤ 1,5	≤ 6	≤ 8
SiO_2		≥ 45	≥ 45	≥ 40
Resistência a compressão a frio	MPa	≥ 60	≥ 15	
Densidade aparente	g/cm^3	≥ 2,45	≥ 2,1	≥ 1,4
Temperatura máxima de trabalho	°C	≥ 1600	≥ 1600	≥ 1450
Condutividade térmica à 400°C				0,7

Fonte: Desenvolvida pela autoria do capítulo.

Tabela 5.5 Argamassas refratárias para o regenerador.

		Argamassa para tijolos de sílica	Argamassa para tijolos aluminosos	Argamassa para tijolos isolantes
Composição química	%			
Al_2O_3		≤ 4,5	≥ 55	≥ 55
Fe_2O_3			≤ 2	≤ 1
CaO			≤ 0,5	≤ 0,5
$Na_2O + K_2O$			≤ 1	≤ 2,5
SiO_2		≥ 95		
Creep em compressão 1500°C $\times Z_{25}$	%	≥ -0,3		
Temperatura máxima de trabalho	°C	≥ 1600	≥ 1650	≥ 1650
Força ligante a 110°C	MPa		≥ 4	≥ 2,5

Fonte: Desenvolvida pela autoria do capítulo.

5.6 CONSTRUÇÃO DE UM NOVO REGENERADOR

5.6.1 Planejamento

O primeiro passo para se iniciar qualquer projeto, seja qual for sua natureza, é o planejamento (Figura 5.23).

A correta aplicação desses materiais refratários, seguindo com critério os projetos, os procedimentos, normas e fichas técnicas, será determinante para o bom desempenho do material e, consequentemente, para a vida útil do regenerador. Por isso, a análise criteriosa do escopo de serviço e a execução de um planejamento adequado são primordiais para o sucesso da construção do regenerador.

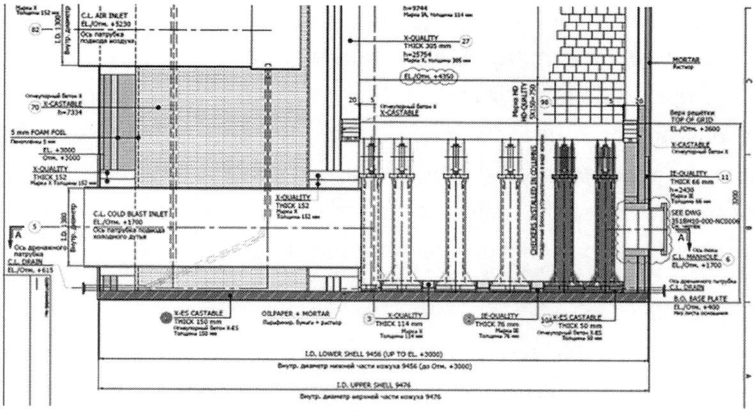

Bottom plate + rinw wall - manpower per shift					
Occupation	**Q1**	**Q2**	**Q3**	**Q4**	Total
Supervisor-QAQC	1				1
Foreman	1				1
Bricklayer	2	2	2	2	8
Helper	1	1	1	1	4
Cutter	1				1
Carpinter	2				2

Specification quantities per position 35BH10-000-ND0101	HBS 09					
	Mortar's	Piece	Type	KG	Qty pieces/ course	Total weight
		Bottom layer				
1	X-E S castable				10,5m^3	±25 ton
2	Mortar quality XX	IE-1111	IE-Quality		563,0	0
3		X-1111	X-Quality		2189,0	0

Figura 5.23 Planejamento da construção de um regenerador.
Fonte: Acervo técnico da JGC Consultoria (4).

5.6.2 Estruturas auxiliares

As estruturas podem ser compostas dos seguintes itens:

- Todas as pré-montagens necessárias deverão ser feitas para garantir todas as medidas de projeto.
- Elevadores de carga deverão ser instalados no nível do piso para elevação dos materiais refratários até o topo do regenerador.
- Um pulmão de material refratário deve ser montado na região próxima ao regenerador a fim de se garantir o fluxo constante nas frentes de serviço.
- Uma plataforma principal no topo do domo do regenerador acoplada ao elevador de carga, coberta e com monovia para movimentação de material

refratário em toda a área de regeneradores pelo *manhole* do topo. Regeneradores com stellatar não permitem abertura de janelas para demolição e/ou abastecimento de material refratário.

- Essa plataforma é usada também para locação das máquinas de corte que serão usadas no período da montagem dos regeneradores.
- Uma plataforma móvel telescópica bipartida deve ser construída no interior do regenerador para ser utilizada na montagem refratária.

5.6.3 Abastecimento

O abastecimento de materiais refratário é determinante para o bom andamento do projeto e para a estocagem dos diferentes tipos de materiais refratários de acordo com cada classe e de acordo com a sequência de montagem para facilitar a logística e a organização do abastecimento. Para isso, deve ser montado um posto de abastecimento que, geralmente, contempla as seguintes praças:

- praça de abastecimento;
- piso 0.00 região do elevador;
- plataformas que deverão ser construídas no topo dos regeneradores para recebimento e transporte do material;
- plataformas especiais que deverão ser feitas conforme a necessidade para entrada de materiais pelos bocais do queimador cerâmico, ar e gás de combustão etc.;
- preparação e montagem dos equipamentos para o tratamento da superfície da carcaça.

5.6.3.1 Montagem do revestimento refratário

Parede anelar e divisória

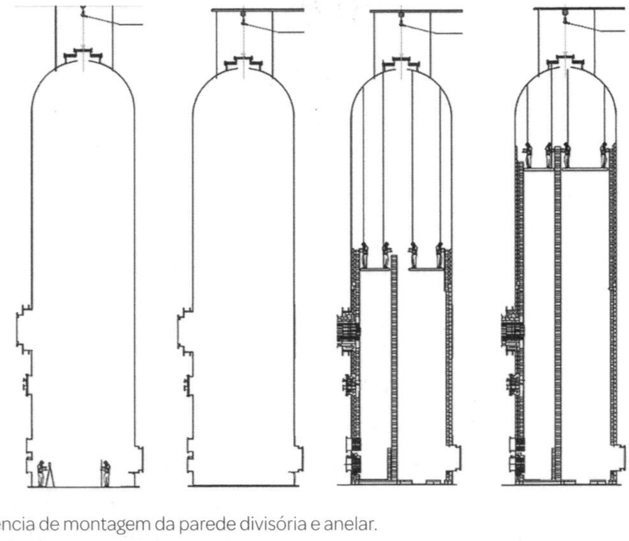

Figura 5.24 Sequência de montagem da parede divisória e anelar.
Fonte: Acervo técnico da JGC Consultoria (4) e DSI Engenharia (5).

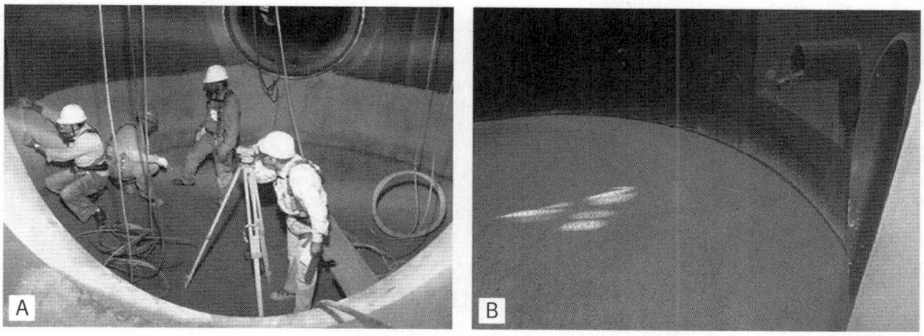

Figura 5.25 A) Marcação topográfica; B) concretagem/regularização da *bottom plate*.
Fonte: Acervo técnico da JGC Consultoria (4) e DSI Engenharia (5).

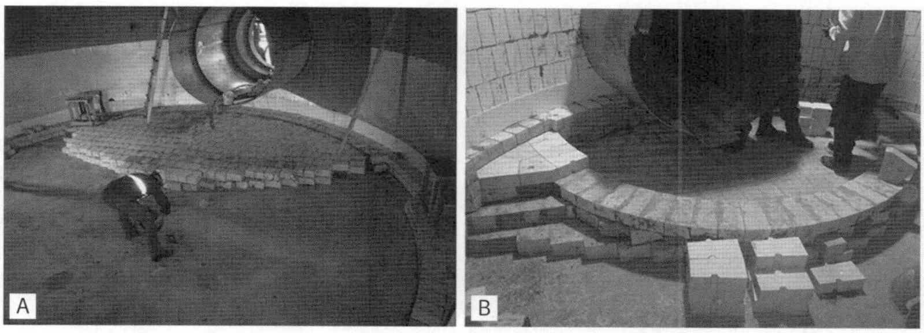

Figura 5.26 A) Assentamento dos tijolos da soleira; B) isolantes da parede anelar e parede divisória.
Fonte: Acervo técnico da JGC Consultoria (4) e DSI Engenharia (5).

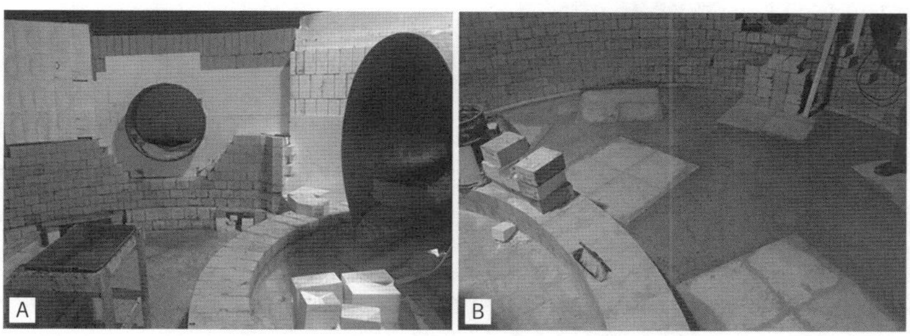

Figura 5.27 A) Montagem da parede anelar; B) base das colunas e concreto isolante.
Fonte: Acervo técnico da JGC Consultoria (4) e DSI Engenharia (5).

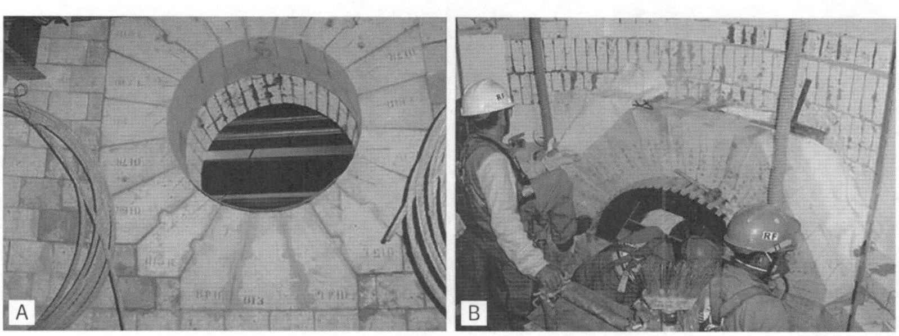

Figura 5.28 A) e B) Montagem da parede anelar, margaridas e arco de alívio.
Fonte: Acervo técnico da JGC Consultoria (4) e DSI Engenharia (5).

Figura 5.29 A) Montagem da margarida da saída da linha de ar quente; B) arco de alívio.
Fonte: Acervo técnico da JGC Consultoria (4) e DSI Engenharia (5).

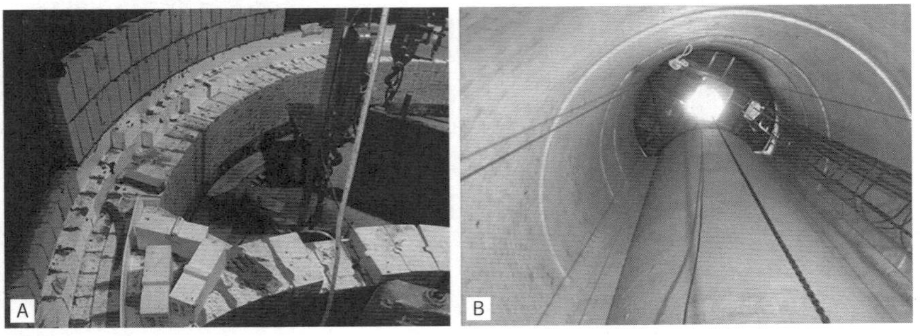

Figura 5.30 A) Montagem da parede anelar; B) parede anelar e divisória concluídas.
Fonte: Acervo técnico da JGC Consultoria (4) e DSI Engenharia (5).

5.6.3.2 Sala de grelhas e empilhamento

Depois de montada toda a base da sala de grelhas e do queimador cerâmico na câmara de combustão, montadas as paredes anelar e divisória externa, o passo seguinte será a montagem das colunas, vigas e grelhas de sustentação dos *checkers* na câmara de empilhamento.

Paralelamente a essa atividade, outra equipe executará a montagem do queimador cerâmico e da parede interna da câmara de combustão.

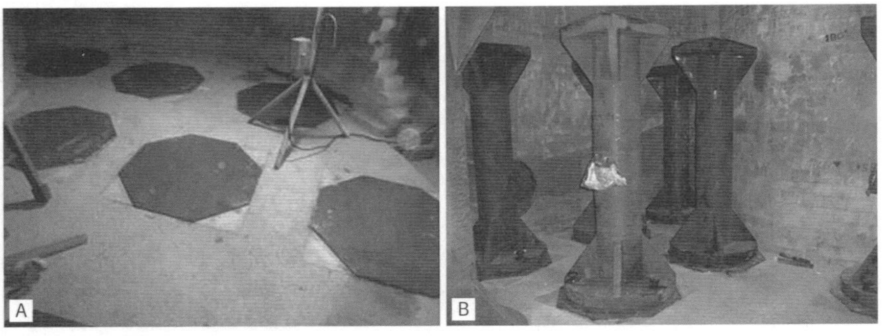

Figura 5.31 A) Montagem das placas de base; B) montagem das colunas.
Fonte: Acervo técnico da JGC Consultoria (4) e DSI Engenharia (5).

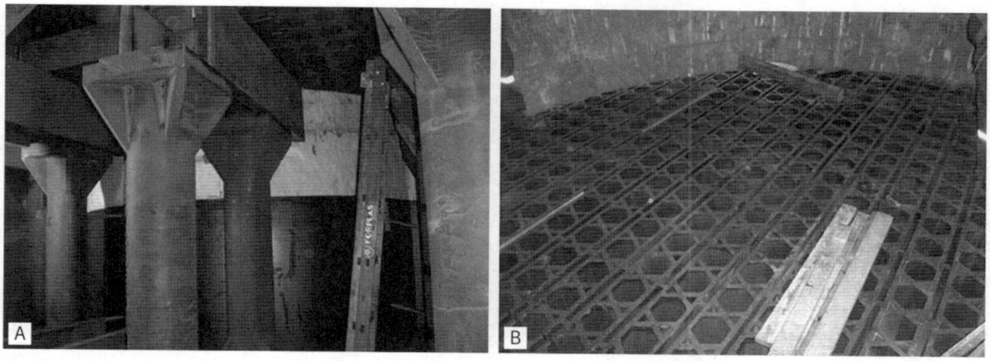

Figura 5.32 A) Montagem das vigas; B) montagem das grelhas.
Fonte: Acervo técnico da JGC Consultoria (4) e DSI Engenharia (5).

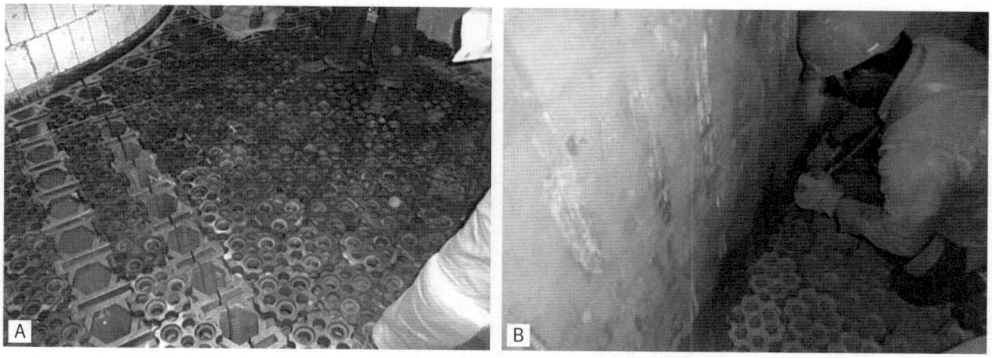

Figura 5.33 A) Montagem dos *checkers shoes*; B) concretagem da torre, fiadas 1 e 2.
Fonte: Acervo técnico da JGC Consultoria (4) e DSI Engenharia (5).

Figura 5.34 A) Montagem dos *checkers* e parede isolante; B) montagem dos *checkers*.
Fonte: Acervo técnico da JGC Consultoria (4) e DSI Engenharia (5).

Os tijolos *checkers* do empilhamento serão montados sobre a torre, obedecendo à checagem de nivelamento a cada cinco fiadas (essa metodologia pode variar entre os projetistas). O alinhamento, comum na checagem do nivelamento, será conferido e ajustado com dispositivo próprio. Em paralelo à montagem dos tijolos *checkers*, será feita a correção de danos nas paredes do empilhamento utilizando-se fibra cerâmica ou até troca de peças, se necessário.

As elevações serão conferidas pela topografia, nunca pelo número de fiadas. Essas elevações, de acordo a classe de material, seguirão o recomendado no projeto.

As peças de borda e de canto serão ajustadas sempre na máquina de corte de tijolos refratários e/ou quebrados com martelo pena (de acordo com o procedimento do projetista) e conforme distância a se observar da parede conforme projeto. A dimensão mínima das peças também deverá ser observada conforme procedimento.

Os tijolos serão alinhados a cada quatro ou cinco fiadas utilizando dispositivo metálico. O diâmetro do dispositivo será aproximadamente 5mm menor que o diâmetro dos canais dos tijolos *checkers*, conforme a Figura 5.35.

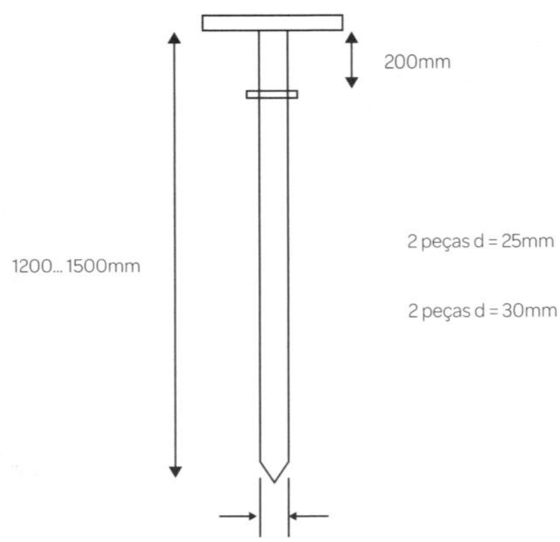

Figura 5.35 Dispositivo metálico.
Fonte: Desenvolvida pela autoria do capítulo.

5.6.3.3 Queimador cerâmico

Em paralelo à montagem dos *checkers*, inicia-se a montagem do queimador cerâmico e da parede interna da câmara de combustão.

Figura 5.36 Montagem do queimador cerâmico.
Fonte: Acervo técnico da JGC Consultoria (4) e DSI Engenharia (5).

Figura 5.37 A) Montagem do queimador cerâmico; B) parede interna da câmara de combustão.
Fonte: Acervo técnico da JGC Consultoria (4) e DSI Engenharia (5).

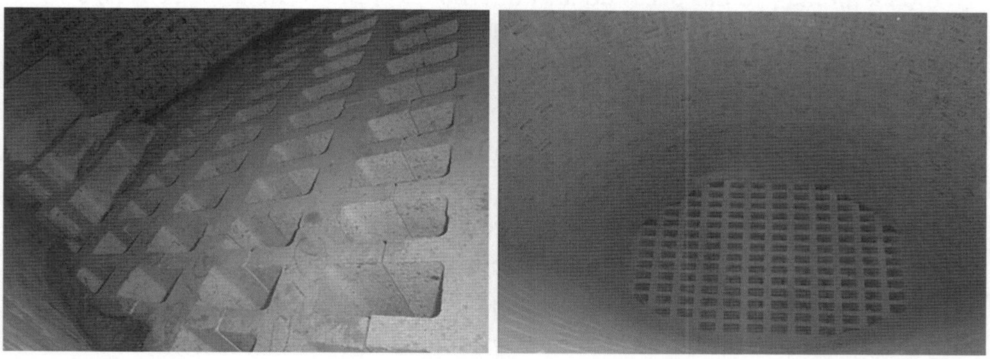

Figura 5.38 Montagem do topo do queimador cerâmico.
Fonte: Acervo técnico da JGC Consultoria (4) e DSI Engenharia (5).

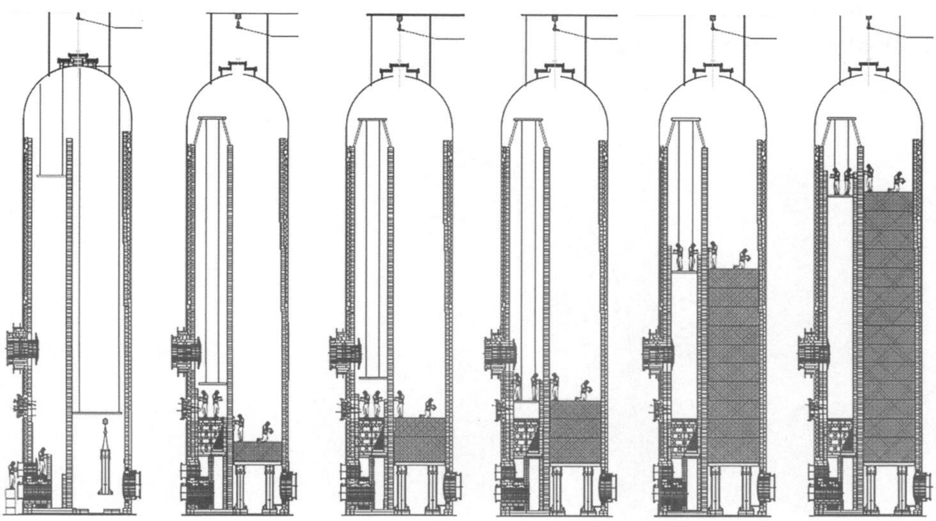

Figura 5.39 Sequência de montagem.
Fonte: Acervo técnico da JGC Consultoria (4) e DSI Engenharia (5).

5.6.3.4 Montagem do domo

Existem diferentes formas de se montar o domo de um regenerador, tudo dependerá do tipo de regenerador em questão – se é de câmara externa ou interna, se é autossustentado ou com base nas paredes anelares ou se se trata de regeneradores com o sistema de aquecimento no topo. Neste capítulo, estamos exemplificando um regenerador de câmara interna com a base do domo sustentada pela parede anelar.

Primeiro, executa-se uma cobertura no topo do empilhamento e da câmara de combustão para evitar possíveis obstruções dos furos dos *checkers* e para fazer a proteção sobre a abertura da câmara de combustão.

A retirada de ferramentas e de estruturas utilizadas na montagem do domo será feita através do bocal de saída de ar quente do regenerador.

Toda a montagem das peças do anel interno do domo (refratários densos) será assentada com o uso de grampos de fixação de acordo com o procedimento apresentado.

Com a conclusão dos tijolos *checkers* do empilhamento, será liberada a soldagem do flange superior, que ainda não foi soldado até esse momento porque fazia parte do sistema de abastecimento e serviu de passagem dos paletes dos *checkers* na montagem do empilhamento.

A partir desse flange é que se traça a referência de centralização do domo.

Dispositivos e demais plataformas não mais necessários serão retirados do interior do regenerador. Executa-se uma cobertura no topo do empilhamento para evitar possíveis obstruções dos furos dos *checkers*, mantendo proteção sobre a abertura da câmara de combustão. A retirada de ferramentas e estruturas utilizadas na montagem do domo será feita por meio do andaime montado na câmara de combustão.

Medições topográficas antes da montagem serão feitas para conferir as medidas, principalmente de raio, em comparação às do projeto original.

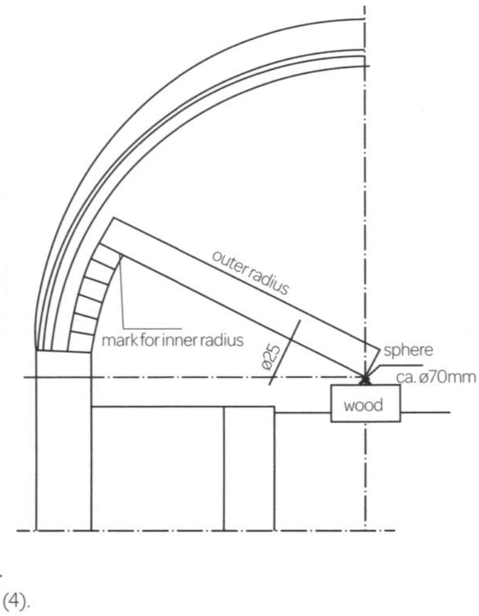

Figura 5.40 Medição topográfica.
Fonte: Acervo técnico da JGC Consultoria (4).

O centro do domo será precisamente determinado e uma possível tolerância deve influenciar o mínimo possível. O cintel será instalado, perfazendo o giro em torno de todo o revestimento.

As camadas serão montadas utilizando-se grampos metálicos de sustentação, estando a primeira camada sempre uma fiada à frente da primeira. As duas últimas camadas são montadas de fora para dentro.

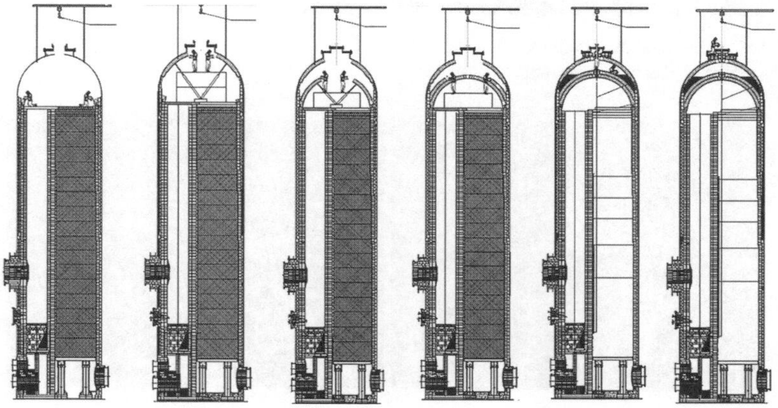

Figura 5.41 Sequência de montagem do domo.
Fonte: Acervo técnico da JGC Consultoria (4) e DSI Engenharia (5).

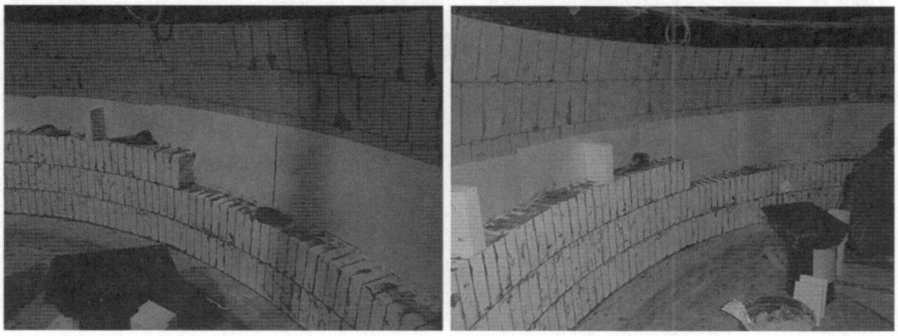

Figura 5.42 Montagem do isolante do domo.
Fonte: Acervo técnico da JGC Consultoria (4) e DSI Engenharia (5).

Figura 5.43 Montagem do isolante do domo.
Fonte: Acervo técnico da JGC Consultoria (4) e DSI Engenharia (5).

Figura 5.44 Montagem das duas camadas de refratário denso.
Fonte: Acervo técnico da JGC Consultoria (4) e DSI Engenharia (5).

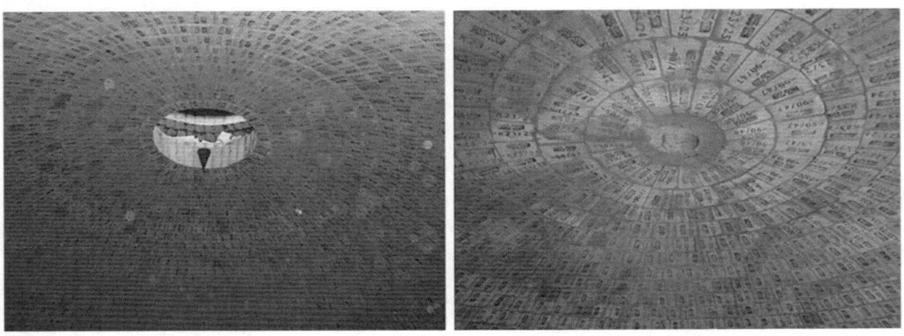

Figura 5.45 Conclusão do domo.
Fonte: Acervo técnico da JGC Consultoria (4) e DSI Engenharia (5).

Figura 5.46 Fechamento do domo.
Fonte: Acervo técnico da JGC Consultoria (4) e DSI Engenharia (5).

5.6.3.5 Linha de ar quente e anel de vento

Figura 5.47 Linha de ar quente e anel de vento.
Fonte: Acervo técnico da JGC Consultoria (4) e DSI Engenharia (5).

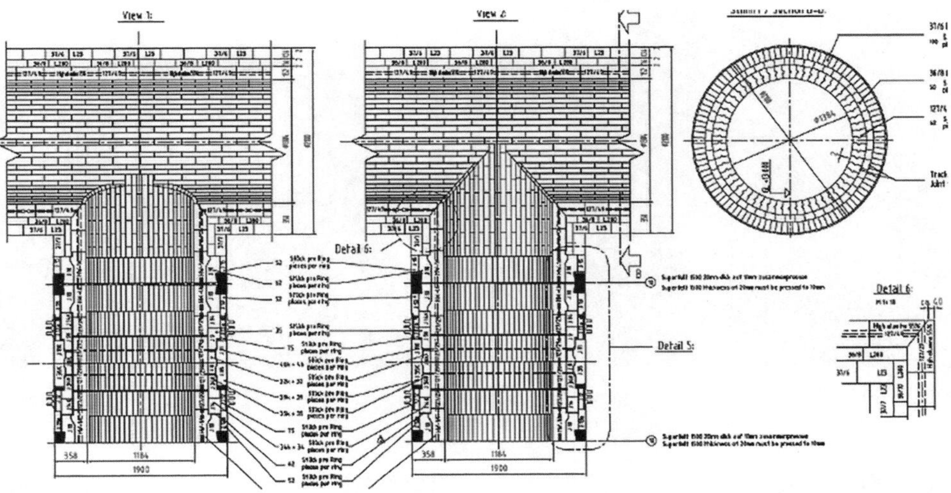

Figura 5.48 Interseção da linha de ar quente e anel de vento.
Fonte: Acervo técnico da JGC Consultoria (4) e DSI Engenharia (5).

5.6 REFORMAS DE REGENERADORES – A FRIO E A QUENTE

Reformas de regeneradores, principalmente a frio, trata-se das mesmas sequências de montagem vistas na montagem de novos regeneradores, ou seja, de uma reforma geral. Se for uma reforma parcial, a sequência de demolição e de montagem deverá considerar apenas a região em questão.

Quando se tratar de reformas a frio, o que difere são algumas etapas preliminares que antecedem a montagem, ou sejam, resfriamento e demolição.

No caso da demolição, algumas sequências devem ser respeitadas.

5.6.1 Demolição

- o início da demolição se dará por todos os bocais existentes que deverão ser abertos após o resfriamento total do regenerador;
- haverá a necessidade de se abrir a caraça do domo para facilitar a retirada do material demolido do regenerador;
- demolição completa do domo;
- demolição das paredes anelares, de partição e retirada dos *checkers*;
- demolição da saída da linha de ar quente, ignitores e queimador cerâmico;
- demolição do ar e gás de combustão;
- demolição total da sala de grelhas;
- demolição total da soleira.

Obs.: os materiais demolidos serão retirados pelo domo usando-se a estrutura de abastecimento fixa no topo do regenerador até chegar à sala de grelhas e ao queimador cerâmico; posteriormente, serão usados os bocais de ar e gás na câmara de combustão e de saída de gás queimado na câmara de *checker* para a retirada do material remanescente.

Figura 5.49 A) Corte da chaparia do domo; B) retirada da chaparia do domo.
Fonte: Acervo técnico da JGC Consultoria (4) e DSI Engenharia (5).

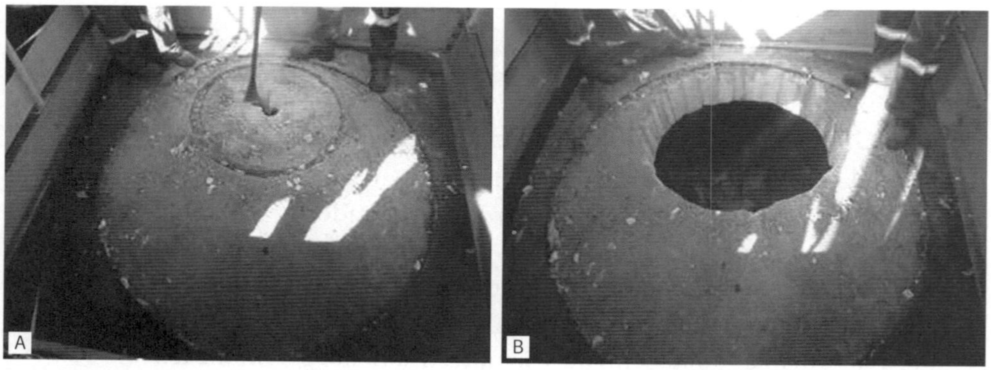

Figura 5.50 A) Desmontagem do plugue isolante; B) demolição do isolante do domo.
Fonte: Acervo técnico da JGC Consultoria (4) e DSI Engenharia (5).

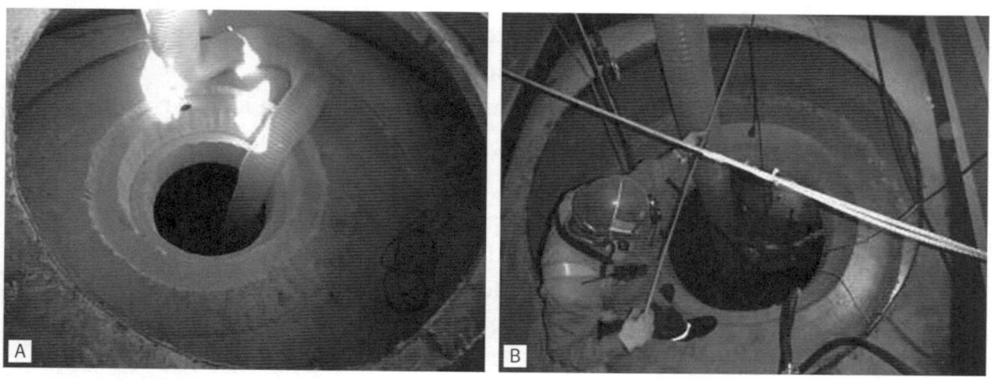

Figura 5.51 A) Desmontagem do plugue denso; B) preparação para inspeção.
Fonte: Acervo técnico da JGC Consultoria (4) e DSI Engenharia (5).

Figura 5.52 Montagem da plataforma interna.
Fonte: Acervo técnico da JGC Consultoria (4) e DSI Engenharia (5).

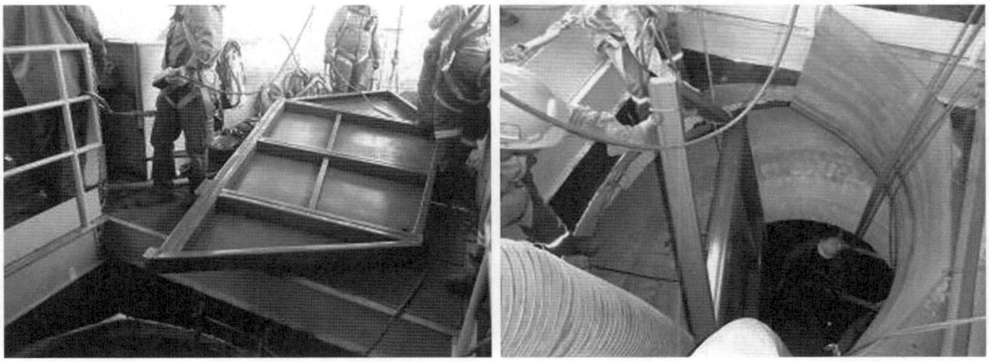

Figura 5.53 Montagem da plataforma interna.
Fonte: Acervo técnico da JGC Consultoria (4) e DSI Engenharia (5).

Figura 5.54 Demolição dos *checkers* e das paredes.
Fonte: Acervo técnico da JGC Consultoria (4) e DSI Engenharia (5).

Figura 5.55 Caçamba cheia de *checkers*.
Fonte: Acervo técnico da JGC Consultoria (4) e DSI Engenharia (5).

Figura 5.56 Retirada da caçamba.
Fonte: Acervo técnico da JGC Consultoria (4) e DSI Engenharia (5).

Figura 5.57 A) Retirada do elevador; B) descarte do material demolido.
Fonte: Acervo técnico da JGC Consultoria (4) e DSI Engenharia (5).

5.6.2 Reparo a quente

O reparo a quente nada mais é que fazer um reparo e/ou reforma na câmara de combustão mantendo-se o regenerador quente.

A principal característica física que mantém o domo estável e operante para qualquer regenerador é manter elevada sua temperatura, acima de 800°C. Se um domo chegar a temperaturas abaixo de 800°C, ele corre um sério risco de perder sua estabilidade física, gerando tricas e possivelmente infiltrações que culminarão na perda da região em questão.

O reparo a quente consiste em isolar termicamente a região a ser reparada por intermédio de um escudo térmico em que a parte a ser reparada será resfriada em temperatura ambiente para dar condições de se fazer o reparo. A parte superior do escudo será mantido em temperatura de domo no período do reparo.

Por se tratar de uma operação muito perigosa, pois expõe o ser humano a elevadas temperaturas, é de extrema necessidade, para sua execução, um treinamento prévio. Para esse treinamento, deve-se construir um protótipo idêntico da saída da linha de ar quente do regenerador em questão para se fazerem as simulações de montagem antes da operação propriamente dita, esse protótipo é denominado *mock up*.

Figura 5.58 Treinamento com o protótipo (*mock up*).
Fonte: Acervo técnico da JGC Consultoria (4) e DSI Engenharia (5).

Figura 5.59 Treinamento com o protótipo (*mock up*).
Fonte: Acervo técnico da JGC Consultoria (4) e DSI Engenharia (5).

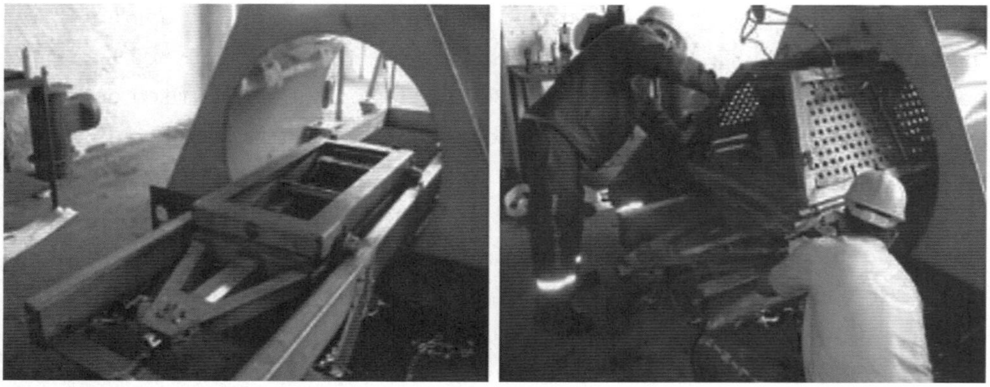

Figura 5.60 Treinamento com o protótipo (*mock up*).
Fonte: Acervo técnico da JGC Consultoria (4) e DSI Engenharia (5).

O escudo térmico é articulado e deve ter as mesmas dimensões elípticas da câmara de combustão. Como ele será inserido pela saída da linha de ar quente e, geralmente, esse diâmetro é da ordem de três vezes menor do que o diâmetro da câmara de combustão, o escudo deve ser articulado. Todas as atividades deverão ser executadas com o grupo fora do regenerador utilizando ferramentas especiais desenvolvidas para esse tipo de trabalho. O acesso ao equipamento não é permitido.

A sequência de montagem consiste em:

Passo 1: o escudo térmico está recolhido na medida de passagem pelo ramal da saída da linha de ar quente.

Toda a superfície superior da mesa de proteção do escudo será protegida com fibra cerâmica, evitando-se aquecimento por radiação térmica.

Após checagem final, a mesa será empurrada para posição de abertura dentro da câmara de combustão.

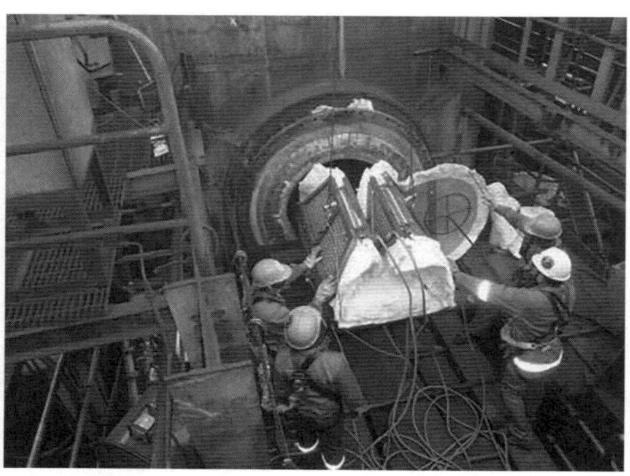

Figura 5.61 Mesa recolhida.
Fonte: Acervo técnico da JGC Consultoria (4) e DSI Engenharia (5).

Após verificação do sistema de refrigeração da mesa, esta estará pronta para inserção no interior da câmara de combustão através do ramal da saída da linha de ar quente. A proteção de fibra cerâmica será retirada antes da inserção dos trilhos.

Passo 2: a mesa de proteção recolhida será empurrada sobre o pantógrafo (equipamento de elevação do escudo) para o interior da câmara de combustão até a posição final regulada pelo batente dos trilhos.

A proteção de fibra cerâmica sobre a mesa deverá permitir o livre acesso aos parafusos de deslocamento e conjuntos de trava de abas da mesa de proteção. A proteção deve garantir o melhor isolamento possível da área superior da mesa de proteção.

O sistema de ventiladores será acionado, o que fará a exaustão no lado gás de fumaça e evitará o fluxo de ar quente no ramal da saída da linha de ar quente.

Com a mesa em posição final no interior da câmara de combustão, um dos lados será movido para cima parando com o acionamento de trava no seu primeiro estágio. Esse movimento garantirá a liberação de movimentação do lado oposto.

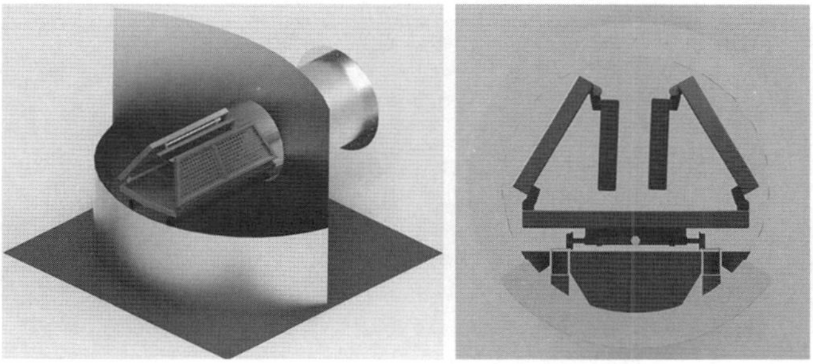

Figura 5.62 Posicionamento da mesa no interior da câmara de combustão.
Fonte: Acervo técnico da JGC Consultoria (4).

Passo 3: após travamento de um dos lados, as ferramentas devem ser deslocadas para o lado oposto e o movimento da aba superior da mesa será efetuado, estendendo a primeira aba até o seu perfeito travamento.

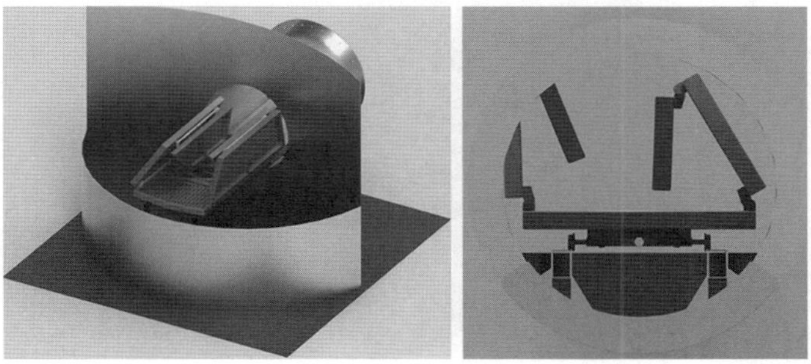

Figura 5.63 Detalhe 1 da abertura do sistema de proteção.
Fonte: Acervo técnico da JGC Consultoria (4).

Passo 4: abrir totalmente o primeiro lado da mesa de proteção utilizando-se o sistema de engrenagens. Com o dispositivo de giro atuando lentamente para baixo, o primeiro lado será totalmente aberto.

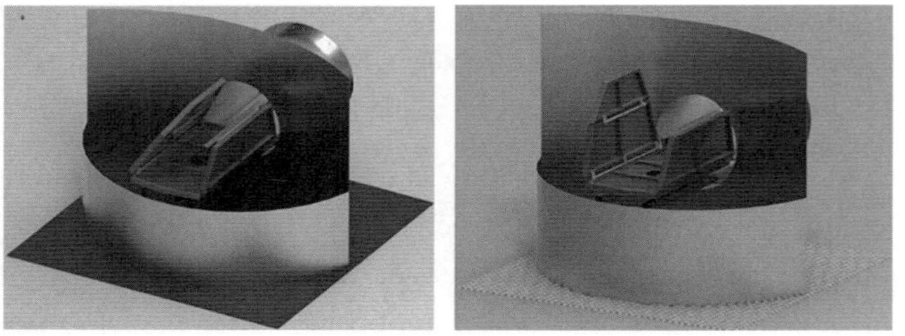

Figura 5.64 Detalhe 2 da abertura do sistema de proteção.
Fonte: Acervo técnico da JGC Consultoria (4).

Passo 5: o movimento da aba superior da mesa será efetuado estendendo-se a primeira aba até o seu perfeito travamento.

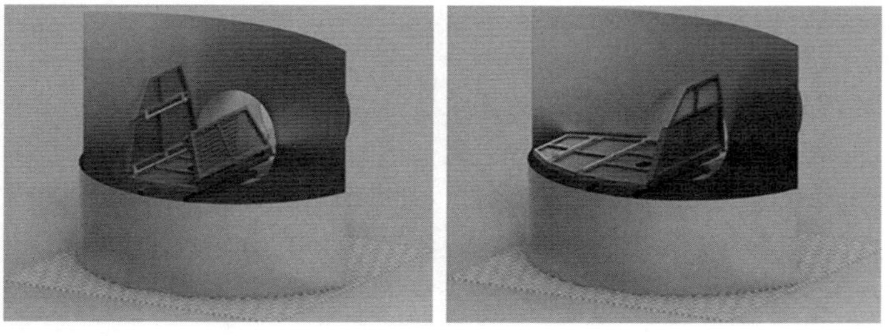

Figura 5.65 Detalhe 3 da abertura do sistema de proteção.
Fonte: Acervo técnico da JGC Consultoria (4).

Passo 6: abrir totalmente o segundo lado da mesa de proteção utilizando-se o sistema de engrenagens. Com o dispositivo de giro atuando lentamente para baixo, o segundo lado será totalmente aberto.

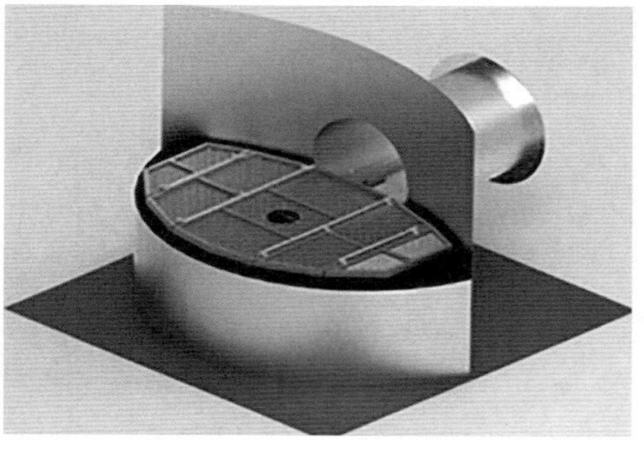

Figura 5.66 Abertura do sistema de proteção concluída.
Fonte: Acervo técnico da JGC Consultoria (4).

A elevação do escudo térmico se dá após abertura completa da mesa de proteção, ainda pelo lado de fora, toda a superfície superior será verificada. Se houver necessidade, rolos de fibra cerâmica serão distribuídos sobre a fibra cerâmica existente de forma a garantir total isolamento térmico na face superior da mesa.

Figura 5.67 Aplicação de isolamento térmico sobre o sistema de proteção.
Fonte: Acervo técnico da JGC Consultoria (4).

Essa atividade deve ser feita sempre sem acesso de pessoal ao interior do equipamento.

Assegurada a proteção da mesa de proteção, esta será elevada até a altura acima da tangente superior do ramal da saída da linha de ar quente. A ventilação obedecerá ao fluxo descrito na Figura 5.68 utilizando-se tubulação do ar e/ou gás de combustão.

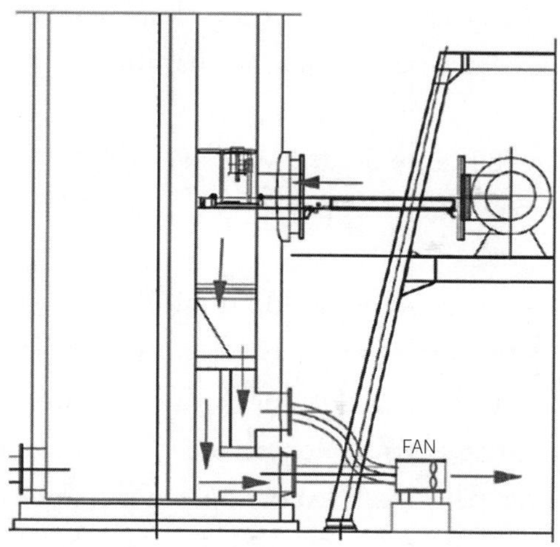

Figura 5.68 Elevação do *heat shield* e sentido do fluxo de ar.
Fonte: Acervo técnico da JGC Consultoria (4).

A partir da elevação da mesa de proteção, a temperatura interna será monitorada para verificar acesso ao regenerador e a vedação circunferencial de todo o conjunto, separando-se os ambientes sujeitos a diferentes gradientes térmicos.

Somente a equipe/o departamento de Segurança do Trabalho tem autorização para liberação do primeiro acesso ao interior do regenerador.

5.6.3 Conforto térmico na área de trabalho

Durante o período de reparo e antes do acesso ao interior do regenerador, a área de trabalho deve ser resfriada e o fluxo de ar refrigerado será garantido para os trabalhadores. A temperatura na área de trabalho, abaixo do *heat shield*, deve ser monitorada com termopares.

Antes da permissão de acesso ao regenerador após um ciclo de aquecimento do domo, a área de trabalho será monitorada (oxigênio e monóxido de carbono).

5.6.4 Instrução para aquecimento do domo

Como o período de reparo é longo, a necessidade em se manter a temperatura do domo em nível de segurança exige a programação de aquecimento deste em períodos intermitentes. Em geral, será obedecido gradiente entre 800 e 1100°C e, para a temperatura da sala de grelhas, sempre abaixo dos 300°C. Além disso, é essencial prevenir rápidas variações nesses gradientes que poderiam comprometer a estabilidade do revestimento refratário.

Para tornar possível a atividade de manutenção de temperatura do domo dentro dos níveis de segurança, um queimador auxiliar é instalado no *heat shield*. Como o regenerador estará isolado da linha, um sistema para retirada do gás queimado será montado no *manhole* de inspeção da sala de grelhas. Para evitar gases na área de trabalho, esse sistema será montado com uma chaminé temporária elevando a descarga destes.

Nos intervalos de aquecimento do domo, baixa vazão será mantida pelo sistema instalado no lado da fumaça para empurrar o gás aquecido através da câmara de combustão, domo e *checkers*.

Durante todo evento de aquecimento do domo, normalmente no turno noturno, nenhum trabalhador é autorizado acessar o regenerador. A área de trabalho abaixo do heat shield terá o sistema de sucção através da linha do ar combustão fechado e somente o fluxo de ar frio pelo ramal da linha de ar quente será mantido. O monitoramento da área de trabalho será constante e, após o período de aquecimento, a equipe/departamento de Segurança do Trabalho será a responsável pela nova liberação de acesso.

Ao fim do reparo, um período maior de aquecimento do domo é programado visando trazer o regenerador aos níveis normais de temperatura e energia.

O fluxo esquemático pode ser visto na Figura 5.69.

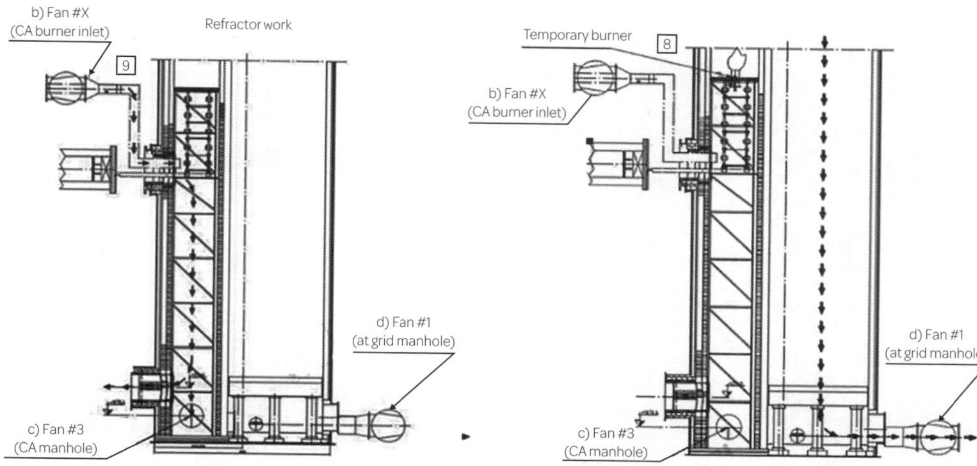

Figura 5.69 Reparo a quente do regenerador com o uso do heat shield.
Fonte: Acervo técnico da JGC Consultoria (4).

Acesse as imagens coloridas do capítulo.

REFERÊNCIAS

(1) DANIELI-CORUS. Acervo técnico de obras. Disponível em: www.danieli-corus.com.

(2) DIDIER – WERKE AG. Refractory Materials and their Properties.

(3) DME (PAUL WURTH). Special aspects in the design of hot blast stoves – Catálogo. 2009.

(4) DSI ENGENHARIA. Acervo técnico de obras.

(5) DUARTE, K. A. *Fundamentos em refratários. In: Curso fundamentos em refratários.* Belo Horizonte, 2015.

(6) JGC CONSULTORIA E SERVIÇOS EM ENGENHARIA. Acervo técnico de obras.

(7) JON, M. *Refratários para equipamentos siderúrgicos.* 1982.

(8) NISHINA, T.; TAKEHARA, S.; TERAO, M. Recent trends of refractories for hot blast stoves. *Taikabutsu Overseas*, v. 2, n. 1, 1982.

(9) PAUL WURTH CATALOG. *Design improvement and repair of internal combustion chamber stoves.* 2013.

(10) STOCKMAN, R.; CALLENFELS, E. S.; NIEMEIJER F.; LAR, R. Optimizing hot blast stoves, Daniele Corus – 2002.

Capítulo 6
REFRATÁRIOS PARA ALTOS-FORNOS

Horácio Ávila Ferreira
Douglas Galesi

6.1 INTRODUÇÃO

O alto-forno é o equipamento siderúrgico no qual é feita a transformação do minério de ferro em ferro-gusa, ou seja, é onde se faz a redução dos óxidos de ferro para ferro metálico. Esse processo é obtido por intermédio do carregamento do minério de ferro, mineralizantes (fundentes) e carbono. O carbono pode ser carregado no alto-forno na forma de carvão vegetal ou mineral.

Na parte inferior do alto-forno, injeta-se ar aquecido que, ao entrar em contato com o carbono, reagirá por meio de uma reação exotérmica, formando um gás de características redutoras. Esse gás, por sua vez, será o principal responsável pela redução dos óxidos de ferro em ferro metálico. Existem diferentes tipos de altos-fornos e de formas como são operados, mas as principais solicitações sobre os refratários são, de maneira geral, parecidas. A coqueria é a área responsável pela produção do coque, o produto da destilação e aglomeração do carvão mineral. Essa unidade de processo tem como principal característica o aquecimento indireto do carvão mineral dentro de fornos fechados (células) para remoção da matéria volátil nele contida (Figura 6.1).

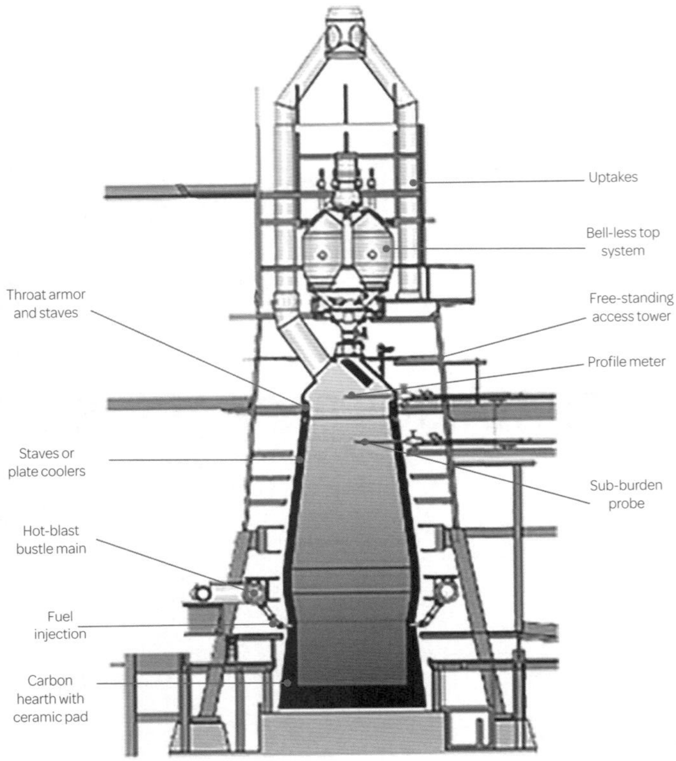

Figura 6.1 Layout geral típico de um alto-forno.
Fonte: Desenvolvida pela autoria do capítulo.

6.1.1 Regiões do alto-forno (Figura 6.2)

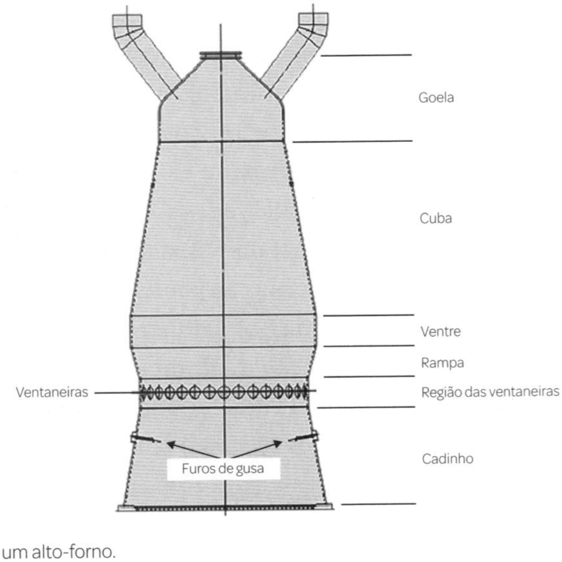

Figura 6.2 Regiões de um alto-forno.
Fonte: Desenvolvida pela autoria do capítulo.

6.1.2 Processo de redução e distribuição térmica (Figura 6.3)

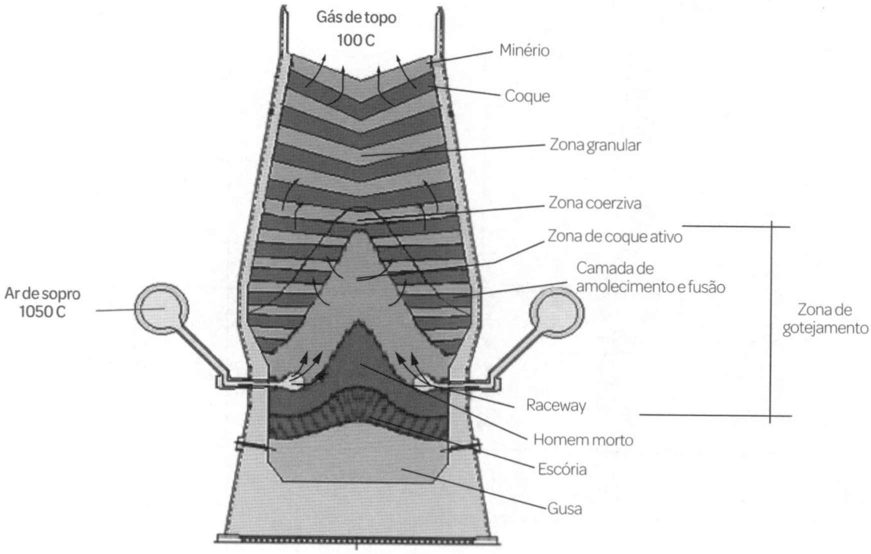

Figura 6.3 Processo de redução e distribuição térmica em um alto-forno.
Fonte: Desenvolvida pela autoria do capítulo.

6.2 FATORES QUE AFETAM AS CAMPANHAS DOS ALTOS-FORNOS

- projeto do alto-forno;
- sistemas de refrigeração;
- projeto refratário;
- automatização;
- qualidade das matérias-primas;
- carga de zinco e álcalis;
- distribuição da carga e permeabilidade dos gases;
- estabilidade operacional;
- operação de vazamento.

6.3 MECANISMOS DE DESGASTE DOS REFRATÁRIOS DOS ALTOS-FORNOS (FIGURA 6.4)

Os principais fatores de desgaste dos refratários dos altos-fornos são:

- **Ataque de zinco:** o zinco é carregado nos altos-fornos por meio dos minérios (sínter), sob a forma de óxidos (ZnO), ferrita (ZnO Fe_2O_3) e silicatos. No processo, o zinco combinado é reduzido a zinco metálico que se apresenta como vapor a 960°C, condensando-se a 420°C, formando "cascões".
- **Ataque de álcalis:** os álcalis são carregados nos altos-fornos por intermédio do coque com 2% a 5% (Na_2O + K_2O), tendo como maior percentual os

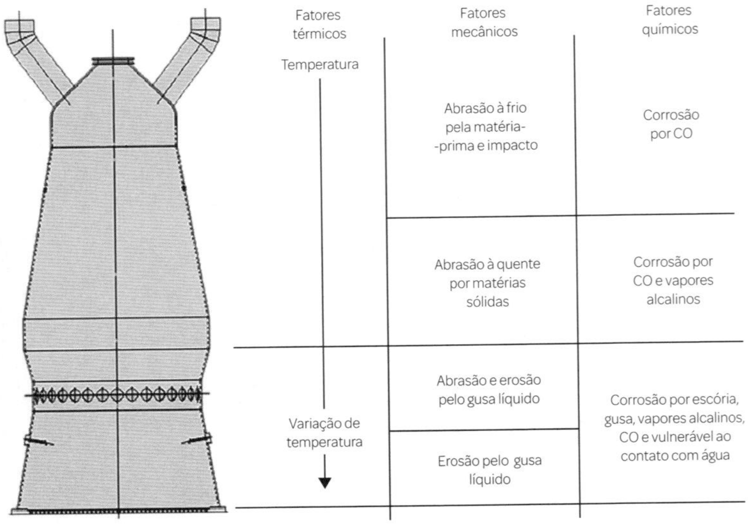

Figura 6.4 Principais fatores de desgaste do refratário.
Fonte: Pesquisa e adaptação de imagem da internet pela autoria do capítulo.

silicatos que, a temperaturas em torno de 900°C, geram vapor metálico alcalino. Esses vapores permeiam a porosidade do material refratário e podem reagir com as fases presentes, formando novas fases de baixo ponto de fusão e/ou de expansão térmica, geralmente maior que o material original. O resultado é o aparecimento de trincas no material. O fenômeno também é chamado de "termoclase estrutural".

- **Ataque por abrasão:** ataque de natureza física.
- **Ataque por corrosão:** ataque de natureza química, e predominante por escória.
- **Desintegração por monóxido de carbono:** principal item de ataque é o CO, que tem presença abundante nos altos-fornos.

O CO penetra nos poros dos tijolos e, em presença de ferro (oxidado ou não), decompõe-se, à temperatura de aproximadamente 500°C, segundo a reação: $2CO(g) = CO_2(g) + C\ (s)$.

O carbono vai se acumulando na porosidade dos refratários, gerando tensões, como aparecimento de trincas e posterior ruptura.

- oxidação;
- altas temperaturas.

Para se definirem os melhores refratários a serem utilizados para cada região do forno, é necessário conhecer:

- a vida útil prevista para o equipamento;
- as agressões solicitadas em cada região;

- o sistema de refrigeração previsto para cada região;
- refratários que resistam às específicas agressões, considerando-se, inclusive, o melhor custo-benefício;
- o sistema de monitoramento e alarme;
- a viabilidade de montagem.

6.4 SISTEMAS DE REFRIGERAÇÃO

O revestimento refratário nos altos-fornos é continuamente atacado por uma série de agressões intermitentes no interior dos fornos.

Geralmente, o ataque por esses agentes decorre sobretudo das altas temperaturas; com base nesse princípio, quanto menor a temperatura na face de trabalho dos refratários, menor a suscetibilidade destes aos ataques. Logo, percebe-se a importância de um adequado sistema de refrigeração para cada região dos altos-fornos, visando aumentar a vida útil para os revestimentos.

Tomando como exemplo o ataque de álcalis, sabemos que, em temperaturas inferiores a 750°C, os compostos alcalinos estarão no estado sólido; logo, se a isoterma de 750°C for deslocada para regiões mais próximas à face quente, a região de ataque será desconsiderada ou minimizada. A refrigeração, então, tem a função de preservar a maior parte possível do refratário.

Existem diferentes tipos de sistema de refrigeração, sendo destacados como os mais usuais os seguintes:

- *stave cooler*;
- chuveiro externo;
- jaquetas;
- placas de refrigeração;
- tubulação de refrigeração (região da chapa de fundo);
- sistema misto, que compreende a utilização de mais de um tipo na mesma região.

6.4.1 Sistemas de refrigeração – cadinho, furos de gusa e ventaneiras

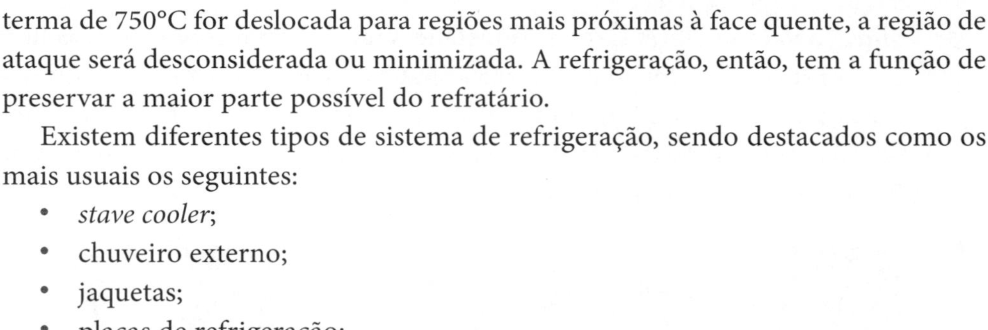

Figura 6.5 *Staves* na região interna do cadinho e jaquetas na parte externa.
Fonte: Acervo da Acelor Mittal Tubarão (AMT).

6.4.2 Sistemas de refrigeração – rampa, ventre e cuba

Figura 6.6 Refrigeração na rampa, ventre e cuba por *staves* e placas.
Fonte: Acervo da Aachen 2002 – Campaing Life – 09.2000/TKS-CS/Dr. Peter Schmole.

- ***Stave coolers*:** os *staves* são caixas metálicas fundidas em cobre ou ferro fundido, instaladas ao longo da carcaça dos altos-fornos, entre os refratários e a carcaça, tendo em seu interior tubulações ou canais, também fundidos, pelos quais, através da passagem de água, atuarão refrigerando os refratários de forma a prolongar a sua vida útil.

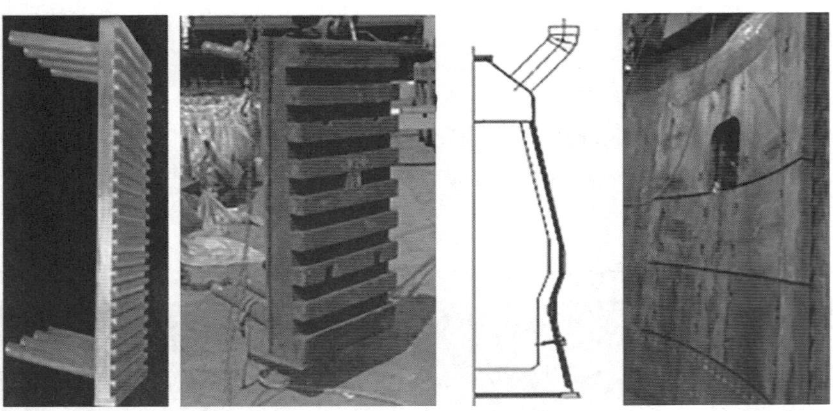

Figura 6.7 *Stave coolers*.
Fonte: Pesquisa e adaptação de imagens da internet pela autoria do capítulo.

Os projetos dos *staves* variam em conformidade com as regiões onde são instalados, podendo ser com ou sem ranhuras para inserção de peças refratárias.

- **Chuveiro externo:** *sprays* de água montados rentes à carcaça dos cadinhos de forma a manter um "filme" de água sobre esta.

- **Jaquetas:** canaletas metálicas soldadas à carcaça do cadinho do forno. Nessas canaletas, passa a água proveniente de um sistema fechado que inclui trocadores de calor para manter a temperaturas baixa (Figura 6.8).

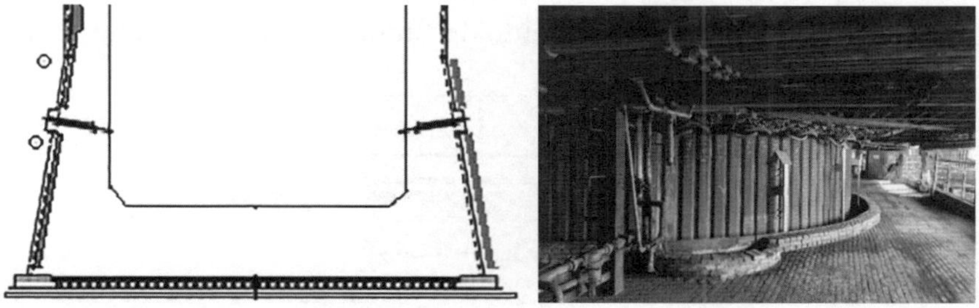

Figura 6.8 Refrigeração externa do cadinho por jaquetas.
Fonte: Acervo da Acelor Mittal Tubarão (AMT).

- **Placas de refrigeração:** as placas de refrigeração, são equipamentos fabricados normalmente em cobre, como mostra a Figura 6.9, instaladas entre as regiões de rampa e cuba dos altos-fornos. Por essas, placas pode passar água desmineralizada ou industrial.

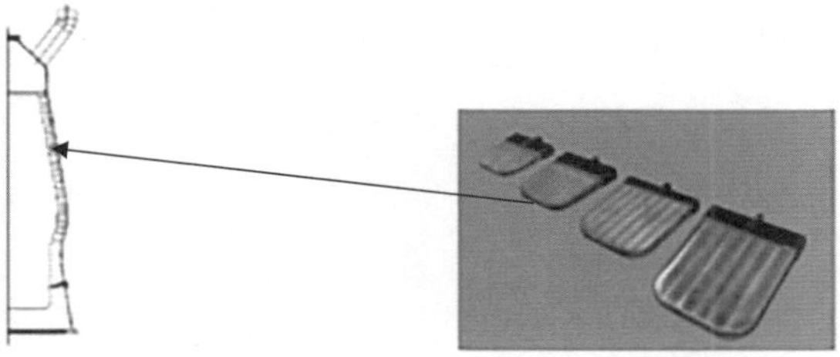

Figura 6.9 Refrigeração da cuba por placas.
Fonte: Pesquisa e adaptação de imagens da internet pela autoria do capítulo.

- **Sistema misto de refrigeração:** esse sistema utiliza tanto os *staves* como as placas e até chuveiros externos na mesma região ou em diferentes regiões do forno (Figura 6.10).

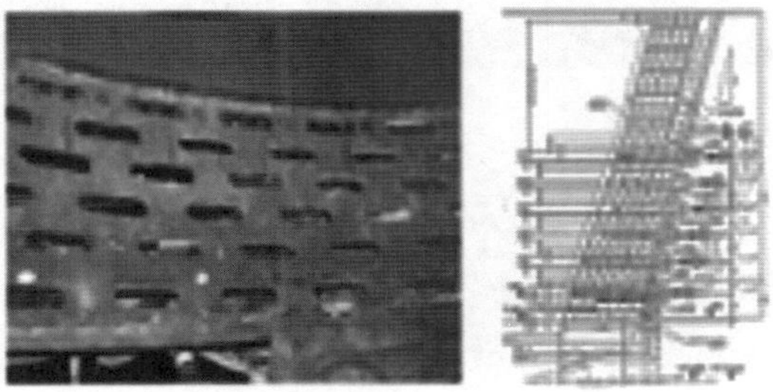

Figura 6.10 Sistema misto de refrigeração – Placa + *staves*.
Fonte: Acervo da Acelor Mittal Tubarão (AMT).

- **Tubulação de refrigeração da soleira do cadinho:** os refratários da parte inferior do cadinho (soleira) têm como principal causa de desgaste o ataque por corrosão proveniente da escória e do gusa líquido. Como ferramenta para mitigar ou controlar esse desgaste, usualmente é um sistema de refrigeração instalado sob o revestimento do fundo do cadinho (Figura 6.11).

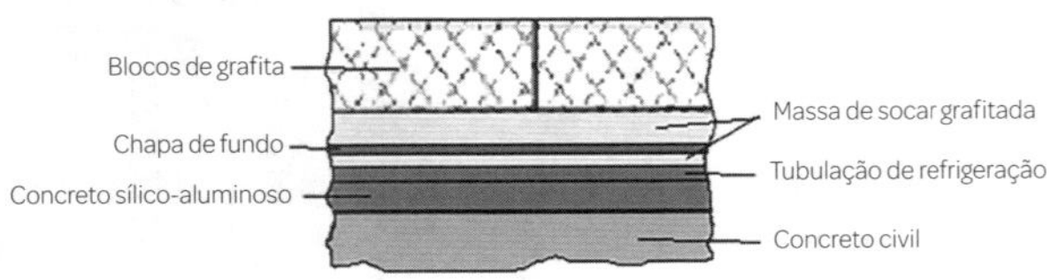

Figura 6.11 Sistema de refrigeração sob a chapa de fundo.
Fonte: Desenvolvida pela autoria do capítulo.

Esse sistema é constituído por tubulações instaladas sob ou sobre a chapa do fundo do cadinho e tem por objetivo resfriar a região dos refratários da soleira, visando atingir a isoterma de solidificação do gusa (1150°C), com o menor desgaste possível (Figura 6.12).

Por essas tubulações, pode passar água ou ar.

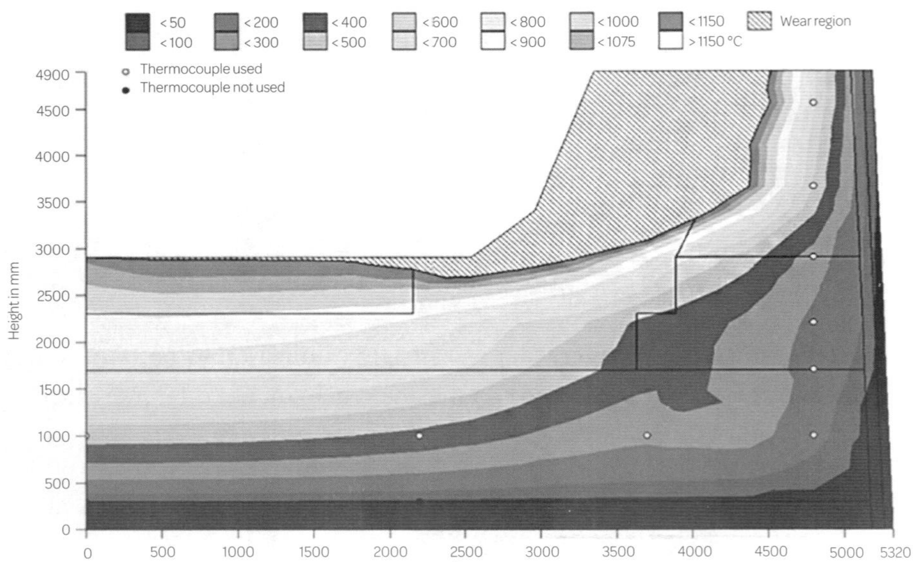

Figura 6.12 Distribuição das isotermas no cadinho.
Fonte: Desenvolvida pela autoria do capítulo.

6.5 PROJETOS REFRATÁRIOS PARA O CADINHO

Addim, serão apresentadas, a seguir, as diferentes regiões do forno, as principais solicitações e agressões aos refratários e as indicações dos principais refratários usualmente utilizados.

6.5.1 Parede e soleira do cadinho

O cadinho é a região do alto-forno que sofre as mais severas solicitações e, portanto, a que determina a sua campanha. As principais solicitações são:

- erosão pelo gusa líquido em movimento;
- corrosão pelo monóxido de carbono (CO);
- corrosão pela escória e pelos álcalis (Na_2O+K_2O);
- tensões térmicas geradas no revestimento refratário.

6.5.2 Exemplos de refratamento (Figuras 6.13 a 6.20)

Exemplo 1

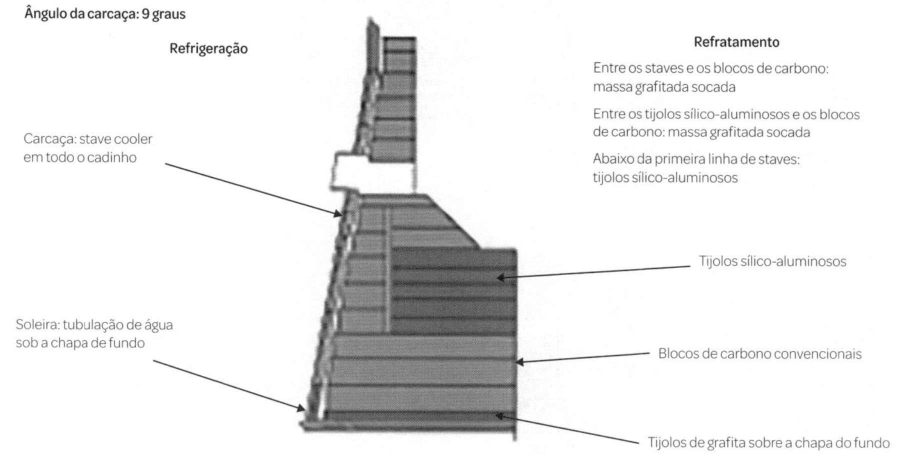

Figura 6.13 Exemplo de perfil refratário do cadinho.
Fonte: Desenvolvida pela autoria do capítulo.

Exemplo 2

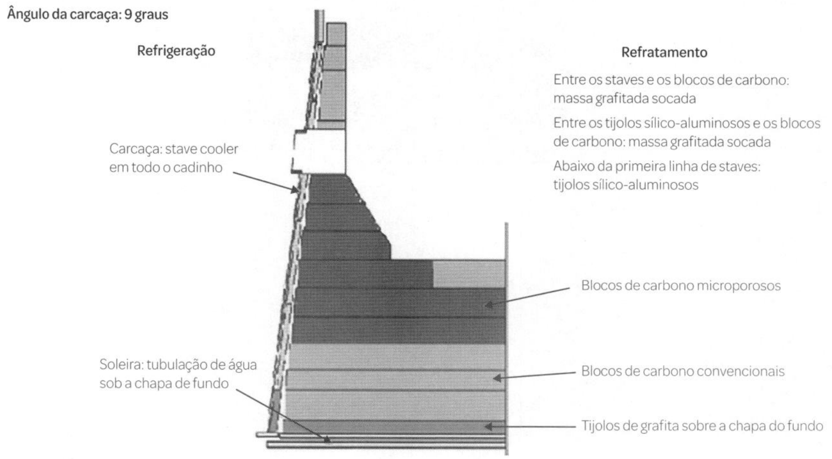

Figura 6.14 Exemplo de perfil refratário do cadinho.
Fonte: Desenvolvida pela autoria do capítulo.

Exemplo 3

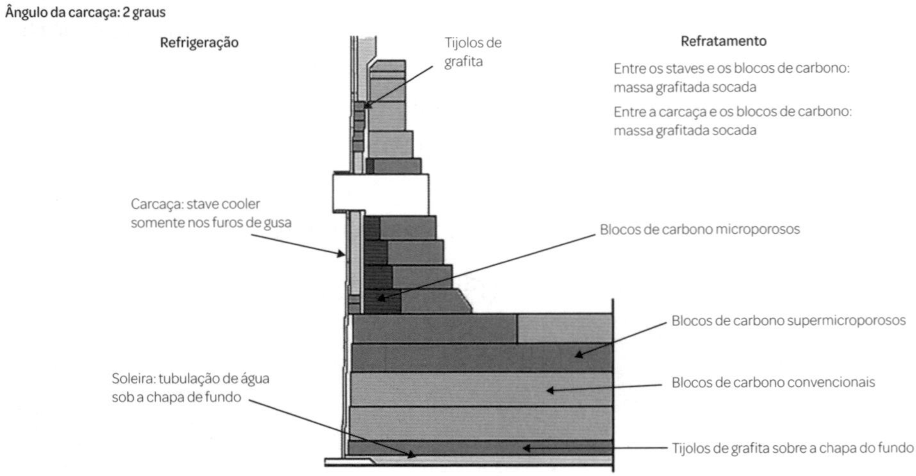

Figura 6.15 Exemplo de perfil refratário do cadinho.
Fonte: Desenvolvida pela autoria do capítulo.

Exemplo 4

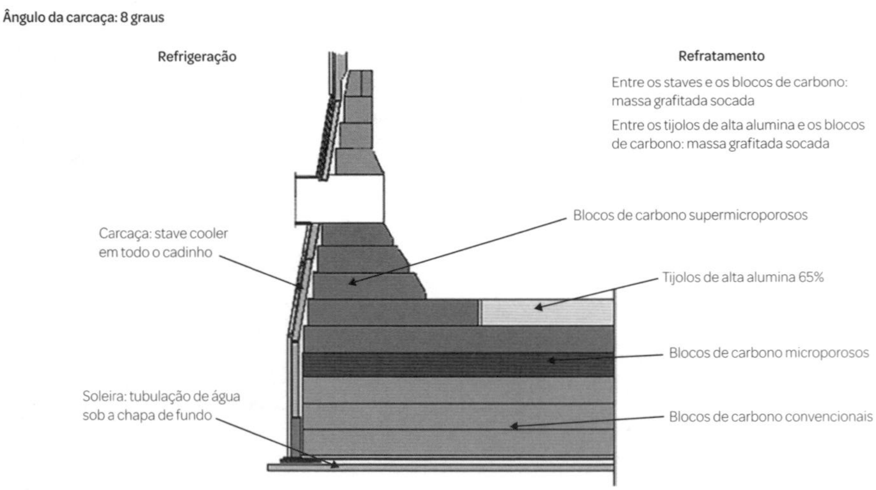

Figura 6.16 Exemplo de perfil refratário do cadinho.
Fonte: Desenvolvida pela autoria do capítulo.

Exemplo 5

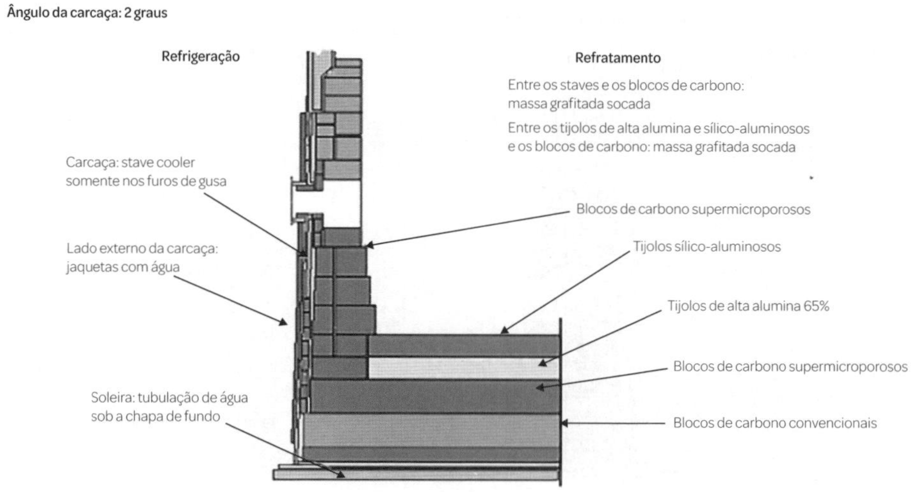

Figura 6.17 Exemplo de perfil refratário do cadinho.
Fonte: Desenvolvida pela autoria do capítulo.

Exemplo 6

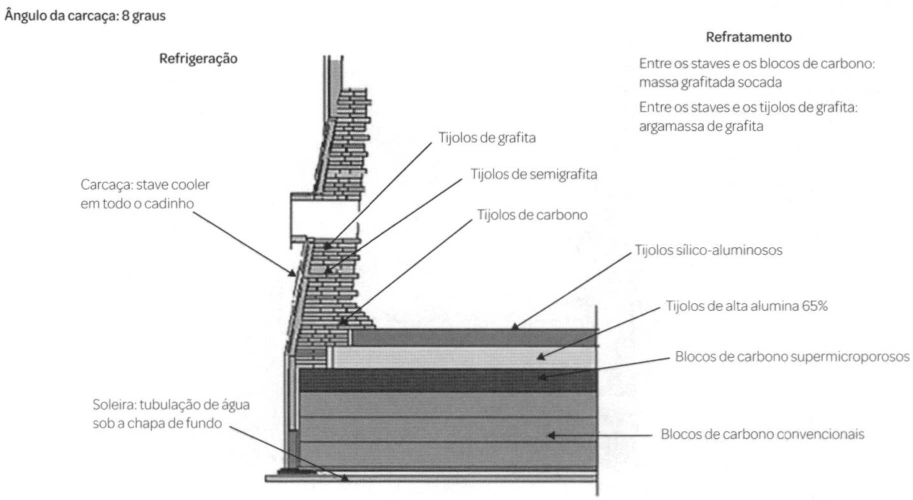

Figura 6.18 Exemplo de perfil refratário do cadinho.
Fonte: Desenvolvida pela autoria do capítulo.

Exemplo 7

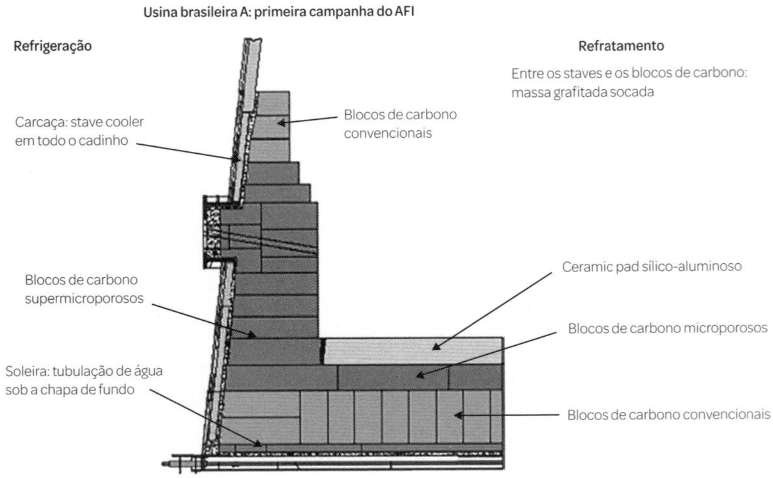

Figura 6.19 Exemplo de perfil refratário do cadinho.
Fonte: Desenvolvida pela autoria do capítulo.

Exemplo 8

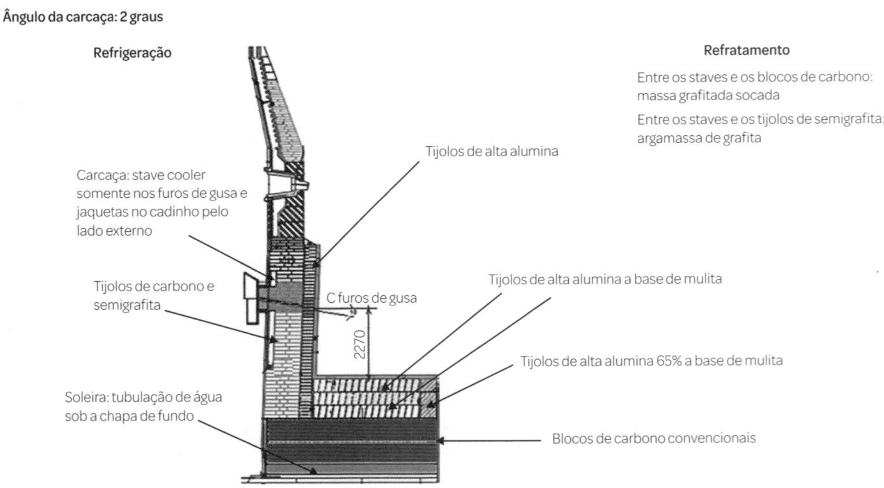

Figura 6.20 Exemplo de perfil refratário do cadinho.
Fonte: Desenvolvida pela autoria do capítulo.

6.5.3 Premissas para a elaboração do projeto refratário para o cadinho

Para se estabelecer o perfil refratário do cadinho, é fundamental ter sempre em mente que o refratário não trabalha isolado do sistema de refrigeração; pelo contrário, a vida útil do refratário está diretamente ligada à qualidade do sistema de refrigeração.

É sabido que a 1150°C o gusa se solidifica, criando, assim, uma crosta que protege e preserva o refratário da soleira e da parede. Portanto, se conhecermos a condutividade térmica dos refratários de cada fiada e a qualidade do sistema de refrigeração, podemos verificar a posição dessa isoterma e observamos que quanto mais eficaz o conjunto entre refratário e sistema de refrigeração, mais para dentro do forno se formará a crosta de proteção (isoterma de 1150°C).

Os materiais carbonosos são utilizados no cadinho em razão de sua ótima condutividade térmica e de sua resistência à penetração de gusa e escória.

Entre os *staves* e os blocos de carbono, deve-se utilizar massa de socar de grafita que, além de ter ótima condutividade térmica, facilita a montagem, visto a irregularidade da superfície dos *staves*, porém sua principal função é absorver a dilatação dos blocos de carbono.

Visando diminuir o efeito do desgaste no centro do forno, uma boa alternativa é a utilização de tijolos de alta alumina ou os sílico-aluminosos. Essa opção, denominada *ceramic pad*, pode ser vista nos exemplos 1, 4, 5 e 6.

Um grande problema para os blocos de carbono, quando o forno está operando, é o vazamento de água através dos *staves*. Uma contramedida que pode ser tomada é a instalação de chapas de cobre entre os blocos de carbono abaixo dos *staves* da região das ventaneiras. Essas chapas devem ser finas (aproximadamente 3mm), devem ser soldadas ou coladas à carcaça e abranger toda a superfície da fiada, além de ser sobrepostas de forma a não permitir a passagem de água entre os *staves* e os blocos (Figura 6.21).

Figura 6.21 Utilização de chapas de cobre para conter vazamento.
Fonte: Acervo da Acelor Mittal Tubarão (AMT).

Especial atenção deve ser dada às juntas de dilatação que deverão ser previstas entre os blocos de carbono, tanto na horizontal (entre blocos da mesma fiada) como na vertical (entre fiadas). Essas juntas de dilatação podem ser obtidas com a utilização de chapas perfuradas de latão. Para se calcularem a quantidade de placas e suas posições, deverá ser levada em conta a variação dimensional dos blocos quando aquecidos (Figura 6.22).

Figura 6.22 Utilização de chapas de latão como juntas de dilatação.
Fonte: Acervo da Acelor Mittal Tubarão (AMT).

Além das juntas de expansão entre fiadas e blocos, visando absorver a dilatação dos blocos de carbono no sentido vertical, o que pode causar a elevação dos refratários das ventaneiras, outra junta deve ser prevista entre os últimos blocos da parede. Essas juntas deverão ser calculadas utilizando-se os valores de dilatação dimensional dos blocos de carbono. Para os projetos que utilizam tijolos de carbono, não será necessário a utilização dessas juntas visto que a própria argamassa utilizada entre os tijolos absorverá as dilatações (Figura 6.23).

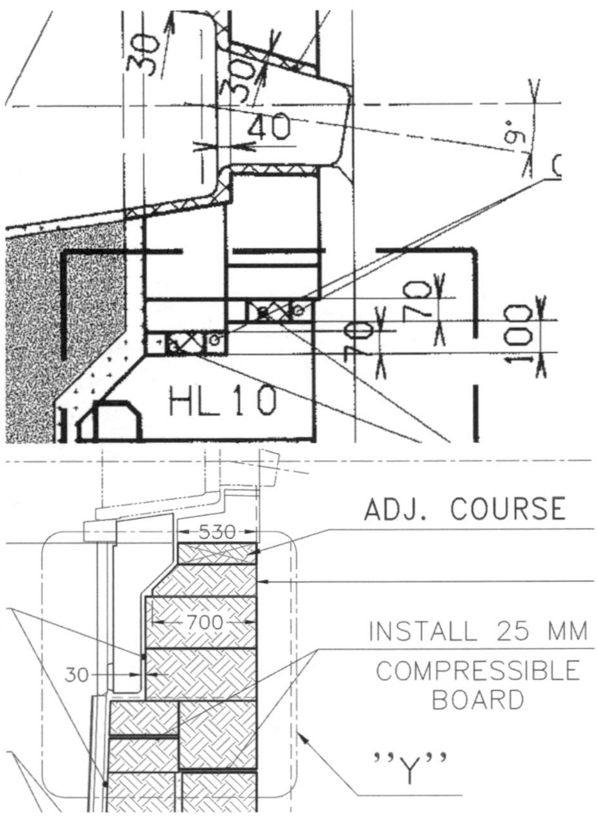

Figura 6.23 Junta de expansão na região superior dos blocos de carbono.
Fonte: Adaptada de (8).

Tradicionalmente, os blocos de carbono são os que têm apresentado os melhores resultados quando o projeto de refrigeração é adequado. A alta condutividade térmica do material de carbono permite que, em operações estáveis e de fluxo de metal fundido de relativa baixa velocidade, se promova a formação de uma crosta que protege o próprio carbono contra a erosão. Outra vantagem do carbono é sua baixa molhabilidade por fluidos, conferindo-lhe alta resistência à corrosão pela escória.

As Tabelas 6.1 e 6.2 mostram as características típicas dos principais materiais usados em cadinho:

Tabela 6.1 Materiais refratários para a soleira do cadinho.

		Blocos de grafita	Blocos de carbono convencionais	Blocos de carbono microporos	Blocos de carbono supermicroporos
Densidade aparente	g/cm³	2,20	1,55 a 1,92	1,95	1,70 a 2,10
Porosidade aparente	%	29	12 a 15	15	14 a 17
Resistência à compressão a frio	MPa	19,6	41,2 a 45,0	44,1	55,0 a 67,7
Módulo de ruptura	MPa	9,8	11,8	12,8	15,7
Teor de cinza	%	0,2	3 a 7	17	22 a 23
Resistência aos álcalis		U	U/LC	U/LC	U
Coeficiente de expansão linear 20°C -200°C	%		$2,7 \times 10^{-6}$		$2,8 \times 10^{-6}$
Coeficiente de expansão linear 20°C -900°C	%	$2,8 \times 10^{-6}$	$3,3 \times 10^{-6}$	$3,3 \times 10^{-6}$	$3,3 \times 10^{-6}$
Permeabilidade	mDarcy	250	150	4	0
Diâmetro médio dos poros	Micra	3	5	0,2	0,05
Condutividade térmica	W/m.K				
30°C			11		17
200°C		116	13,4	12,8	20,8
400°C		93	14,5	13,9	21,1
600°C		78	15,7	15,1	21,6
800°C		67	16,3	16,3	21,9
1000°C		63	18	17,4	22,3
1200°C		63	19,2	18,6	22,5

Fonte: Desenvolvida pela autoria do capítulo.

Tabela 6.2 Materiais refratários para a parede do cadinho.

		Blocos de carbono convencionais	Blocos de carbono microporos	Blocos de carbono supermicroporos	Tijolos de carbono	Tijolos de semigrafita	Tijolos de grafita
Densidade aparente	g/cm³	1,55 a 1,92	1,95	1,7 a 2,1	1,61	1,82	1,68 a 1,76
Porosidade aparente	%	12 a 15	15	14 a 17	18	16	12 a 17
Resistência à compressão a frio	MPa	41,2 a 45	44,1	55 a 67,7	35	28	32 a 52

(Continua)

Tabela 6.2 Materiais refratários para a parede do cadinho. (*Continuação*)

		Blocos de carbono convencionais	Blocos de carbono microporos	Blocos de carbono supermicroporos	Tijolos de carbono	Tijolos de semigrafita	Tijolos de grafita
Módulo de ruptura	MPa	11,8	12,8	15,7			
Teor de cinza	%	3 a 7	17	22 a 23	12	9	0,3 a 0,11
Resistência aos álcalis		U/LC	U/LC	U			
Coeficiente de expansão linear 20°C - 200°C	%	$2{,}7 \times 10^{-6}$		$2{,}8 \times 10^{-6}$			
Coeficiente de expansão linear 20°C - 900°C	%	$3{,}3 \times 10^{-6}$	$3{,}3 \times 10^{-6}$	$3{,}3 \times 10^{-6}$			
Permeabilidade	mDarcy	150	4	0	10	5	30
Diâmetro médio dos poros	Micra	5	0,2	0,05			
Condutividade térmica	W/m.K						
30°C		11		17	18	70	145 a 175
200°C		13,4	12,8	20,8			
400°C		14,5	13,9	21,1			
600°C		15,7	15,1	21,6			
800°C		163,9	16,3	21,9			
1000°C		18	17,4	22,3			
1200°C		19,2	18,6	22,5			

Fonte: Desenvolvida pela autoria do capítulo.

6.5.4 Furos de gusa

Exemplos de projetos refratários usados na região dos furos de gusa são mostrados nas Figuras 6.24 a 6.27.

As premissas para a elaboração do projeto refratário para os furos de gusa são:

- Baixa variação linear.
- Os centros dos furos de gusa devem se manter quentes o suficiente para permitir a sinterização da massa de tamponamento.
- Minimizar vazamentos.
- Minimizar a passagem de altas temperaturas para os refratários do contorno.
- Manter o metal quente para possibilizar boa fluidez.

Outros itens importantes:

- Face fria: utilização de uma camada de tijolos de grafita rente à carcaça, no contorno dos refratários dos FG, visando potencializar a refrigeração dessa região diminuindo a carga térmica na carcaça do forno. Uma vantagem para esse uso é que a grafita tem alta resistência ao ataque de álcalis e maior resistência ao ataque do vapor do que o carbono.

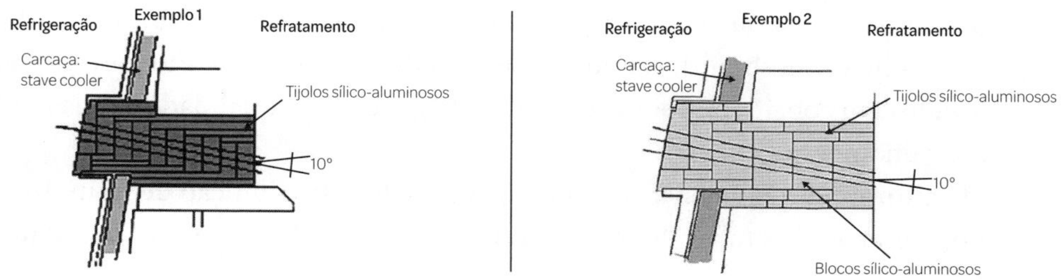

Figura 6.24 Exemplos de perfil refratário dos furos de gusa.
Fonte: Desenvolvida pela autoria do capítulo.

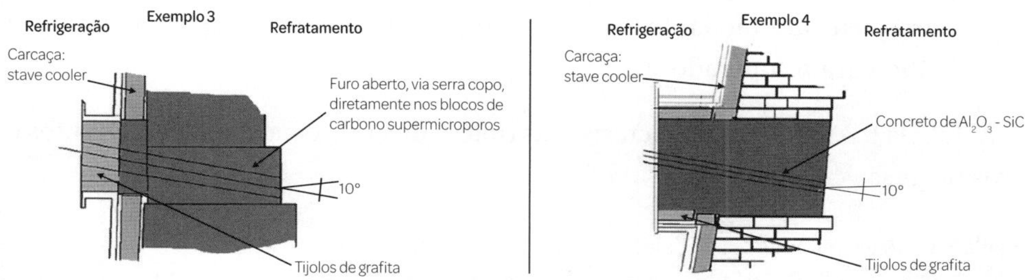

Figura 6.25 Exemplos de perfil refratário dos furos de gusa.
Fonte: Desenvolvida pela autoria do capítulo.

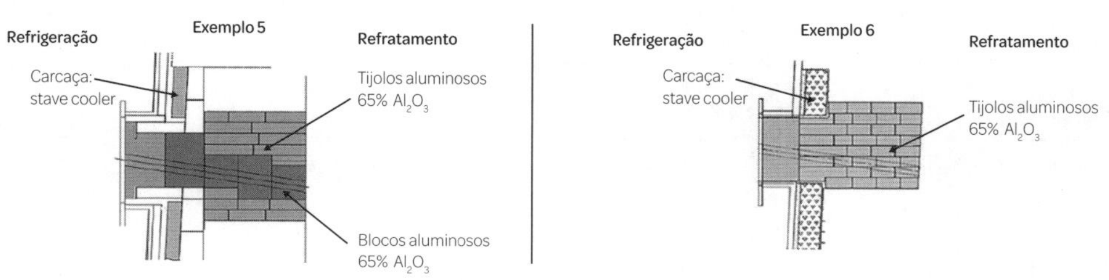

Figura 6.26 Exemplos de perfil refratário dos furos de gusa.
Fonte: Desenvolvida pela autoria do capítulo.

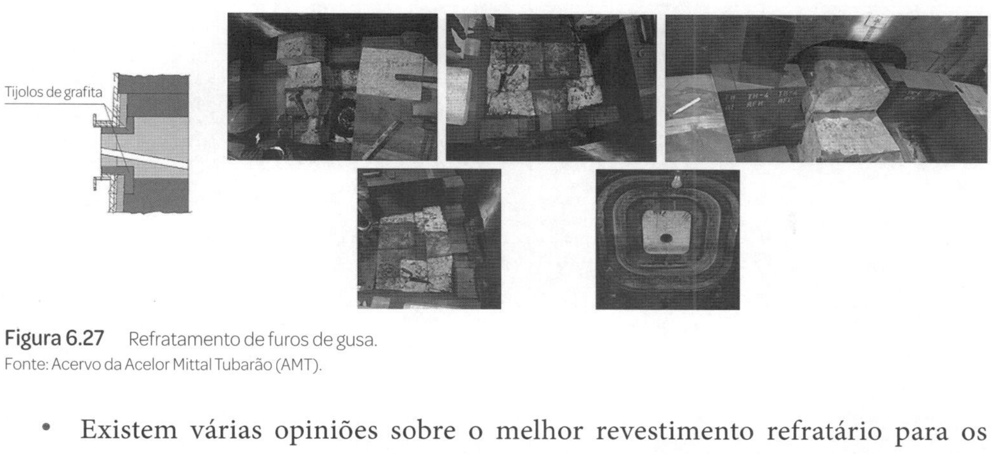

Figura 6.27 Refratamento de furos de gusa.
Fonte: Acervo da Acelor Mittal Tubarão (AMT).

- Existem várias opiniões sobre o melhor revestimento refratário para os blocos dos furos de gusa ("pretos": à base de carbono; "brancos": tijolos ou blocos de mulita ou andaluzita; "cinzas": concretos à base de alumina, carbeto de silício e carbono), sendo que, para a definição do projeto, deverão ser levados em consideração o sistema de refrigeração e a qualidade da massa de tamponamento.

- **Monitoramento:** planejar uma boa quantidade e distribuição de termopares no contorno dos furos de gusa e criar alarmes que informem temperaturas críticas.
- Aplicar uma camada de tijolos sílico-aluminosos ou de concretos de aluminacarbeto para a partida do forno.
- Furos centrais, tão largos quanto possível, visando dar mais margem de trabalho para os operadores.

A Tabela 6.3 mostra as características típicas dos principais materiais usados em furos de gusa:

Tabela 6.3 Materiais refratários para os furos de gusa.

		Concreto de grafita	Blocos de carbono convencionais	Blocos de carbono microporos	Blocos de carbono supermicroporos	Tijolos sílico-aluminosos	Tijolos de alta alumina à base de andaluzita
Densidade aparente	g/cm³	2,93 a 3,0	1,55 a 1,92	1,95	1,70 a 2,10	2,15	2,63
Porosidade aparente	%	13,5	12 a 15	15	14 a 17	19	14,5
Resistência à compressão a frio	MPa		41,2 a 45	44,1	55 a 67,7	40	85
Módulo de ruptura	MPa	15,58	11,8	12,8	15,7		
Composição química	%						
Al_2O_3		60				45	67
SiC + C		35					
SiC							
Fe_2O_3						1,5	0,7
SiO_2		3					31,2
Teor de cinza			3 a 7	17	22 a 23		
Resistência aos álcalis			U/LC	U/LC	U		
Refratariedade sob carga						1450	1600
Coeficiente de expansão linear 20°C -200°C	%		$2,7 \times 10^{-6}$		$2,8 \times 10^{-6}$		

(Continua)

Tabela 6.3 Materiais refratários para os furos de gusa. (*Continuação*)

		Concreto de grafita	Blocos de carbono convencionais	Blocos de carbono microporos	Blocos de carbono supermicroporos	Tijolos sílico-aluminosos	Tijolos de alta alumina à base de andaluzita
Coeficiente de expansão linear 20°C -900°C	%		$3{,}3 \times 10^{-6}$	$3{,}3 \times 10^{-6}$	$3{,}3 \times 10^{-6}$		
Permeabilidade	mDarcy		150	4	0		
Diâmetro médio dos poros	Micra	2	5	0,2	0,05		
Condutividade térmica	W/m.K						
30°C		5,8	11		17		
200°C			13,4	12,8	20,8		
400°C			14,5	13,9	21,1		2,9
600°C		4,3	15,7	15,1	21,6		2,7
800°C			163,9	16,3	21,9		2,7
1000°C		6,5	18	17,4	22,3		2,8
1200°C			19,2	18,6	22,5		3,1
Temperatura máxima de trabalho	K	3000					

Fonte: Desenvolvida pela autoria do capítulo.

6.5.5 Ventaneiras

Região que trabalha em alta temperatura (~ 2000°C) e sujeita a oscilações. Para essa região, é necessário um refratário com resistência a altas temperaturas de maneira permanente, resistência ao choque térmico e com baixo teor de Fe_2O_3, já que, em condições redutoras, ele funciona como catalizador formando fase líquida em temperaturas inferiores às do processo.

As Figuras 6.28 a 6.30 trazem exemplos de refratamento das ventaneiras.

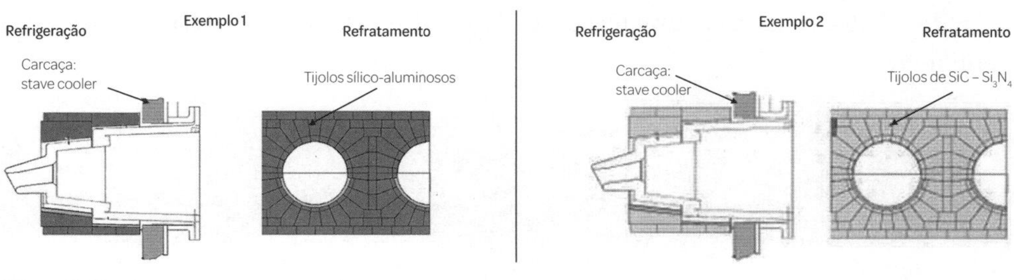

Figura 6.28 Exemplos de perfil refratário das ventaneiras.
Fonte: Desenvolvida pela autoria do capítulo.

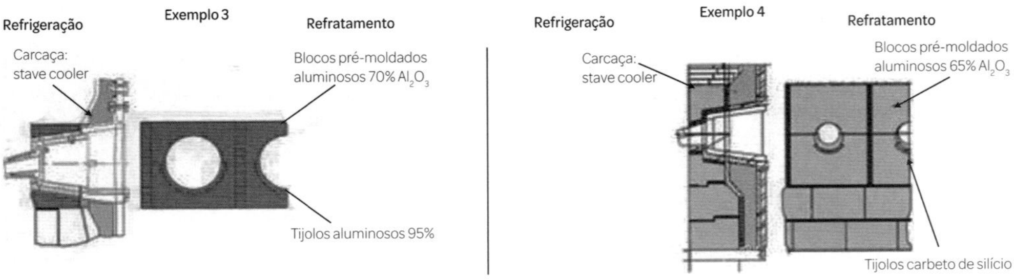

Figura 6.29 Exemplos de perfil refratário das ventaneiras.
Fonte: Desenvolvida pela autoria do capítulo.

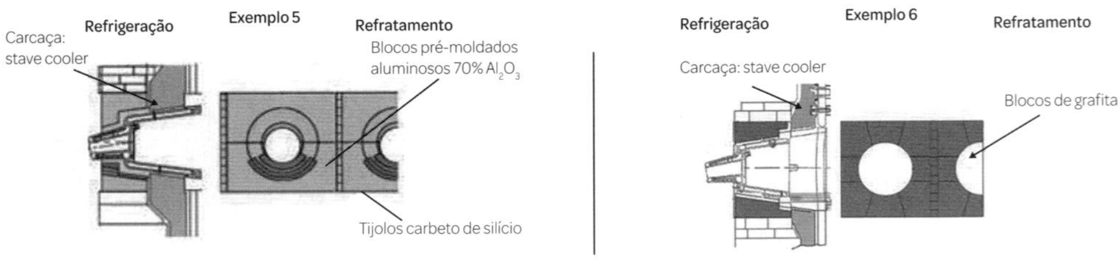

Figura 6.30 Exemplo de perfil refratário das ventaneiras.
Fonte: Desenvolvida pela autoria do capítulo.

As premissas para a elaboração do projeto refratário para as ventaneiras são:

- baixa variação linear;
- resistência ao ataque de álcalis e de CO;
- resistência a altas temperaturas;
- boa resistência mecânica – boa resistência à erosão, principalmente na parte superior dos conjuntos.

É importante, quando se está desenvolvendo o projeto dos conjuntos de ventaneiras, ter em mente que as estruturas refratárias das paredes de carbono do cadinho se expandirão e, por consequência, comprimirão os conjuntos refratários da ventaneira. Uma das maneiras para se flexibilizarem os trabalhos da manutenção é inserir pequenas peças de carbeto de silício nas partes interna e inferior dos conjuntos.

A Tabela 6.4 mostra as características típicas dos principais materiais usados nas ventaneiras.

Tabela 6.4 Materiais refratários para as Ventaneiras.

		Tijolos sílico-aluminosos	Tijolos de alta alumina 72%	Tijolos de alta alumina 65%	Tijolos de granita	Tijolos de alta alumina 89%	Tijolos de SiC + Si_3N_4
Densidade aparente	g/cm³	2,15	2,40	2,60	1,59	3,25	2,67
Porosidade aparente	%	19,0	18,0	16,0			14,6

(Continua)

Tabela 6.4 Materiais refratários para as Ventaneiras. (*Continuação*)

		Tijolos sílico--aluminosos	Tijolos de alta alumina 72%	Tijolos de alta alumina 65%	Tijolos de granita	Tijolos de alta alumina 89%	Tijolos de SiC + Si_3N_4
Resistência à compressão a frio	MPa	40	45	70	100	60	160
Módulo de ruptura	MPa						
Composição química	%						
Al_2O_3		45	72	65		89	
SiC							78
Fe_2O_3		1,5	1,5	1		0,2	
SiO_2				31		7,5	
CaO						0,4	
Refratariedade sob carga		1450	1550	1550			
Coeficiente de variação linear permanente (a 1500°C/2h)	%		0,5 a -0,2	0,1			
Condutividade térmica	W/m.K						
30°C					120		
800°C						3,8	16,3
1000°C							
1200°C						4	

Fonte: Desenvolvida pela autoria do capítulo.

6.5.6 Refratários para fiadas de proteção da soleira do cadinho (*ceramic pad*)

As Figuras 6.31 e 6.32 trazem exemplos de refratamento.

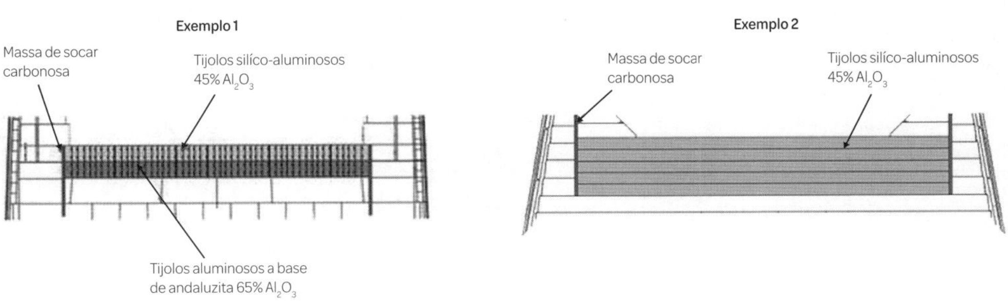

Figura 6.31 Exemplo de perfil refratário para *ceramic pad*.
Fonte: Desenvolvida pela autoria do capítulo.

A Tabela 6.5 sintetiza as características típicas dos principais materiais usados como *ceramic pad*.

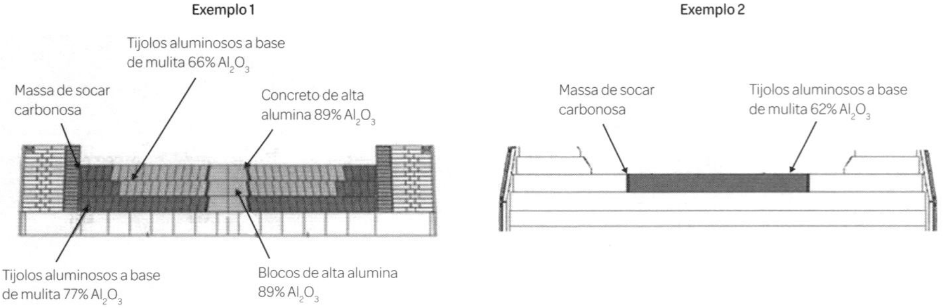

Figura 6.32 Exemplos de perfil refratário para *ceramic pad.*
Fonte: Desenvolvida pela autoria do capítulo.

Tabela 6.5 Materiais refratários para *ceramic pad.*

		Tijolos sílico--aluminosos 45%	Tijolos de alta alumina à base de andaluzita 65%	Tijolos de alta alumina 62%	Tijolos de alta alumina 77% à base de mulita	Tijolos de alta alumina 66% à base de mulita	Tijolos de alta alumina 89%
Densidade aparente	g/cm³	2,27	2,50	2,55	2,60	2,49	3,25
Porosidade aparente	%	16	17	15	18	19	
Resistência à compressão a frio	MPa	60	60	80	83	50	60
Composição química	%						
Al_2O_3		45	65	62	77	66	89
SiO_2				35	22	28,5	7,5
Fe_2O_3		1,5	1	0,6	0,1	1,1	0,2
TiO_2				0,4			
CaO			0,6				0,4
SiC							
Variação linear permanente	%	-0,2	±0,2		0,16	0,2	
Coeficiente de dilatação térmica 20 a 1400°C	°C				4,6 × 10	6,2 × 10	
Condutividade térmica	W/m.K						
200°C					2,17		
400°C					2,12		
600°C					1,95	1,45	
800°C					1,89		3,8
1000°C					1,96		
1200°C						1,7	4
Resistência à erosão	cm³				10,3		
Temperatura máxima de trabalho	°C	1500			1760		

Fonte: Desenvolvida pela autoria do capítulo.

6.5.7 Refratários para fiada de proteção das paredes do cadinho (*ceramic cup*)

O *ceramic cup* é uma filosofia de refratamento para as paredes do cadinho.

Os objetivos principais dessa filosofia de refratamento são:

- **Longevidade do revestimento refratário:** altos-fornos a coque têm como principal impedimento de aumento da vida útil o desgaste do cadinho. A alta resistência à corrosão pelo gusa dos tijolos de alumina ligado a sialon protege os blocos de carbono com vida útil estimada de 8 a 10 anos.

Cálculos térmicos mostram que a isoterma crítica de condensação de álcalis e zinco responsável pelo fenômeno da camada frágil nos blocos de carbono (800°C) permanece no revestimento do *ceramic cup* (copo cerâmico, CC), protegendo ainda mais o revestimento de carbono. A redução da perda financeira representada pela parada de alto-forno é sempre perseguida e o CC se mostra uma alternativa viável ao aumento da vida útil.

- **Menor sensibilidade às oscilações operacionais:** ao contrário do revestimento de carbono, o CC não precisa de formação de camada protetora (também chamado comumente de "cascão") para um bom desempenho por causa da alta resistência à erosão pelo fluido. Assim, flutuações na operação, vazamentos do sistema de refrigeração, níveis de produtividade, posição do homem morto etc., que podem interferir na estabilidade da camada protetora, tendem a ser mais bem absorvidos com o revestimento que utiliza o CC, sem que isso cause danos imediatos ao revestimento do cadinho.
- **Economia de combustível:** por ser menos condutor do que o carbono, durante a sua permanência, esSa filosofia de refratamento diminui a perda térmica no interior do cadinho. Os benefícios podem se refletir em redução de combustível (*fuel-rate*), aumento da reserva térmica e consequente melhor substituição de coque por carvão pulverizado (PCI). Retomadas de operação em paradas não programadas tendem a ser mais rápidas e estáveis pela maior reserva térmica promovida.

A Figura 6.33 mostra exemplos de refratamento.

As premissas para a elaboração do projeto refratário para o CC são:

- Vida útil estimada de 8 a 10 anos.
- O desgaste do corindon ligado a sialon é gradual ao longo do tempo, enquanto o carbono pode apresentar desgaste altamente acelerado dependendo das condições de operação.
- Após o desgaste do CC, o carbono é, então, capaz de fazer seu trabalho para atingir a vida útil da campanha em mais de 20 anos.
- Durante sua vida útil, o CC ajuda os operadores a enfrentar as condições difíceis, como paradas não planejadas, flutuações na produtividade e matérias-primas, resfriadores com vazamento etc.

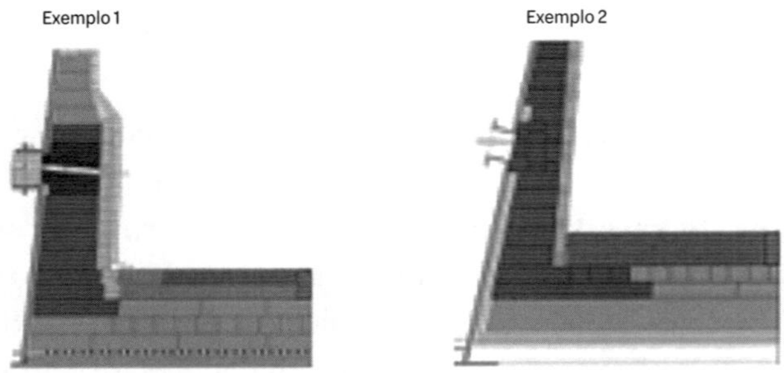

Figura 6.33 Exemplos de perfil refratário para *ceramic cup*.
Fonte: Desenvolvida pela autoria do capítulo.

Para alcançar uma vida longa de campanha (12 a 20 anos), o CC ajuda significativamente os operadores.

A Tabela 6.6 mostra as características típicas dos principais materiais usados como CC.

Tabela 6.6 Materiais refratários para CC.

		Tijolos de alta alumina 83% ligado a sialon
Densidade aparente	g/cm^3	3,11
Porosidade aparente	%	14,8
Resistência à compressão a frio	MPa	145
Composição química	%	
Al_2O_3		83,5
N_2		4,5
Variação linear permanente	%	
Coeficiente de dilatação térmica 20 a 1400°C	%	5,2 × 10
Condutividade térmica	W/m.K	
1000°C		3,5

Fonte: Desenvolvida pela autoria do capítulo.

6.5.8 Monitoramento

O monitoramento da condição refratária do cadinho é essencial para garantir que as informações estejam disponíveis para as tomadas de decisões necessárias à medida que a campanha avança para atingir com segurança os respectivos objetivos de longa duração.

O monitoramento do cadinho é baseado em termopares embutidos no sistema refratário e de refrigeração.

A Figura 6.34 traz um exemplo de distribuição de termopares no cadinho.

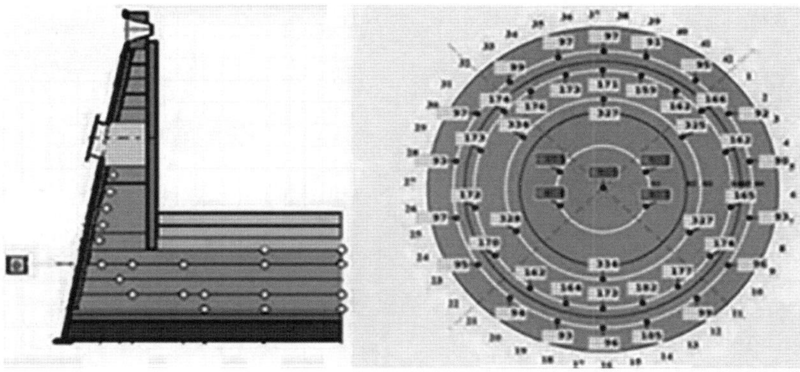

Figura 6.34 Exemplo de distribuição de termopares no cadinho.
Fonte: Adaptada de (12).

6.6 PROJETOS REFRATÁRIOS PARA A RAMPA

As Figuras 6.35 a 6.37 trazem exemplos de revestimentos refratários.

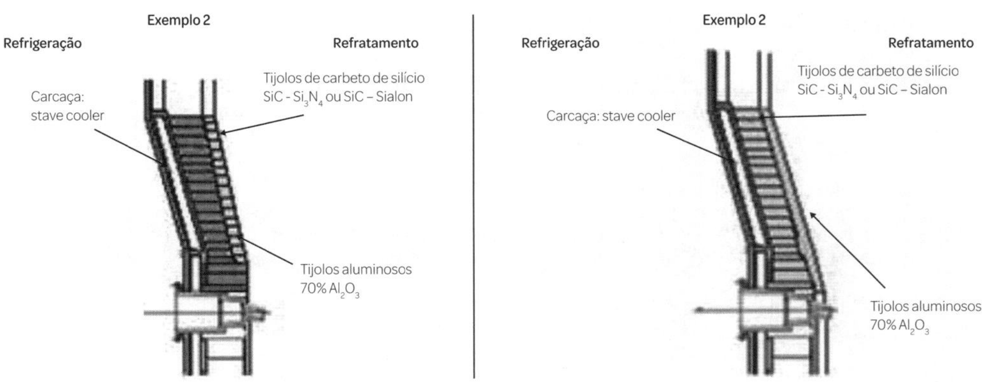

Figura 6.35 Exemplos de perfil refratário para a rampa.
Fonte: Desenvolvida pela autoria do capítulo.

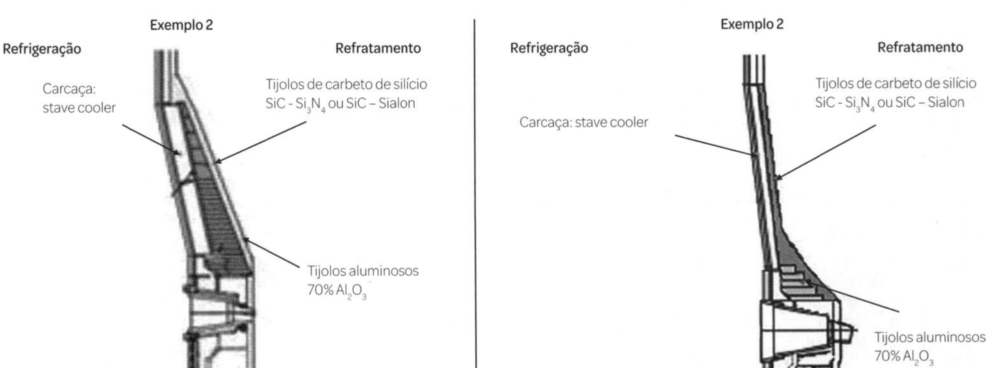

Figura 6.36 Exemplos de perfil refratário para a rampa.
Fonte: Desenvolvida pela autoria do capítulo.

Figura 6.37 Exemplos de perfil refratário para a rampa.
Fonte: Desenvolvida pela autoria do capítulo.

6.6.1 Premissas para a elaboração do projeto refratário para a rampa

Para se desenvolver o projeto refratário e estabelecer o melhor sistema de refrigeração para essa região, é preciso levar em consideração os seguintes pontos:

- as temperaturas nessa região são maiores que 1000°C;
- Fluxo de calor elevado – 450000W/m^2;
- grandes flutuações de temperatura.

A Tabela 6.7 mostra as características típicas dos principais materiais usados na rampa.

Tabela 6.7 Materiais típicos para a região de rampa.

		Tijolo de alta alumina 70%	Tijolos de carbono/ carbeto de silício	Tijolos de carbeto de silício	Concreto de grafita	Tijolos de grafita
Densidade aparente	g/cm^3	2,40	1,90	2,67	1,80	1,75
Porosidade aparente	%	19	19	14,6	13	12
Resistência à compressão a frio	MPa	60	35	160	58	50
Composição química	%					
Al_2O_3		70			60	
CF			50			
SiC+C					35	
SiC			20	78		
Fe_2O_3		1,1				
SiO_2					3	
Si_3N_4						
Teor de cinza						0,11
Resistência à erosão	cm^3			4,3		
Refratariedade sob carga	T2/C	1650				
Coeficiente de variação linear permanente (a 1500°C/2h)	%	0 a -0,2				

(Continua)

Tabela 6.7 Materiais típicos para a região de rampa. (*Continuação*)

		Tijolo de alta alumina 70%	Tijolos de carbono/ carbeto de silício	Tijolos de carbeto de silício	Concreto de grafita	Tijolos de grafita
Condutividade térmica	W/m.K					
30°C			24			18
200°C					6	
400°C						
600°C					4	
800°C				16,3		
1000°C					6	
1200°C						
1400°C						

Fonte: Desenvolvida pela autoria do capítulo.

6.7 REFRATÁRIOS PARA O VENTRE E A CUBA

A Figura 6.38 traz exemplos de refratamento.

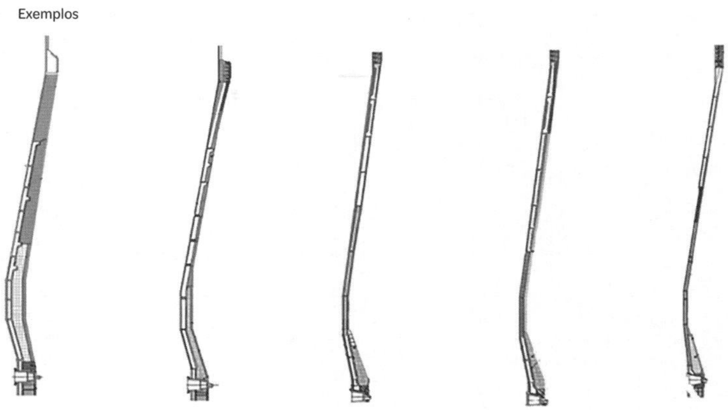

Figura 6.38 Exemplos de perfil refratário para ventre e cuba.
Fonte: Desenvolvida pela autoria do capítulo.

As premissas para a elaboração do projeto refratário para o ventre e cuba são:
Principais problemas a serem combatidos:

- abrasão da carga sólida;
- ataque de álcalis e zinco;
- desintegração por monóxido de carbono;
- choque térmico;
- impacto (principalmente na cuba superior).

A Tabela 6.8 mostra as características típicas dos principais materiais usados para o ventre e a cuba.

Tabela 6.8 Materiais típicos para a região do ventre e da cuba.

		Tijolo de alta alumina 70%	Tijolos de carbono/carbeto de silício	Tijolos de carbeto de silício	Concreto sílico--aluminoso	Tijolos de alta alumina
Densidade aparente	g/cm^3	2,40	1,90	2,50	2,40	2,70
Porosidade aparente	%	19	19	20		
Resistência à compressão em temperatura ambiente	MPa	60	35	100	70	50
Variação linear dimensional a 1500°C por 2 horas		0 a -0,2				
Composição química	%					
Al_2O_3		70			50	60
SiC			20	70		
CF			50			
Fe_2O_3		1,1			0,7	1,2
SiO_2					40	17
TiO_2					1	1,5
CaO					2	1,5
Si_3N_4				10		
Refratariedade sob carga	T2/C	1650				
Condutividade térmica em temperatura ambiente	W/m.K		24			
800°C				21		
1000°C				21		
Temperatura máxima de trabalho	°C				1600	1650

Fonte: Desenvolvida pela autoria do capítulo.

6.8 REFORMA DOS ALTOS-FORNOS (FIGURA 6.39)

Qualquer reforma de alto-forno passa, primeiramente, pelo estudo de avaliação da condição dos refratários e de sistemas de refrigeração. Esses estudos permitirão avaliar o desgaste dos refratários e do sistema de refrigeração, possibilitando o planejamento das atividades e a compra dos materiais e equipamentos.

Basicamente, são analisadas as isotermas do cadinho visando conhecer a localização da isoterma de 1150°C, isoterma esta que indica o perfil de desgaste dos refratários.

Outros itens também são analisados, sendo os principais:

- condição dos refratários dos furos de gusa;
- condição dos sistemas de refrigeração;
- temperaturas na carcaça metálica etc.

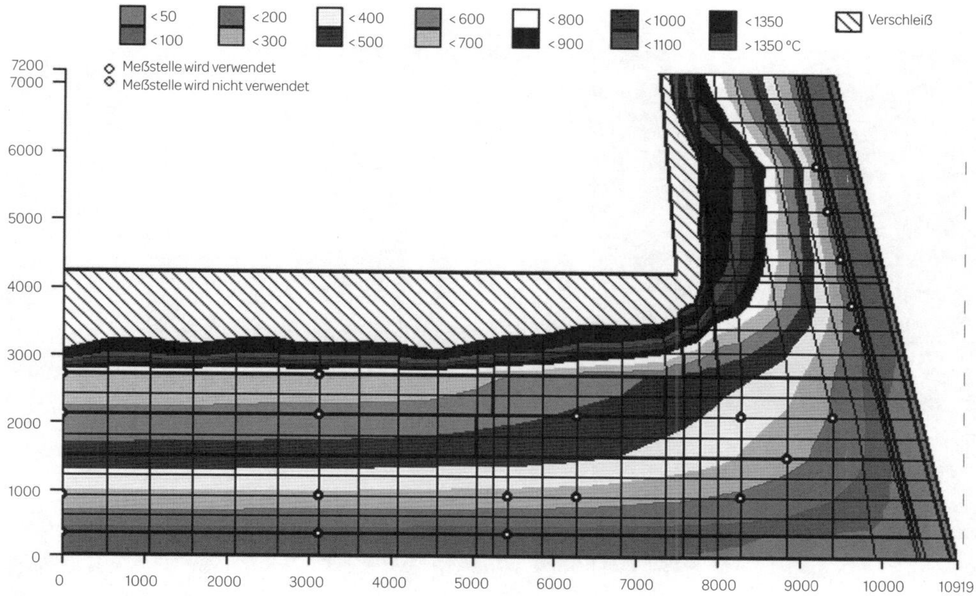

Figura 6.39 Curvas isotermas do cadinho.
Fonte: Adaptada de (12).

6.9 SEQUÊNCIA DE TRABALHOS

6.9.1 Demolição (AMT) (Figura 6.40)

Figura 6.40 Demolição dos refratários do cadinho (AMT)
Fonte: Acervo da Arcelor Mittal Tubarão (AMT).

6.9.2 Inspeções (AMT) (Figuras 6.41 e 6.42)

Figura 6.41 Inspeções pós-parada do alto-forno.
Fonte: Acervo da Acelor Mittal Tubarão (AMT).

Inspeção no cadinho

Figura 6.42 Inspeções pós parada do alto-forno.
Fonte: Acervo da Acelor Mittal Tubarão (AMT).

6.9.3 Abastecimento (AMT) (Figura 6.43)

Figura 6.43 Diferentes tipos de abastecimento.
Fonte: Acervo da Acelor Mittal Tubarão (AMT).

6.9.4 Inspeção em blocos de carbono remanescentes (AMT) (Figuras 6.44 e 6.45)

Numeração dos blocos do projeto — Teste de percussão

Figura 6.44 Inspeção de blocos de carbono remanescentes.
Fonte: Acervo da Acelor Mittal Tubarão (AMT).

Retirada de amostras — Análise das amostras

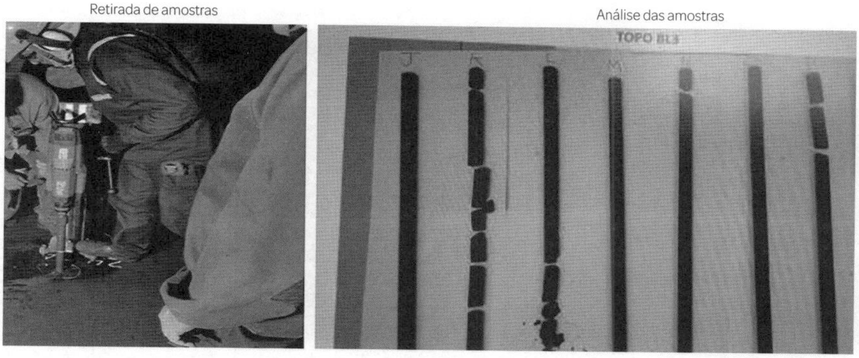

Figura 6.45 Inspeção de blocos de carbono remanescentes.
Fonte: Acervo da Acelor Mittal Tubarão (AMT).

6.9.5 Nivelamento da última fiada de blocos de carbono (AMT) (Figuras 6.46 a 6.48)

Limpeza — Checagem topográfica

Figura 6.46 Nivelamento de fiada remanescente.
Fonte: Acervo da Acelor Mittal Tubarão (AMT).

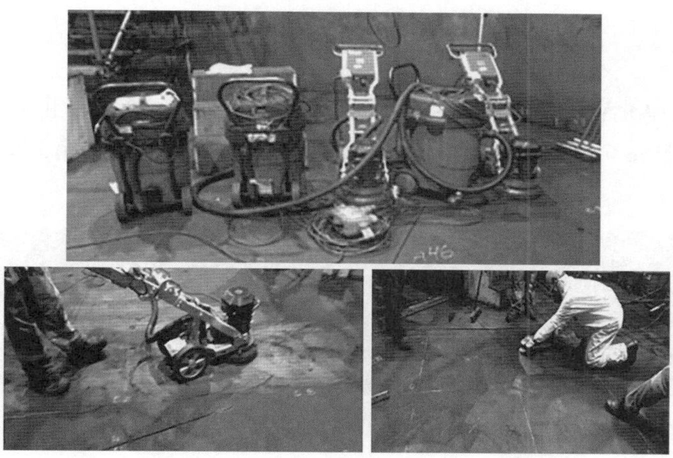

Figura 6.47 Nivelamento de fiada remanescente.
Fonte: Acervo da Acelor Mittal Tubarão (AMT).

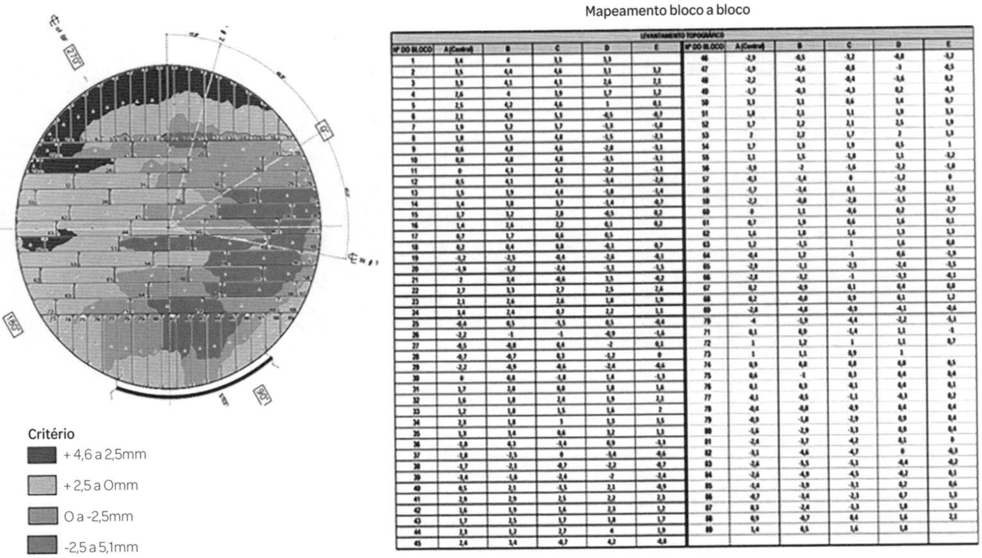

Figura 6.48 Mapeamento da elevação individual dos blocos de carbono remanescentes.
Fonte: Adaptada de (12).

6.9.6 Montagem de tijolos de grafita rentes à carcaça (AMT)

A Figura 6.49 mostra a montagem de tijolos rentes à carcaça.

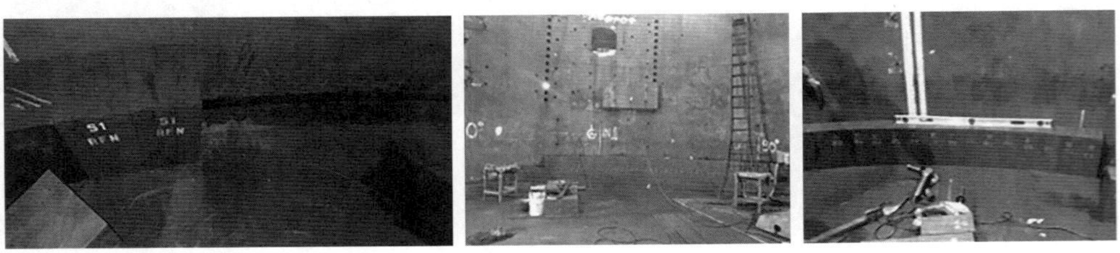

Figura 6.49 Montagem de tijolos rente à carcaça.
Fonte: Acervo da Acelor Mittal Tubarão (AMT).

6.9.7 Montagem dos blocos de carbono na soleira do cadinho (AMT)

As Figuras 6.50 e 6.51 mostram a montagem de blocos de carbono na soleira.

Montagem da plataforma móvel com monovia e talhas para abastecimento dos blocos de carbono

Figura 6.50 Montagem de blocos de carbono na soleira.
Fonte: Acervo da Acelor Mittal Tubarão (AMT).

Figura 6.51 Montagem blocos de carbono na soleira.
Fonte: Acervo da Acelor Mittal Tubarão (AMT).

6.9.8 Montagem dos termopares na região dos blocos de carbono da soleira (AMT)

A Figura 6.52 mostra a montagem dos termopares na região dos blocos de carbono na soleira.

Figura 6.52 Montagem blocos de carbono na soleira.
Fonte: Acervo da Acelor Mittal Tubarão (AMT).

6.2.9 Montagem dos blocos de carbono na parede do cadinho (AMT)

As Figuras 6.53 a 6.55 mostram a montagem dos blocos de carbono na parede do cadinho.

Figura 6.53 Montagem de blocos de carbono na parede.
Fonte: Acervo da Acelor Mittal Tubarão (AMT).

Figura 6.54 Montagem de blocos de carbono na parede.
Fonte: Acervo da Acelor Mittal Tubarão (AMT).

6.9.10 Montagem de tijolos de carbono na parede (AMT)

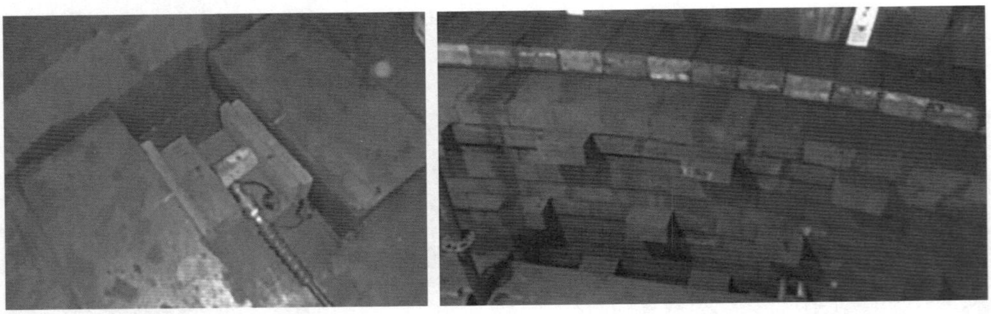

Figura 6.55 Montagem de blocos de carbono na parede.
Fonte: Acervo da Acelor Mittal Tubarão (AMT).

6.2.11 Montagem do *ceramic cup*

A Figura 6.56 mostra a montagem do CC.

Figura 6.56 Montagem CC.
Fonte: Acervo da Saint-Gobain.

6.9.12 Montagem de chapas de cobre abaixo dos *staves* das ventaneiras (AMT)

A Figura 6.57 mostra a montagem de chapas de cobre abaixo dos *staves* das ventaneiras.

Figura 6.57 Montagem chapa de cobre sob *staves* das ventaneiras.
Fonte: Acervo da Acelor Mittal Tubarão (AMT).

6.9.13 Montagem do *ceramic pad* - sem peça central (AMT)

A Figura 6.58 mostra a montagem do CC sem peça central.

Figura 6.58 Montagem CC sem peça central.
Fonte: Acervo da Acelor Mittal Tubarao (AMT).

6.9.14 Montagem do *ceramic pad* - com peça central (AMT)

A Figura 6.59 mostra a montagem do CC com peça central.

Figura 6.59 Montagem CC com peça central.
Fonte: Acervo da Acelor Mittal Tubarão (AMT).

6.9.15 Montagem dos refratários dos furos de gusa - múltiplas peças (AMT)

A Figura 6.60 mostra a montagem dos furos de gusa com múltiplas peças.

Figura 6.60 Montagem dos furos de gusa com múltiplas peças.
Fonte: Acervo da Acelor Mittal Tubarão (AMT).

6.9.16 Montagem dos refratários dos furos de gusa – uma peça (AMT)

A Figura 6.61 mostra a montagem dos furos de guso em uma peça.

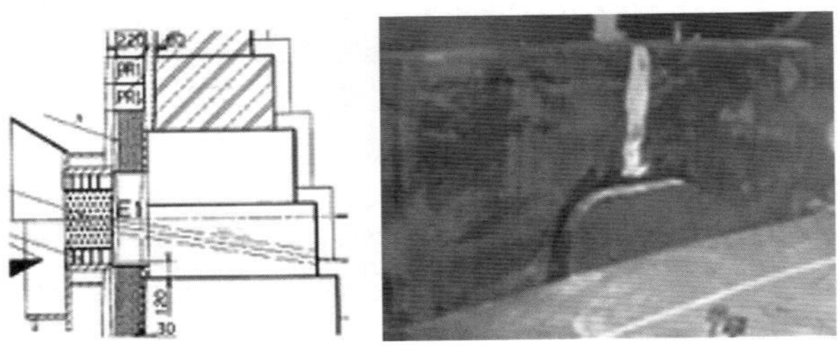

Figura 6.61 Montagem dos furos de gusa em uma peça.
Fonte: Acervo da Acelor Mittal Tubarão (AMT).

6.9.17 Montagem dos refratários dos furos de gusa – concreto (AMT)

A Figura 6.62 mostra a montagem dos refratários dos furos de gusa em concreto.

Figura 6.62 Montagem dos furos de gusa em concreto.
Fonte: Acervo da Acelor Mittal Tubarão (AMT).

6.9.18 Montagem dos refratários das ventaneiras – duas peças

A Figura 6.63 mostra a montagem de ventaneiras em duas peças.

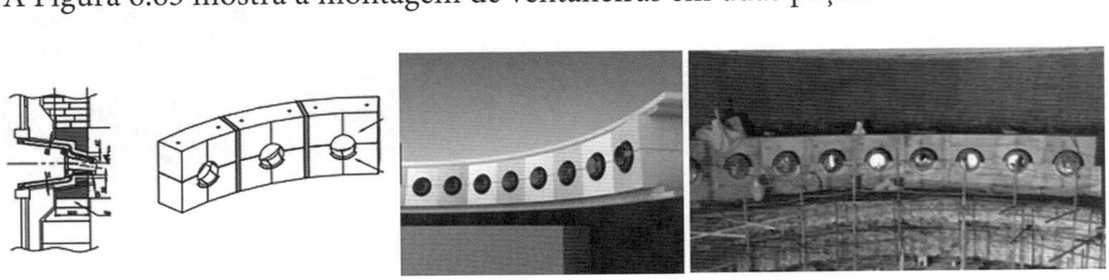

Figura 6.63 Montagem de ventaneiras em duas peças.
Fonte: Acervo da Saint-Gobain: Performance Ceramics & Refractories.

6.9.19 Montagem dos refratários das ventaneiras em oito peças

A Figura 6.64 mostra a montagem das ventaneiras em oito peças.

Figura 6.64 Montagem ventaneiras em oito peças.
Fonte: Acervo da Acelor Mittal Tubarão (AMT).

6.9.20 Montagem dos refratários das ventaneiras em múltiplas (Saint-Gobain)

A Figura 6.65 mostra a montagem de ventaneiras em oito peças.

Figura 6.65 Montagem ventaneiras em múltiplas peças.
Fonte: Acervo da Saint-Gobain.

6.9.21 Montagem dos refratários da rampa (AMT)

A Figura 6.66 mostra a montagem dos refratários da rampa.

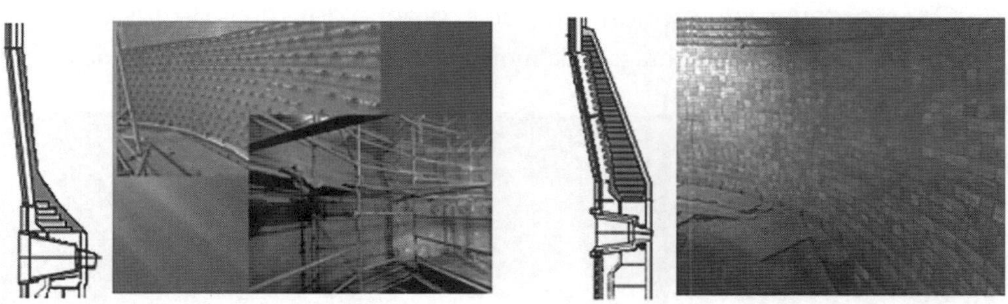

Figura 6.66 Montagem dos refratários da rampa.
Fonte: Acervo da Acelor Mittal Tubarão (AMT).

6.9.22 Aplicação de concreto para proteção da soleira do cadinho durante a partida do forno

A Figura 6.67 mostra a aplicação de concreto para proteger a soleira do cadinho durante a partida do forno.

Figura 6.67 Aplicação concreto de proteção da soleira.
Fonte: Acervo da Acelor Mittal Tubarão (AMT).

6.9.23 Aplicação de *shotcrete* na rampa, ventre e cuba (8)

A Figura 6.68 mostra a aplicação de *shotcrete* na rampa, ventre e cuba.

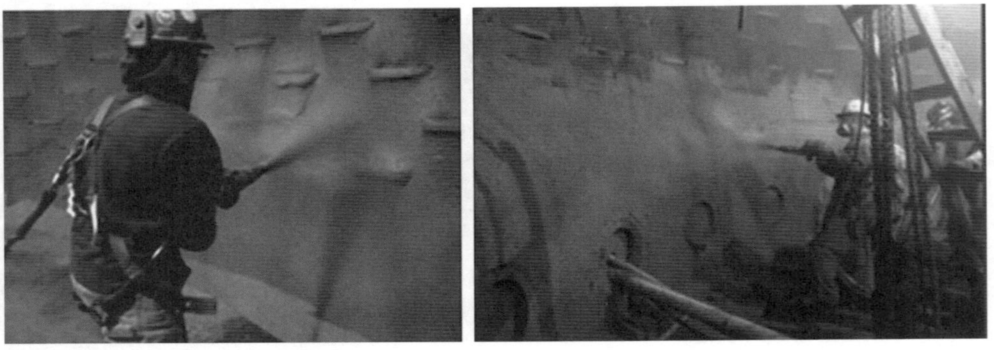

Figura 6.68 Aplicação *shotcrete* na rampa, ventre e cuba.
Fonte: Adaptada de (8).

6.9.24 Montagem de monumento de proteção dos furos de gusa

A Figura 6.69 mostra a montagem de monumento de proteção dos furos de gusa.

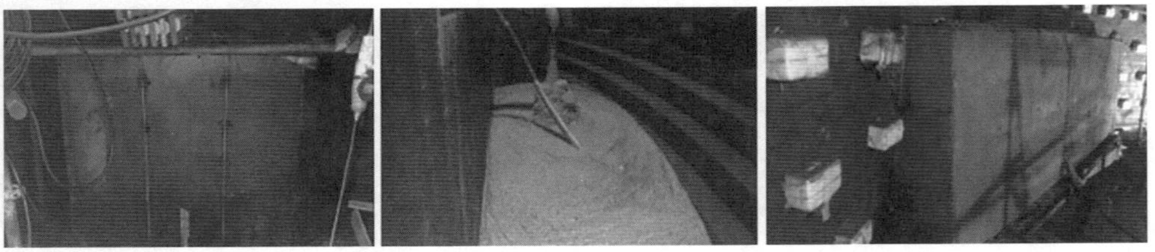

Figura 6.69 Instalação camada de proteção para os furos de gusa.
Fonte: Acervo da Acelor Mittal Tubarão (AMT).

6.9.25 Montagem da aranha de aquecimento

A Figura 6.70 mostra a montagem da aranha de aquecimento.

Figura 6.70 Montagem equipamento de secagem e aquecimento.
Fonte: Acervo da Acelor Mittal Tubarão (AMT).

Acesse as imagens coloridas do capítulo.

REFERÊNCIAS

(1) ABM – Associação Brasileira de Metalurgia e Materiais. *Alto-forno 02 da CST* – Arcelor Brasil, 10 Milhões de toneladas. *In*: Anais do XXXVI Seminário de Redução de Minério de Ferro e Matérias-Primas, de 12 a 15 de setembro de 2006. Ouro Preto, Minas Gerais – Brasil.

(2) ALLEN, W. G. *State-of-the-art refractory shotcrete techniques and practice*, 2008.

(3) ANFRE – Ingenieria de Refractários. *Materiales desenho*. Construction (Asociacion Nacional de Fabricantes de Refractarios y Afines), março 2010.

(4) ASSOCIAÇÃO BRASILEIRA DE CARÂMICA. *Processo de fabricação*.

(5) BACHHOFEN, H. J.; KOWALSKI, W.; PETARS, M.; RÜTHER, P. *New experience with an improved ceramic cup lining in the blast furnace hearths of Thyssen Krupp Stahl AG* (Thyssen Krupp Stahl AG, Germany). *In*: 58th Ironmaking Conference, Chicago, 1999.

(6) GRITSISHIN, K.; MUDRON, Y. *The refractory lining of blast furnaces and modernization of their cooling system metallurgist*, v. 50, n. 7-8, 2006.

(7) HORIO, T.; *et al*. *Studies on the wear mechanism of blast furnace refractories*. Taikabutsu Overseas, v. 2. n. 01. HORIO T., *et al*. 1982.

(8) JORDÃO, M. A. P. *Refratários para equipamentos siderúrgicos*. ABM, 1982.

(9) KAUFMAN, D.; *et al*. Performance characteristics of silicon carbide refractories blast furnaces. Niagara Falls, New York, USA. *Interceram*, Special Issue, 1983

(10) KAUFMAN, J. W.; *et al*. Performance characteristics of silicon carbide refractories in blast furnaces. *Interceram*, 32 (Special Issue): 48-55, 1983.

(11) MIYAJI, D. Y. *Refratários para transporte de alumínio líquido*: fundamentos, simulações e prática industrial. São Carlos: Universidade Federal de São Carlos – Centro de Ciências Exatas e de Tecnologia.

(12) PETERS, M.; RUETHER, P.; SCHMOLE, P.; LEUERMANN, C. Blast furnace relining strategies for campaign lives of more than 20 years. *Aachen*, p. 40-46, 2002.

Capítulo 7

MASSA DE TAMPONAMENTO PARA ALTOS-FORNOS

Tomás Moreira de Oliveira
Aloísio Simões Ribeiro
Humberto Chiaretti Bassalo

7.1 INTRODUÇÃO

Massas de tamponamento de furos de corrida de altos-fornos são massas refratárias constituídas de alumina, sílica, carbeto de silício, nitreto de silício e carbono (Al_2O_3-SiO_2-SiC-Si_3N_4-C), ligadas a piche, resina e/ou óleo sintético, plásticas nas temperaturas de uso e utilizadas para vedar os furos de corridas dos altos-fornos no final do vazamento (1). A Figura 7.1 mostra um exemplo de tabletes de massa de tamponamento prontos para uso.

Figura 7.1 Tabletes de massa de tamponamento pronta para uso.
Fonte: Acervo da autoria do capítulo.

As funções desse material são (2): 1) assegurar o fechamento do furo de corrida; 2) permitir o processo de perfuração; 3) garantir uma drenagem regular de gusa e escória; e 4) contribuir para a proteção refratária na região do cadinho. No momento da aplicação da massa de tamponamento por meio do canhão de injeção, toda a escória e todo gusa devem ser conduzidos para dentro do alto-forno para que o furo de corrida seja devidamente fechado e preenchido apenas com massa. O material injetado deve proteger a região interna do cadinho próxima ao furo, reconstruindo a parede de massa de tamponamento, conhecida como "cogumelo", que foi consumida durante o último vazamento. Em contrapartida, na abertura da corrida, essa massa, anteriormente injetada no furo, curada e sinterizada, deve permitir relativa facilidade de perfuração quando vazada por uma broca conduzida pela máquina de perfuração e possibilitar a drenagem estável de gusa e escória (1). Portanto, a massa de tamponamento é um produto refratário monolítico importante para permitir adequada operação do alto-forno. Um esquema de cada uma das funções da massa de tamponamento é apresentado na Figura 7.2.

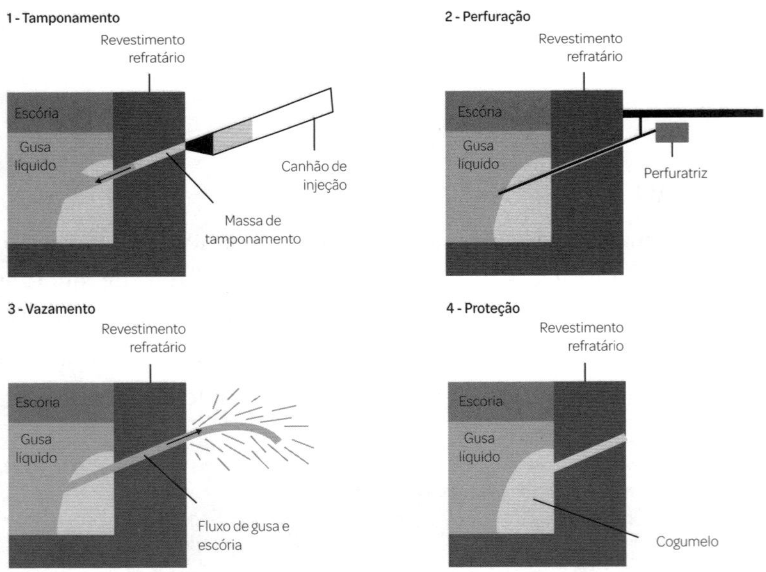

Figura 7.2 Esquema com as funções da massa de tamponamento: 1) tamponamento; 2) perfuração; 3) vazamento; e 4) proteção.
Fonte: Desenvolvida pela autoria do capítulo.

7.2 PROJETOS DE DESENVOLVIMENTO

A duração da campanha de um alto-forno depende fundamentalmente da vida de sua soleira ou cadinho (3,4), variável que representa o maior fator de redução de custo na produção de gusa. Portanto, para que a vida dessa região do equipamento seja maximizada, há necessidade de uso de uma massa de tamponamento de furo de corrida de alta qualidade. O seu projeto de desenvolvimento deve ter tecnologia atualizada e a seleção e o controle de matérias-primas e de processos na sua produção devem ser rígidos, de forma a garantir a homogeneidade de propriedades e desempenho dos lotes produzidos (5).

Cada massa de tamponamento é desenvolvida especificamente para cada alto-forno, pois depende das variáveis de projeto e operacionais do equipamento. Entre as principais, pode-se destacar (1):

- **Volume interno, diâmetro do cadinho, pressão de sopro, contrapressão de topo e diâmetro de broca:** definem o nível de produção e a vazão nominal do equipamento. Um maior ritmo de produção requer uma massa de tamponamento de maiores resistências à erosão e corrosão por gusa e escória.
- **Distância do fundo cadinho até o nível dos furos de corrida:** fundamental para definir a formação e estabilidade do cogumelo. Referências mostram que maiores distâncias requerem a construção de uma proteção interna dos furos com massa estampada, o que resulta em estabilidade do cogumelo e comprimento de furo de corrida durante a operação do alto-forno.
- **Tipo de bloco dos furos de corrida (cerâmico/carbono) e número de furos:** definem características da massa como aderência, velocidade de enrijecimento e sinterização e direcionam a escolha do ligante mais adequado e a quantidade de agentes sinterizastes.
- **Volume e basicidade da escória, %Si e %S do gusa:** variáveis que podem ser associadas ao poder de corrosão e à viscosidade da escória e do gusa.
- **Injeção de carvão pulverizado (PCI):** influencia o nível de permeabilidade da carga, escoamento do cadinho e escoamento/retenção de escória no alto-forno.
- **Enriquecimento do ar com O_2:** influencia os níveis de temperaturas de chama e de vazamento do alto-forno.

Além das variáveis do alto-forno, definições sobre projeto de massa de tamponamento dependem fortemente dos equipamentos e práticas operacionais da casa de corrida. Parâmetros como máxima pressão de injeção do canhão de massa, tempo de canhão na boca do furo de corrida após injeção, intervalo entre corridas e sistema de refrigeração e potência da perfuratriz influenciam nas definições sobre plasticidade, tempo de cura/sinterização e resistência mecânica da massa de tamponamento.

7.3 MATÉRIAS-PRIMAS

Massas de tamponamento são constituídas de diversas matérias-primas sólidas em diferentes frações granulométricas. Esses materiais são à base de Al_2O_3-SiO_2-SiC-Si_3N_4-C e são aglomerados por meio da adição de uma matéria-prima líquida denominada "ligante". Cada matéria-prima é adicionada à formulação com objetivos específicos que conferem as propriedades desejadas ao material final.

7.3.1 Fontes de Al_2O_3 e SiO_2

As fontes de Al_2O_3 e SiO_2 são representadas nas massas pelos agregados principais, argilominerais e agentes expansivos.

Os agregados têm como principal função conferir refratariedade ao sistema, auxiliando na resistência à erosão e à corrosão por gusa e escória em altas temperaturas. Existem vários tipos de agregados, como aluminas eletrofundidas, bauxitos e chamotes, e a escolha entre eles vai depender da demanda do projeto da massa. Agregados aluminosos com maior teor de Al_2O_3, maior densidade e menor porosidade tendem a apresentar maior resistência à erosão e à corrosão (6). Fotos de agregados refratários utilizados em massas de tamponamento podem ser vistos na Figura 7.3.

Figura 7.3 Fotos de agregados refratários utilizados em massas de tamponamento.
Fonte: Acervo da autoria do capítulo.

As argilas são utilizadas nas massas de tamponamento para conferir maior plasticidade e adesão ao sistema, o que facilita a formação da parede de proteção no interior do cadinho do alto-forno (7). Apesar disso, deve-se observar que ela é uma matéria-prima responsável por contração da massa quando submetida a elevadas temperaturas devido à eliminação de sua umidade e seus voláteis (8). Dessa forma, a utilização da argila deve ser contrabalanceada com outros elementos que promovam a expansão da massa de tamponamento quando submetida a altas temperaturas.

Os principais agentes expansivos utilizados em massas de tamponamento são a cianita, a pirofilita e o quartzo e eles são utilizados para aumentar a adesão da massa ao furo de corrida e favorecer um melhor preenchimento do cogumelo (6,9). A cianita promove expansão na massa pela formação de mulita acima de 1300°C (10), enquanto a pirofilita gera expansão nas massas a partir de temperaturas mais baixas (600 a 800°C) devido, principalmente, à separação das camadas de alumino-silicatos causada pela liberação de água de constituição desse mineral (11,13). Já o quartzo, que também pode estar presente nas fontes naturais de cianita e pirofilita, apresenta expansão associada às mudanças de fase da sílica (14). A Figura 7.4 mostra o comportamento comparativo de expansão/contração de fontes de pirofilita, cianita e argila (8).

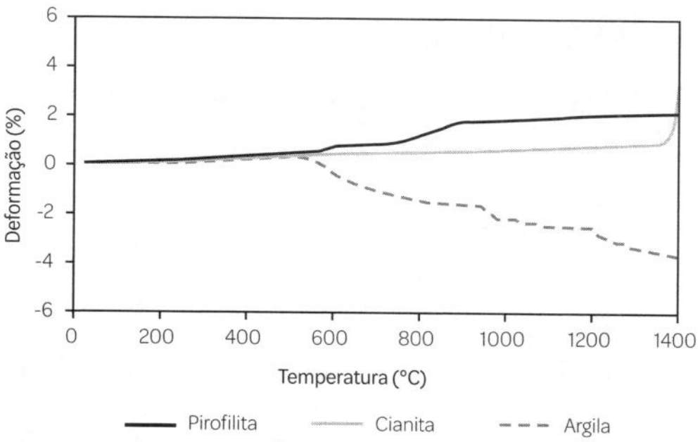

Figura 7.4 Resultado de ensaio de dilatometria em atmosfera inerte (argônio) realizado com fontes de pirofilita, cianita e argila.
Fonte: Adaptada de (8).

7.3.2 Fontes de C

As principais fontes de carbono utilizadas em massas de tamponamento são a grafita, o negro de fumo e o coque de petróleo ou coque metalúrgico. Suas principais funções são aumentar a resistência corrosão durante o vazamento, aumentar plasticidade para aprimorar o processo de injeção e facilitar o corte durante a perfuração das massas (1,2,8,15,16). Fotos das fontes de carbono utilizadas em massas de tamponamento podem ser observadas na Figura 7.5.

Grafita Negro de fumo Coque de petróleo

Figura 7.5 Fotos de fontes de carbono utilizadas em massas de tamponamento.
Fonte: Acervo da autoria do capítulo.

7.3.3 Fontes SiC e Si_3N_4

Fontes de carbeto de silício e de nitreto de silício são adicionadas às massas de tamponamento como o objetivo de aumentar sua resistência à erosão e à corrosão por gusa e escória de alto-forno (6,17-19). SiC confere essas propriedades à massa porque tem uma alta resistência à abrasão além de baixa umectabilidade por escória de alto-forno (17). Já o Si_3N_4, adicionado às massas na forma de nitreto de ferro silício ($Fe-Si_3N_4$), favorece a liberação de gases durante uso e formação de SiC *in situ*, o que também resulta em maior resistência à corrosão e à erosão (18,20). Figura 7.6 mostra resultados de testes de corrosão por escória de alto-forno de materiais refratários com adição de SiC e $Fe-Si_3N_4$. Nesses estudos (21,22), é possível ver que existem teores ótimos de SiC e $Fe-Si_3N_4$ para se obterem os melhores resultados de resistência à corrosão.

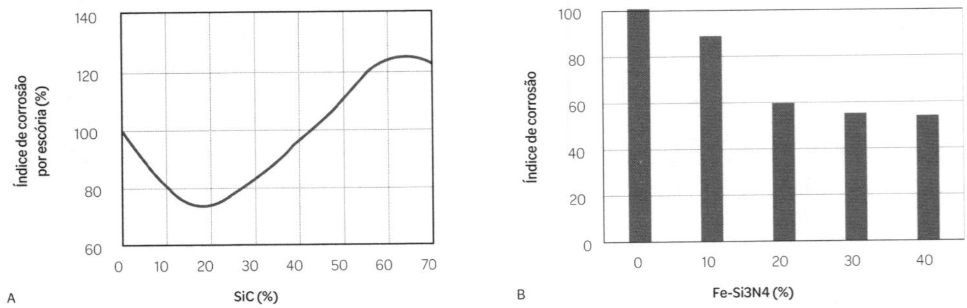

Figura 7.6 A) Resultados de ensaios de corrosão por escória de alto-forno de materiais refratários com adição de SiC (21); B) $Fe-Si_3N_4$ (22).
Fonte: Adaptada de (21,22).

7.3.4 Pós metálicos

Os pós metálicos mais comumente utilizados nas massas de tamponamento são o alumínio (Al), silício (Si) e ferro-silício (FeSi). Esse tipo de matéria-prima é majoritariamente utilizado em refratários como agente antioxidante (23), mas sua principal função em massas de tamponamento é atuar como agente sinterizante (1,8), uma vez que a atmosfera dentro dos altos-fornos é redutora.

À medida que a massa de tamponamento é aquecida dentro do alto-forno, os pós metálicos passam por uma série de reações que levam ao aumento de resistência mecânica da massa de tamponamento. Algumas das principais reações do Al e Si estão descritas nas Tabelas 7.1 e 7.2 (24-29).

Tabela 7.1 Principais reações do alumínio nas massas de tamponamento.

Reações	Observações
$4Al_{(s)} + 3O_{2(g)} = 2Al_2O_{3(s)}$	Formação de uma fina camada de Al_2O_3 em volta das partículas de Al após produção da massa.
$4Al_{(l)} + 3C_{(s)} = Al_4C_{3(s)}$ $Al_4C_{3(s)} + 2N_{2(g)} = 4AlN_{(s)} + 3C_{(s)}$	Rompimento da fina camada de Al_2O_3 a partir de 660°C, levando à reação entre Al e carbono formando Al_4C_3, e posterior formação de AlN.
$Al_4C_{3(s)} + 6CO_{(g)} = 2Al_2O_{3(s)} + 9C_{(s)}$ $2AlN_{(s)} + 3CO_{(g)} = Al_2O_{3(s)} + N_{2(g)} + 3C_{(s)}$	Oxidação do Al_4C_3 e do AlN por CO a partir de 1100°C para formar Al_2O_3.
$3Al_2O_{3(s)} + 2SiO_{2(s)} = 3Al_2O_3.2SiO_{2(s)}$	Formação de mulita entre 1300 e 1500°C.

Fonte: Adaptada de (24-29).

Tabela 7.2 Principais reações do silício nas massas de tamponamento.

Reações	Observações
$Si_{(s)} + C_{(s)} = SiC_{(s)}$	Formação de SiC a aproximadamente 1200°C.
$3SiC_{(s)} + 2N_{2(g)} = Si_3N_{4(s)} + 3C_{(s)}$ $SiC_{(s)} + 2CO_{(g)} = SiO_{2(s)} + 3C_{(s)}$	Reações do SiC formado em temperaturas superiores a 1200°C.
$Si_3N_{4(s)} + 6CO_{(g)} = 3SiO_{2(s)} + 6C_{(s)} + 2N_{2(g)}$	Oxidação do Si_3N_4.
$SiC_{(s)} + CO_{(g)} = SiO_{(g)} + 2C_{(s)}$ $SiO_{(g)} + 0{,}5O_{2(g)} = SiO_{2(s)}$	Formação de SiO a partir de 1500°C e sua possível posterior oxidação.
$2SiO_{2(s)} + 3Al_2O3_{(s)} = 3Al_2O_3.2SiO_{2(s)}$	Formação de mulita entre 1300 e 1500°C.

Fonte: Adaptada de (24-28).

7.3.5 Ligantes

Massas de tamponamento são usualmente ligadas a piches, resinas e/ou óleos sintéticos. Os piches de alcatrão e as resinas fenólicas são as principais alternativas utilizadas, conferindo propriedades muito distintas ao refratário. Massas ligadas a piche de alcatrão preservam sua plasticidade em faixa maior de temperatura com melhor injetabilidade e proporcionam melhor preservação do cogumelo com menor formação de trincas neste (1,30). Entretanto, piches de alcatrão têm grande quantidade de hidrocarbonetos policíclicos aromáticos (HPA), principalmente o benzopireno, considerado carcinogênico (31,32). Massas ligadas à resina fenólica são consideradas menos nocivas à saúde humana e desenvolvem resistência mecânica mais rápido após injeção, sendo utilizadas em altos-fornos com maior exigência ambiental e/ou necessidade de cura mais rápida. Contudo, são refratários mais suscetíveis ao enrijecimento dentro do canhão de massa e que geram mais trincas no cogumelo, dificultando a manutenção deste (1,30,33). A Tabela 7.3 mostra um comparativo entre piche de alcatrão e resina fenólica como ligantes de massas de tamponamento.

Tabela 7.3 Comparação entre piche de alcatrão e resina fenólica como ligantes de massas de tamponamento.

Características	Massa de tamponamento ligada a piche	Massa de tamponamento ligada à resina
Cura rápida	+	+++
Trincas no cogumelo	+	+++
Preservação do cogumelo	+++	++
Ecológica	+	+++

+++ Alta ++ Média + Baixa

Fonte: Desenvolvida pela autoria do capítulo.

7.4 PRODUÇÃO

As massas de tamponamento são produzidas em misturadores adequados para a produção de massas plásticas refratárias, sendo muito importante o controle da temperatura de mistura para estabilizar a plasticidade da massa e a demanda de ligante utilizado. Após o processo de mistura das partículas sólidas com o ligante líquido, o material pode ser extrudado ou prensado, passando, depois, pelo corte em tabletes no tamanho desejado. Esses tabletes são envolvidos por um filme plástico para facilitar o manuseio do material pelos operadores.

O processo produtivo do material, no qual vários parâmetros precisam ser controlados para garantir a qualidade do produto final, é complexo. Entre eles, listam-se:

- qualidade de matérias-primas;
- temperatura de mistura;
- tempo de mistura;
- distribuição granulométrica;
- teor de ligante;
- plasticidade da massa.

A avaliação de plasticidade da massa durante sua produção é muito importante para garantir uma boa injetabilidade do produto em operação e essa avaliação é feita por intermédio do teste de índice de extrusão (Norma ABNT NBR 9881). Esse teste permite avaliar o grau de plasticidade de um produto e sua capacidade de ser extrudado por um orifício padronizado a uma temperatura pré-definida (usualmente 50 a 60°C). A Figura 7.7 mostra um esquema do equipamento utilizado para se medir o índice de extrusão de massas de tamponamento (8).

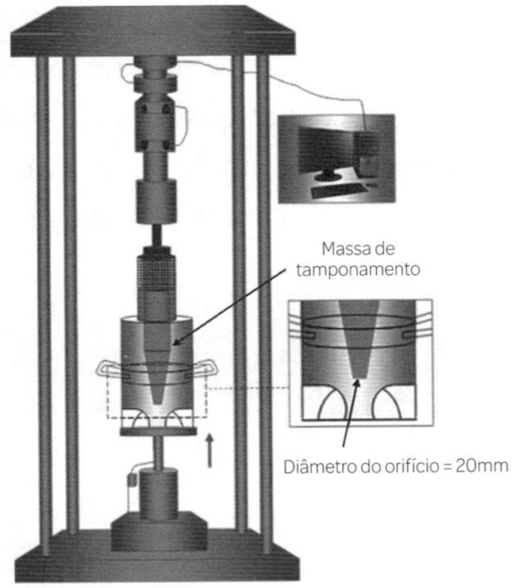

Figura 7.7 Esquema do equipamento utilizado para se medir o índice de extrusão de massas de tamponamento de acordo com a norma ABNT NBR 9881.
Fonte: Adaptada de (8).

7.5 PROPRIEDADES

Conforme descrito na introdução deste capítulo, as massas de tamponamento desempenham quatro funções principais que envolvem os processos de tamponamento, perfuração, vazamento e proteção. Para garantir que o produto exerça essas funções, ele precisa de propriedades específicas em um cenário no qual a massa é submetida a uma faixa de temperatura de 350 a 1600°C ao longo do furo de corrida em atmosfera redutora.

7.5.1 Tamponamento

Para se obter um fechamento de furo de corrida adequado, as massas de tamponamento precisam ter boa condição de vida em estoque, boa plasticidade no canhão de massa durante a injeção, um rápido enrijecimento após ser injetada e boa permeabilidade para permitir a liberação de seus voláteis durante aquecimento. A Figura 7.8 mostra um canhão de injeção após aplicação de massa de tamponamento.

Figura 7.8 Canhão de injeção após aplicação de massa de tamponamento.
Fonte: Adaptada de (34).

O tempo exerce importante influência na plasticidade das massas de tamponamento. Após sua fabricação, o material tende a perder plasticidade de maneira mais intensa nos primeiros dias (período de maturação), tendo um comportamento mais estável após esse período. A validade do material está usualmente associada à perda de trabalhabilidade ao longo do tempo, sendo que não é comum haver prejuízo de performance com massas vencidas, desde que seja possível injetar o material de maneira adequada. A Figura 7.9 mostra um exemplo de como a plasticidade de uma massa de tamponamento ligada a piche e outra ligada à resina varia ao longo do tempo. Massas ligadas à resina tendem a ser mais estáveis ao longo do tempo em comparação com massas ligadas a piche.

Outro parâmetro que tem grande influência na plasticidade da massa durante o tamponamento é a temperatura. À medida que o material é aquecido, sua plasticidade aumenta até o ponto no qual o ligante passa a reagir e a massa começa a enrijecer. Usualmente, o material é aplicado em uma faixa de temperatura de 60 a 90°C e, nessa faixa de temperatura, a massa deve se encontrar com plasticidade adequada para injeção. A influência da temperatura no índice de extrusão de uma massa

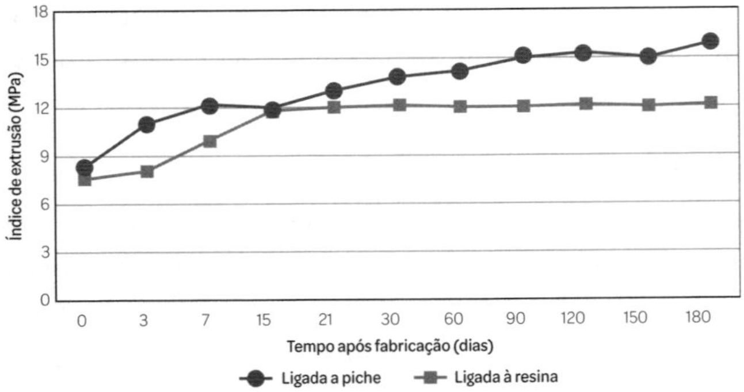

Figura 7.9 Comparativo de envelhecimento entre uma massa de tamponamento ligada a piche e outra ligada à resina.
Fonte: Desenvolvida pela autoria do capítulo.

ligada a piche pode ser vista na Figura 7.10. Se a massa de tamponamento se encontrar dentro do canhão em temperatura ambiente (25°C), pode haver dificuldade de injeção por pressão alta e, se a massa ficar submetida a uma temperatura elevada (> 100°C) por longo tempo, também pode haver problema de pressão alta devido ao enrijecimento da massa causado pela temperatura. Situações de injeção com massa fria (temperatura ambiente) podem ocorrer em cenários como a de retorno de furo de corrida à operação, enquanto situações de massa superaquecida são comuns durante a operação de vazamento do alto-forno, principalmente em canhões que não apresentam adequado sistema de refrigeração.

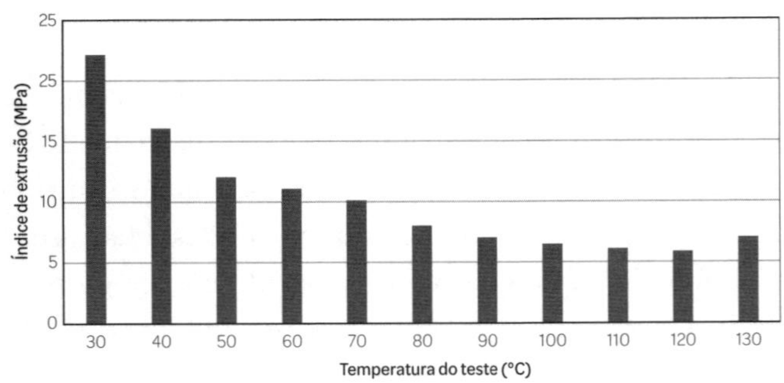

Figura 7.10 Influência da temperatura do ensaio no índice de extrusão de uma massa de tamponamento ligada a piche.
Fonte: Desenvolvida pela autoria do capítulo.

O tipo de ligante também exerce influência importante na plasticidade da massa durante a injeção. Conforme descrito no item 7.3.5, massas ligadas a piche são capazes de manter a plasticidade durante um tempo maior à medida que são aquecidas, enquanto massas resinadas têm um processo de cura mais rápido que leva a uma perda rápida de plasticidade (1,30,35). Dessa forma, massas resinadas exigem um cuidado maior na aplicação, principalmente devido ao risco de a massa enrijecer dentro do canhão. A Figura 7.11 mostra as diferenças de comportamento de plasticidade a quente de massas de tamponamento ligadas a resina, piche e mistura de piche e resina (35). Nesse teste, corpos de prova de massa de tamponamento verde foram aquecidos de 25 até 300°C, enquanto eram comprimidos, e a força necessária para deformá-los foi medida. Pelos resultados, fica clara a tendência de massas resinadas de criarem resistência mecânica de maneira rápida em temperaturas acima de 140°C, enquanto massas pichadas conseguem manter sua plasticidade por mais tempo.

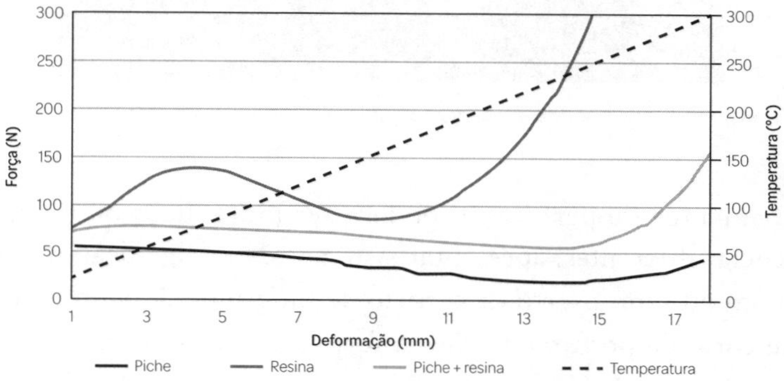

Figura 7.11 Comportamento de plasticidade a quente de massas de tamponamento ligadas a piche, resina, e piche + resina. Os corpos de prova de massa de tamponamento verde foram aquecidos de 25 até 300°C, enquanto eram comprimidos, e a força necessária para deformá-los foi medida.
Fonte: Adaptada de (35).

Além das propriedades da massa, parâmetros operacionais têm forte influência em uma boa injeção. O acoplamento do canhão de injeção à boca do furo de corrida deve ser adequado, de forma a não permitir que massa de tamponamento seja projetada para fora do alto-forno durante injeção. Para isso, a trajetória elíptica do canhão deve estar ajustada e o bico do canhão e a boca do furo devem ser mantidos limpos e com boa integridade física.

O momento do fechamento do furo também é importante. É recomendado que o tamponamento seja feito somente após o início do "sopro" no furo de corrida, que é o momento no qual gases começam a sair do furo. Se o fechamento é feito sem o furo "soprar", torna-se mais difícil empurrar o gusa e a escória de volta para o interior do alto-forno, além de haver a possibilidade de o bico do canhão ser danificado pelo contato com o metal líquido.

7.5.2 Perfuração

O processo de perfuração também será influenciado pelas propriedades das massas de tamponamento e, para garantir uma abertura de furo de corrida adequada, as massas precisam permitir um fácil corte pela broca da perfuratriz. A Figura 7.12 mostra uma perfuratriz durante o processo de abertura de furo de corrida de um alto-forno.

Figura 7.12 Perfuratriz durante o processo de abertura de furo de corrida de um alto-forno.
Fonte: Acervo da (34).

Os equipamentos de perfuração podem ser hidráulicos ou pneumáticos, alcançar potências diferentes, apresentar sistemas de refrigeração distintos e utilizar brocas com ou sem inserto de carbeto de tungstênio, que influenciarão a capacidade de corte da perfuratriz. Dessa forma, a massa de tamponamento deve ser desenvolvida considerando-se também todos esses aspectos das perfuratrizes. Parâmetros como porosidade e resistência à flexão a quente tem importante influência na facilidade de corte da massa de tamponamento (2) como pode ser visto na Figura 7.13.

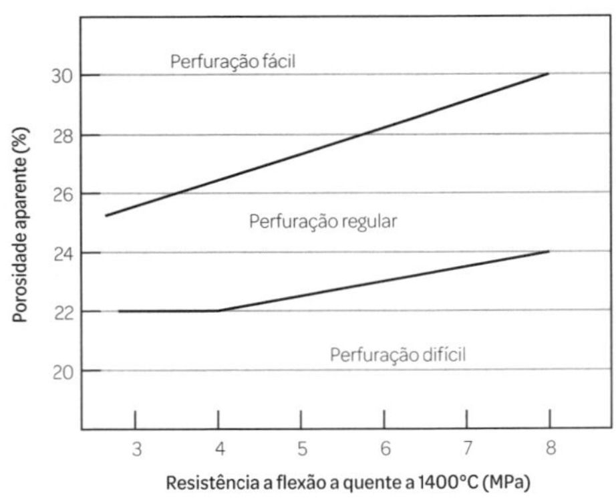

Figura 7.13 Influência da porosidade e da resistência à flexão a quente das massas de tamponamento na sua capacidade de ser cortada pela broca da perfuratriz.
Fonte: Adaptada de (2).

A operação do corte da massa também tem relevância. Dependendo da velocidade de corte, frequência e energia de impacto e rotação e eficácia do sistema de refrigeração, pode-se ter um corte mais estável ou um corte que gere muitas trincas no cogumelo. Essas diferenças podem ser vistas na Figura 7.14, que mostra uma abertura regular e outra com grande formação de trincas (9).

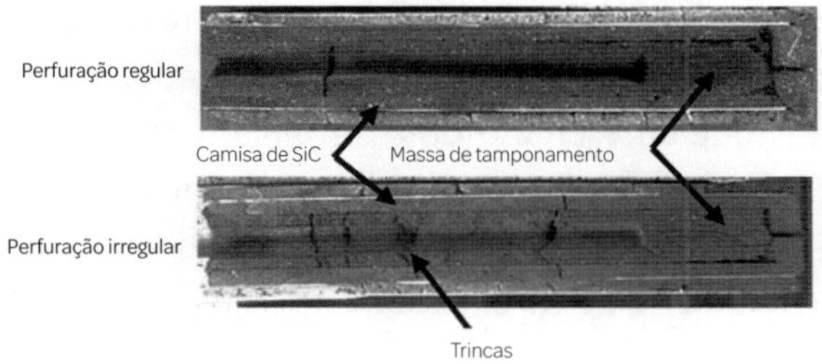

Figura 7.14 Comparação entre um processo de perfuração de massa de tamponamento regular e outro irregular.
Fonte: Adaptada de (9).

Massas de tamponamento devem ter tempos de cura e sinterização adequados para atender a operação. Se a capacidade de cura e de sinterização da massa for alta, associada a um elevado tempo entre corridas, a resistência mecânica da massa pode ficar muito elevada, inviabilizando a abertura do furo de corrida com uma broca. Entretanto, se o intervalo entre corridas for pequeno e a capacidade de cura e de sinterização da massa for fraca, pode-se formar uma região de massa crua dentro do cogumelo com acúmulo de gases do ligante. Durante o processo de perfuração, quando a broca encontra essa região, esses gases são liberados rapidamente do forno, causando uma pequena explosão no contato do gás com o ar. Esse fenômeno é conhecido como "bolsão de gás" e a Figura 7.15 exemplifica a formação dessa região de massa de tamponamento crua dentro do cogumelo (6). Além disso, se a massa de tamponamento não estiver adequadamente curada e sinterizada durante a perfuração, o fluxo de gusa e escória se torna instável com acelerado desgaste da massa ao longo da corrida (6).

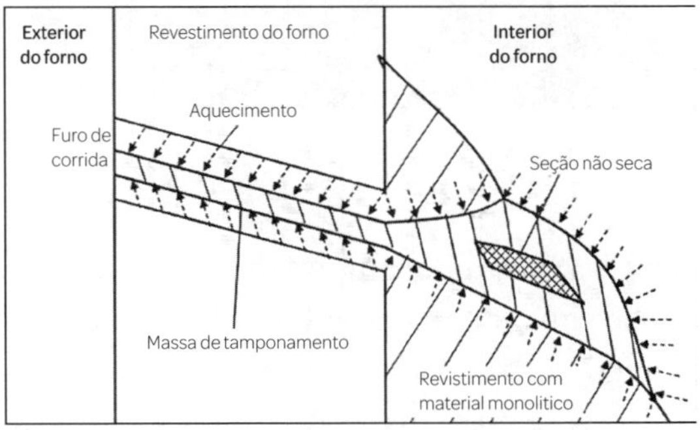

Figura 7.15 Esquema evidenciando a formação de bolsão de gás dentro do cogumelo. A região com acúmulo de gases está representada pela "seção não seca" do esquema.
Fonte: Adaptada de (6).

Para que haja uma adequada operação de perfuração do furo de corrida, busca-se também realizar procedimentos de área que venham a facilitar a etapa de corte da massa de tamponamento. Um procedimento muito comum e que contribui significativamente para facilitar o corte da massa diz respeito ao pré-furo. O pré-furo é realizado normalmente após 30 minutos de tamponamento do furo de corrida em altos-fornos que apresentam dois ou mais furos. O pré-furo é realizado utilizando-se a perfuratriz, sendo conduzido um orifício no furo de corrida que pode variar de 0,5 a 1 metro de comprimento. Dessa forma, no momento de abertura do furo de corrida, parte do furo já estará aberta, preservando a capacidade de corte da broca utilizada na perfuratriz.

7.5.3 Vazamento

Após a abertura do furo de corrida, a massa de tamponamento deve ter boa resistência à erosão e à corrosão pelo metal e escória fundidos, de forma a permitir um vazamento estável de gusa e escória do alto-forno. A Figura 7.16 mostra um exemplo de fluxo estável de gusa e escória sendo vazado de um alto-forno.

Figura 7.16 Vazamento estável de gusa e escória de um alto-forno.
Fonte: Acervo da autoria do capítulo.

Durante o vazamento, a massa de tamponamento se desgasta devido à erosão e à corrosão causadas pelo fluxo de material fundido, o que faz com que a vazão do líquido aumente ao longo da corrida. Em geral, massas de tamponamento devem ter boa resistência à erosão e à corrosão, de forma a permitir um alto tempo de corrida, com uma baixa variação na taxa de vazão ao longo dessa mesma corrida, o que permite melhor esgotamento do alto-forno (6,36). Se o tempo de corrida estiver muito longo com baixa vazão de metal, a ação usualmente adotada é aumentar o diâmetro de broca utilizado no momento de perfuração do furo de corrida. A influência do desgaste da massa de tamponamento está exemplificada na Figura 7.17A e a influência do diâmetro de broca está exemplificado na Figura 7.17B. Ambas as figuras (A e B) mostram como esses parâmetros influenciam vazão de gusa e escória e tempo de corrida (Figura 7.17) (6).

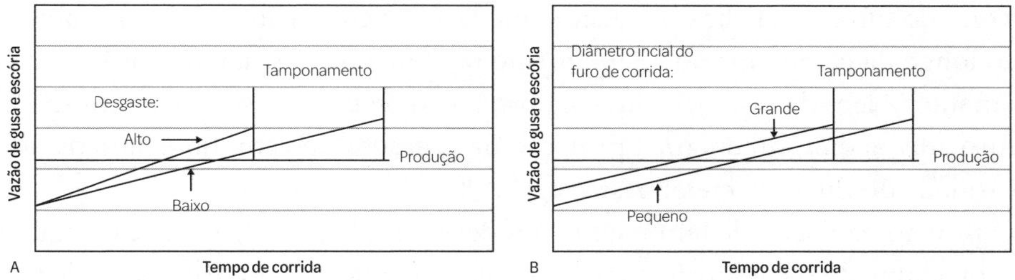

Figura 7.17 A) Influência do desgaste da massa de tamponamento; B) diâmetro de broca no tempo de corrida e vazão de gusa e escória ao longo da corrida.
Fonte: Adaptada de (6).

7.5.4 Proteção

A massa de tamponamento deve ter propriedades que permitam a proteção do furo de corrida e da parede do cadinho do alto-forno próxima ao furo. Ela deve ter boa adesão aos refratários do seu entorno e manter o cogumelo estável ao longo da campanha do forno.

A adesão é resultado conjunto da reatividade da massa com a parede que a restringe e da expansão térmica residual do material, sendo as matérias-primas escolhidas de forma a sempre favorecer essa adesão da massa de tamponamento aos refratários que a envolvem. A Figura 7.18 mostra o comportamento de expansão/contração de duas massas de tamponamento submetidas a um aquecimento a 1450°C em atmosfera redutora (9). A massa com agregados expansivos adere de maneira muito mais adequada ao cadinho em relação à massa que tem somente agregados aluminosos.

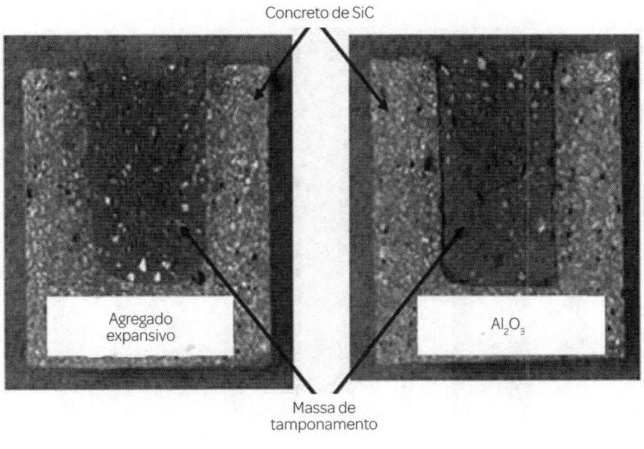

Figura 7.18 Comportamento de expansão/contração de uma massa de tamponamento com agregados expansivos e outra com somente agregados aluminosos submetidas a um aquecimento a 1450°C/3h em atmosfera redutora dentro de um cadinho de carbeto de silício.
Fonte: Adaptada de (9).

A estabilidade do cogumelo é definida principalmente pela medida do comprimento do furo de corrida, que é obtida medindo-se a distância percorrida pela broca da perfuratriz até o encontro com metal líquido durante cada processo de abertura do furo. Cada alto-forno tem uma faixa de comprimento de furo objetivada ao longo da campanha do equipamento para maximizar sua produção e seu esgotamento. Além da sua influência na produção de gusa e escória, comprimentos de furo adequados aumentam a proteção das paredes do cadinho pela redução da intensidade do fluxo de metal nessa região (3).

O projeto da massa de tamponamento deve ser adequado para que o cogumelo seja corretamente recomposto a cada injeção, para que ele não se desgaste de forma exagerada no contato com o banho e para que trincas não sejam formadas na abertura do furo. Durante o processo de perfuração, se a energia de impacto da broca no cogumelo for alta, sem um corte adequado da massa, trincas podem se formar em torno do furo, reduzindo a estabilidade do cogumelo e/ou promovendo um vazamento prematuro pela trinca.

Entretanto, não são somente as propriedades da massa que definem comprimentos de furo adequados, sendo importante destacar: qualidade do coque; ativação do centro do cadinho; vazamento de água no interior do forno; controle da taxa de injeção durante tamponamento; retorno de massa durante injeção; e quantidade de massa injetada. A tendência é que quanto maior a quantidade de massa injetada no alto-forno, maior será o comprimento de furo (3) e padrões podem ser estabelecidos para que uma quantidade de massa adequada seja injetada no forno baseado no resultado de comprimento de furo da corrida anterior. Um exemplo de variação de comprimento de furo em função da quantidade de massa injetada para um alto-forno pode ser visto na Figura 7.19. Pelo gráfico, percebe-se que a redução na quantidade de massa injetada resultou em menores comprimento de furo no mesmo período.

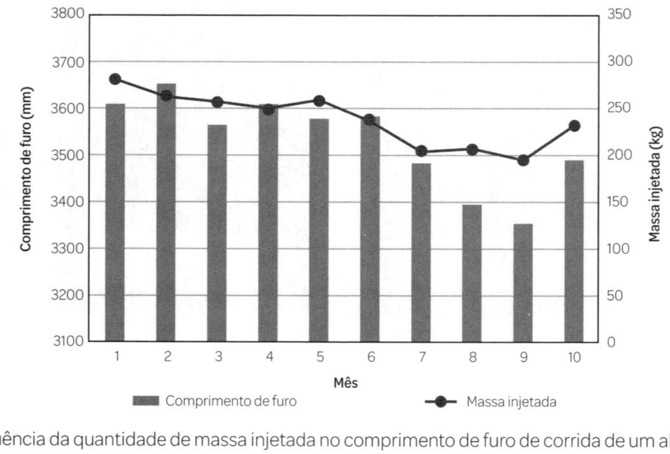

Figura 7.19 Influência da quantidade de massa injetada no comprimento de furo de corrida de um alto-forno.
Fonte: Adaptada de (3).

7.6 TRANSFORMAÇÕES EM USO

Durante o uso, as massas de tamponamento são aquecidas a temperaturas que podem chegar a 1600°C e, ao longo desse aquecimento, passam por uma séria de transformações, que podem ser dividias em três fases principais: plasticidade; enrijecimento; e sinterização. Um esquema com as transformações em uso das massas de tamponamento, indicando as principais propriedades e matérias-primas envolvidas em cada etapa, pode ser visto na Figura 7.20.

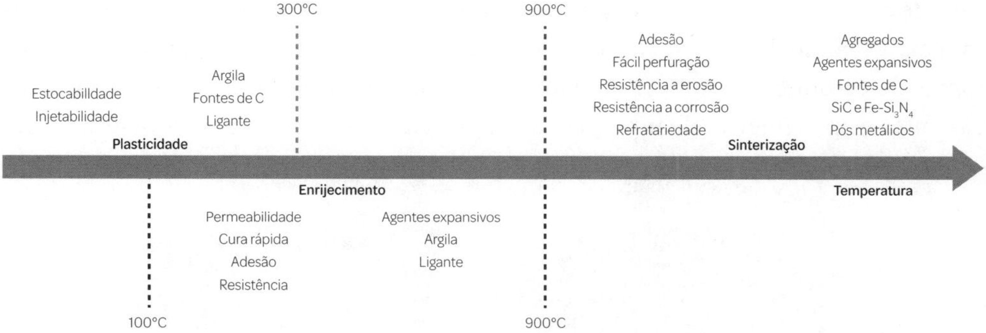

Figura 7.20 Transformações em uso das massas de tamponamento com indicação das principais propriedades e matérias-primas envolvidas em cada etapa.
Fonte: Desenvolvida pela autoria do capítulo.

A primeira fase indica o comportamento plástico da massa ao longo de uma faixa de temperatura de 25 a 300°C para permitir uma adequada injeção. Essa fase compreende desde o momento que o material se encontra em estoque, antes do uso, até seu enrijecimento completo dentro do furo de corrida após a injeção. Para essa etapa, espera-se que a massa tenha boas estocabilidade e injetabilidade, e as principais matérias-primas associadas a esse momento são argila, fontes de carbono e ligante.

Em uma segunda fase (100 a 900°C), que começa mesmo antes do final da primeira, a massa enrijece e começa a criar resistência mecânica dentro do furo, consolidando sua adesão aos refratários que a envolvem e liberando os voláteis presentes principalmente no ligante. Nessa etapa, a massa necessita de permeabilidade, adesão e resistência mecânica, e as matérias-primas de maior relevância são agentes expansivos, argila e ligante.

Por último, a massa passa por um processo de sinterização (> 900°C), no qual a adesão aos refratários do entorno é reforçada, assim como sua resistência mecânica e resistência à erosão e à corrosão. Essa sinterização deve ser suficiente para proporcionar uma fácil perfuração do material e, ao mesmo tempo, permitir baixo desgaste pelo contato com gusa e escória. As principais matérias-primas associadas a esse momento são agregados refratários, agentes expansivos, fontes de carbono, SiC, Fe-Si_3N_4 e pós metálicos.

7.7 PRODUTOS ESPECIAIS

A operação do altos-fornos tem se tornado cada vez mais agressiva ao refratário, com uma demanda por performance cada dia maior. Por esse motivo, algumas massas de tamponamento especiais foram desenvolvidas para aplicações específicas, visando uma operação mais segura e eficiente dos altos-fornos.

7.7.1 Vedação de trincas

Ao longo da campanha do alto-forno, trincas podem ser formadas próximas ao furo de corrida e ao longo do cogumelo. Com o objetivo de se ter um preenchimento mais eficiente dessas trincas, massas especiais com alto teor de partículas finas e fontes de carbono foram desenvolvidas. Um exemplo de furo de corrida com trincas antes e após injeção de uma massa veda-trincas pode ser visto na Figura 7.21.

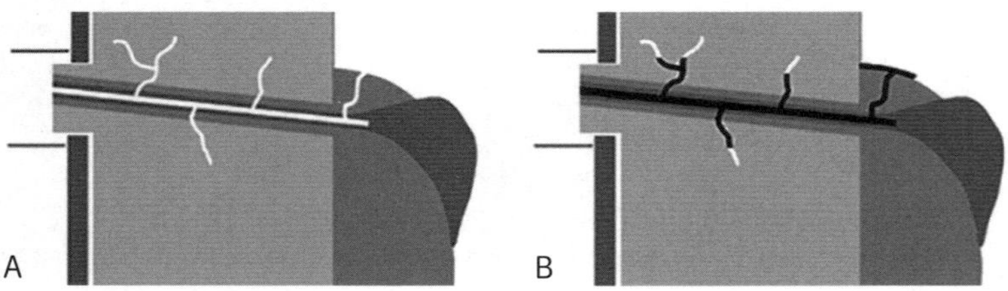

Figura 7.21 Esquema de um furo de corrida de alto-forno com trincas antes (A) e após (B) injeção de uma massa veda trincas.
Fonte: Desenvolvida pela autoria do capítulo.

Para essas massas, há procedimentos específicos de uso, que variam de acordo com a operação e a necessidade de cada alto-forno. Uma referência de procedimento de uso desse tipo de material está descrita a seguir:

- Fechar normalmente o furo de gusa com a massa de linha.
- Esvaziar o canhão de injeção e abastecer com a massa para vedação de trincas.
- Broquear o furo em questão até que a trinca seja atingida, sem total vazamento do furo.
- Injetar a massa para vedação de trincas até a parada do pistão ou o esvaziamento do canhão.
- Manter o canhão acoplado ao furo de corrida por no mínimo 20 minutos.
- Abastecer o canhão com a massa de linha novamente e continuar a operação com os procedimentos padrões.

7.7.2 Recuperação de comprimento de furo

Uma etapa muito importante relacionada à entrada em operação do furo de corrida após, por exemplo, uma parada para manutenção do canal de corrida, diz respeito à recuperação do comprimento do furo dentro da faixa objetivada de trabalho. Com a saída de operação do furo de corrida, é natural que o comprimento do furo seja reduzido devido à degradação de parte da parede do cogumelo. Dessa forma, quando o furo de corrida entra em operação, objetiva-se rápida recomposição da parede do furo na região do cogumelo e consequente ganho com estabilização do comprimento do furo no menor tempo possível. Isso contribui para estabilizar o vazamento e o ritmo de produção do forno. De maneira geral, em grandes altos--fornos a coque, esse tempo para recuperação e estabilização do comprimento do furo de corrida pode variar de 3 a 5 dias.

Em práticas mais recentes de operação de altos-fornos, buscam-se a estabilização e o atingimento da meta proposta para o comprimento do furo de corrida em no máximo 24 horas após o seu início de operação. Essa meta é alcançada conjugando-se práticas operacionais da casa de corrida e uso de massas de tamponamento específicas para ganho de comprimento de furo.

De maneira geral, essas massas de tamponamento são semelhantes à massa de linha, mas com maior plasticidade e elevada capacidade de adesão e sinterização no remanescente refratário interno do furo. Já as práticas operacionais estão relacionadas a procedimentos de pré-injeções de massa após abertura completa do furo antes de este entrar em operação. Na Figura 7.22, há duas situações para um mesmo alto-forno, no qual, em um período, foram realizadas práticas de pré-injeções com massa de tamponamento específica para ganho de comprimento do furo e, em outro período, o furo de corrida entrou em operação com o produto de linha, sem se realizarem essas pré-injeções. Com o uso da massa de recuperação de comprimento, foi possível alcançar a faixa de comprimento de furo objetivada no 2º dia de operação, enquanto sem o uso da massa, a faixa foi alcançada somente no 4º dia.

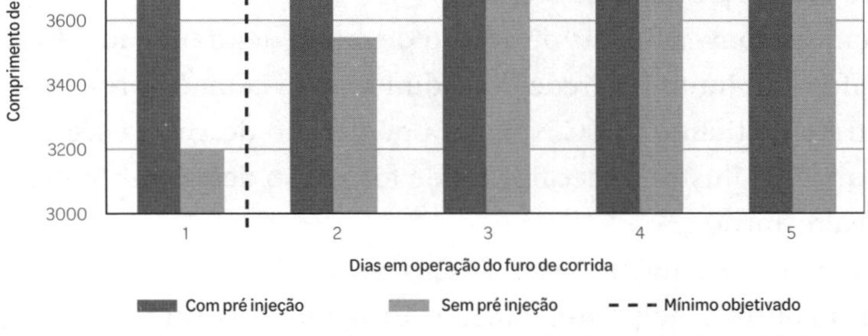

Figura 7.22 Comprimentos de furo durante a retomada de operação de um alto-forno em duas situações: com a realização de pré-injeções com massa para recuperação de comprimento de furo e sem a realização de pré-injeções.
Fonte: Desenvolvida pela autoria do capítulo.

7.7.3 Corridas consecutivas

Durante corridas consecutivas em altos-fornos de dois furos de corrida, o tempo para cura e sinterização da massa é baixo, pois o intervalo entre corridas é reduzido. Por esse motivo, é necessário reduzir a quantidade de massa injetada para se evitarem bolsão de gás e fluxo instável de gusa e escória durante perfuração e vazamento, o que leva a uma redução do comprimento de furo. Com o objetivo de se aumentar a quantidade de massa injetada sem a ocorrência desses problemas, massas de tamponamento específicas para corridas consecutivas podem ser utilizadas (37). Sua maior capacidade de cura e de sinterização em relação à massa de linha permite que a quantidade de massa injetada no forno por tamponamento seja maior, permitindo maior proteção da região próxima ao furo de corrida e mantendo o comprimento de furo dentro dos padrões do alto-forno. A Figura 7.23 exemplifica como a quantidade de massa injetada pôde ser aumentada em situações de corrida consecutiva de um alto-forno de dois furos de corrida com uso de uma massa de tamponamento específica e como isso teve um impacto positivo no comprimento de furo.

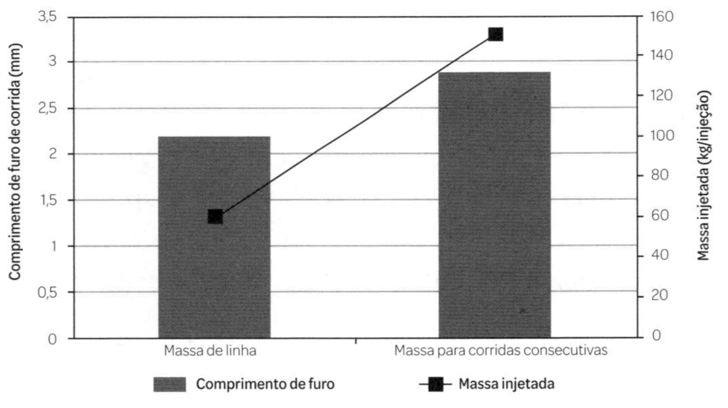

Figura 7.23 Relação entre comprimento de furo e quantidade de massa injetada durante corridas consecutivas com a massa de linha e massa para corridas consecutivas de um alto-forno com dois furos de corrida.
Fonte: Desenvolvida pela autoria do capítulo.

7.7.4 Controle de pontos quentes

Existem técnicas convencionais de adição de óxido de titânio ao alto-forno com o objetivo de formar, junto à parede do cadinho, uma camada protetora constituída de carbonitreto de titânio (Ti(C,N)), para prevenir o desgaste excessivo da parede (38). A Figura 7.24 ilustra o mecanismo de formação desse carbonitreto dentro do cadinho do alto-forno (39).

Com o objetivo de também se ter Ti(C,N) formado em massas de tamponamento, visando o controle de pontos quentes próximos aos furos de corrida, massas com adição de óxido de titânio foram desenvolvidas (39). Além da redução da temperatura próxima ao furo, resultados práticos constataram rápida recuperação

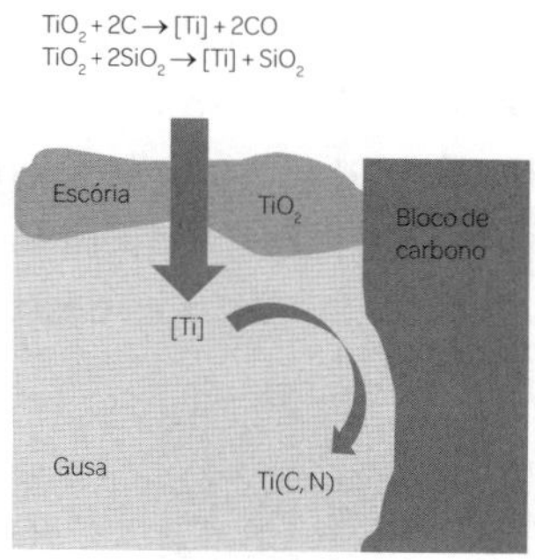

Figura 7.24 Processo de formação da camada de Ti(C,N) na parede do cadinho.
Fonte: Adaptada de (39).

de comprimento de furo e redução do consumo específico na operação do forno com esse tipo de material.

7.7.5 Ecológica

Conforme exposto em item anterior (7.3.5), devido à grande presença de HPA’, principalmente o benzopireno, o piche de alcatrão é considerado cancerígeno, o que motiva o desenvolvimento de massas com ligantes alternativos (30,32,33,40-43), menos nocivos à saúde humana e ao meio ambiente. As resinas fenólicas são as alternativas mais conhecidas, mas vale destacar também os piches de alcatrão com baixo teor de benzopireno, os piches de petróleo e os óleos sintéticos. A toxicidade dos piches é comumente medida pela presença de benzopireno no ligante, enquanto as resinas fenólicas têm sua toxicidade medida pelos teores de fenol e formol livre. A Tabela 7.4 mostra um exemplo de valores de benzopireno e fenol livre para alguns ligantes de massa de tamponamento.

Tabela 7.4 Teores de benzopireno e fenol livre de alguns ligantes de massas de tamponamento.

Ligante	Piche de alcatrão tradicional	Piche de alcatrão ecológico	Ligante carbonoso ecológico	Resina fenólica
Benzopireno (ppm)	>1000	<300	<30	N/A
Fenol livre (%)	N/A	N/A	N/A	$<10,0$

Fonte: Desenvolvida pela autoria do capítulo.

7.8 CONCLUSÕES

As massas de tamponamento são essenciais para a operação do alto-forno e preservação do cadinho ao longo da campanha do equipamento. O projeto de desenvolvimento desse refratário deve ser específico para atender condições operacionais e ambientais de cada alto-forno, com a seleção correta de matérias-primas para compor o refratário. O material deve ser produzido seguindo-se controles rígidos de qualidade de forma a proporcionar uma operação segura e estável do forno.

O desempenho das massas de tamponamento está intimamente relacionado com as suas propriedades desenvolvidas durante uso e com as condições gerais de operação. Portanto, para a obtenção de resultados satisfatórios e atendimento das metas propostas pelos produtores de gusa, é extremamente importante um intenso trabalho de parceria entre usuários e fabricantes dessas massas refratárias.

Acesse as imagens coloridas do capítulo.

REFERÊNCIAS

(1) BASSALO, H. C.; BITTENCOURT, L. R. M. *Massas de tamponamento para furos de corrida de altos-fornos* – tipos, projeto de desenvolvimento e adequação às condições operacionais. *In*: XXXII Seminário De Redução De Minério de Ferro, n. 32, 2002, Vitória. Anais. p. 349-357.

(2) MUROI, N. New taphole mud for blast furnace. *Taikabutsu Overseas*, v. 19, n. 3, p. 24-27, 1999.

(3) TSUCHIVA, N.; FUKUTAKE, T.; YAMAUCHI, Y.; MATSUMOTO, T. In furnace conditions as prerequisites for proper use and design of mud to control blast furnace taphole length. *ISIJ International*, v. 38, n. 2, p. 116-125, 1998.

(4) RÜTHER, P. Refractory materials in blast furnace plants. *CN Special Refractories*, Freiburg, v. 6, n. 3, p. 6-12, 1999.

(5) BRITO, M. A. M.; BASSALO, H. C. *Soluções para ala de corrida de altos-fornos. In:* Congresso da Alafar, n. 28, 1999, Aruba. Anais. P. 185-196.

(6) MITSUI, H.; TORITANI, Y.; YAMANE, T.; YAMASAKI, S.; OGUSHI, Y.; KAWAKAMI, T. *Recent developments in tap hole mud for blast furnaces. In:* International Colloquium on Refractories, n. 31, 1988, Aachen. Anais, p. 98-102.

(7) MAJUNDAR, S. D.; CHOWDHURY, P. K. R.; CHOWDHURY, S. R.; KASGUPTA, A. K.; CHATTERJEE, K. C.; SINHA, A. K. Development of an anhydrous taphole plugging mass for higher capacity blast furnaces. *Br. Ceram. Trans. J.*, v. 91, n. 2, p. 63-65, 1992.

(8) RIBEIRO, A.S. *Análise sistêmica das massas de tamponamento para altos-fornos.* Dissertação (Mestrado em Ciência e Engenharia de Materiais) – Centro de Ciências Exatas e de Tecnologia, Universidade Federal de São Carlos. São Carlos, 2010, 187p.

(9) OTSUBO, Y.; YAMASAKI, A.; TANAKA, Y.; MATSUNAGA, T.; SAMANTA, A. K.; ROY, A.; ADAK, S.; CHATTOPADHYAY, A. K. *High performance taphole clay for blast furnace. In:* 10th India International Refractories Congress (IREFCON 2014), n. 10, 2014. Anais.

(10) SAINZ, M. A.; SERRANO, F. J.; BASTIDA, J.; CABALLERO, A. Microstructural evolution and growth of crystallite size of mullite during thermal transformation of kyanite. *Journal of the European Ceramic Society*, v. 17, p. 1277-1284, 1997.

(11) PARMELEE, C. W.; BARRETT, L. R. Some pyrochemical properties of pyrophyllite. *Journal of the American Ceramic Society*, v. 21, n. 11, p. 388-393, 1938.

(12) MUKHOPADHYAY, T. K.; GHATAK, S.; MAITI, H. S. Pyrophyllite as raw material for ceramic applications in the perspective of its pyro-chemical properties. *Ceramics International*, v. 36, p. 909-916, 2010.

(13) Li, G.; Zeng, J.; Luo, J.; Liu, M.; Jiang, T.; Qiu, G. Thermal transformation of pyrophyllite and alkali dissolution behavior of silicon. *Applied Clay Science*, n. 99, p. 282-288, 2014.

(14) AASLY, K. *Properties and behavior of quartz for the silicon process*. Ph.D. Dissertation – Department of Geology and Mineral Resources, Norwegian University of Science and Technology. Trondheim, Norway, 2008.

(15) NIU, J.; TERAYAMA, S.; KIMINAMI, T.; MUROI, N. Effect of graphite grains on properties of castable for a blast furnace trough. *Taikabutsu Overseas*, v. 22, n. 3, p. 219-222, 2002.

(16) KITAMURA, M.; NAKAMURA, R.; SUMIMURA, H. Study of the high density taphole clay for blast furnace. *Journal of the Technical Association of Refractories*, v. 22, n. 4, p. 350-354, 2002.

(17) ISHIKAWA, M. Monolithic refractories containing SiC. *Taikabutsu Overseas*, v. 15, n. 4, p. 26-33, 1995.

(18) KOMETANI, K.; IIZUKA, K.; KAGA, T. Behavior of Fe-Si_3N_4 in blast furnace taphole mud. *Taikabutsu Overseas*, v. 19, n. 1, p. 11-14, 1999.

(19) BASTOS, S. C. L. P. Caracterização estrutural do nitreto de ferro silício e avaliação de sua aplicação como matéria-prima para massa de tamponamento. Dissertação (Mestrado em Engenharia Metalúrgica) – Faculdade de Engenharia Metalúrgica e de Minas da Universidade Federal de Minas Gerais. Belo Horizonte, 2007, 135p.

(20) YAMAMOTO, Y.; TANAKA, D.; KAGEYAMA, T. *Behavior of Fe-Si_3N_4 in taphole mix texture after long-time heating*. *In:* Unified International Technical Conference on Refractories (unitecr 2019), n. 16, 2019, Yokohama (Japão). Anais, p. 548-551.

(21) TANIYAMA, M. *Harima-Taikagiho*, p. 1375-1381, 1970.

(22) DENKA (Catálogo de produtos) – *Firelen the unique nitride material*, Japão, 1990.

(23) LUZ, A. P.; PANDOLFELLI, V. C. Artigo de revisão: Atuação dos antioxidantes em refratários contendo carbono. *Cerâmica*, v. 53, p. 334-344, 2007.

(24) ZHANG, S.; LEE, W. E. Influence of additives on corrosion resistance and corroded microstructures of MgO-C refractories. *Journal of the European Ceramic Society*, v. 21, p. 2393-2405, 2001.

(25) GOKCE, A. S.; GURCAN, C.; OZGEN, S.; AYDIN, S. The effect of antioxidants on the oxidation behaviour of magnesia–carbon refractory bricks. *Ceramics International*, v. 34, p. 323-330, 2008.

(26) ZHANG, S.; MARRIOTT, N. J.; LEE, W. E. Thermochemistry and microstructures of MgO-C refractories containing various antioxidants. *Journal of the European Ceramic Society*, v. 21, p. 1037-1047, 2001.

(27) CHAN, C. F.; ARGENT, B. B.; LEE, W.E. Influence of additives on slag resistance of Al_2O_3-SiO_2-SiC-C refractory bond phases under reducing atmosphere. *Journal of the American Ceramic Society*, v. 81, n. 12, p. 3177-3188, 1998.

(28) CHAN, C. F.; ARGENT, B. B.; LEE, W. E. Predictions of the effect additives on slag resistance of Al_2O_3-SiO_2-SiC-C bond phases in air. *Calphad*, v. 27, n. 1, p. 115-125, 2003.

(29) ICHIKAWA, K.; NISHIO, H.; NOMURA, O.; HOSHIYAMA, Y. Supression effects of aluminium on oxidation of MgO-C bricks. *Taikabutsu Overseas*, v. 15, n. 2, p. 21-24, 1995.

(30) OTSUBO, Y.; USHIJIMA, Y.; YONEMOTO, K.; KITAZAWA, Y. *Development of taphole clay with new generation resin binder. In:* Unified International Technical Conference on Refractories (unitecr 2019), n. 16, 2019, Yokohama, Japão. Anais. p. 540-543.

(31) STENDERA, J. W.; HERSHEY, R. A.; BIEVER, G.G. *Challenges to improving the environmental and health safety characteristics of tap hole clay. In:* Unified International Technical Conference on Refractories (unitecr 2013), n. 13, 2013, Victoria, Canadá. Anais, p. 445-449.

(32) WANG, L.; YIN, Y.; QIU, W.; LIANG, Y.; RUAN, G.; ZHAO, L. Effects of pitch addition on the properties of environmental-friendly tap-hole clay. *Journal of the Ceramic Society of Japan*, v. 125, n. 1, p. 12-18, 2017.

(33) BASSALO, H. C.; DUARTE, A. K.; GISBERT, A.; AMADO, H. *Desenvolvimento de massas ligadas à resina para tamponamento de furo de corrida de altos-fornos. In:* Congresso da Alafar, n. 27, 1998, Lima, Peru. Anais, p. 199-208.

(34) TAPPING MEASURING TECHNOLOGY. Site da TMT, 2022. Seção Tapping. Disponível em: https://tmt.com/en/. Acesso em: 9 jan. 2022.

(35) RIBEIRO, A. S.; SILVA, G. F. B. L.; BASSALO, H. C.; BRITO, M. A. M. *New generation of taphole tar mixes for small blast furnaces. In:* 5th International Symposium on Advances in Refractories V (ISAR 2010), n. 5, 2010, Vancouver, Canadá. Anais, p. 153-160.

(36) SCUDELLER, L. A. M.; CARVALHO, J. S.; LEON, E. P. P.; PANDOLFELLI, V. C. *Técnicas modernas de operação de áreas de corrida de altos-fornos. In:* Encontro de Refratatistas e Usuários de Refratários (ERUR), n. 1, 2000, Campos do Jordão. Anais.

(37) DUARTE, A. K.; OLLMANN, A. R.; RIBEIRO, A. S.; BASSALO, H. C.; JÚNIOR, R. C.; LUCENA, D. A. *Nova tecnologia para massa de tamponamento ligada a piche para altos-fornos com 1 e 2 furos de corrida. In:* 40º Seminário de Redução de Minério de Ferro e Matérias-primas e 11º Simpósio Brasileiro de Minério de Ferro. Belo Horizonte, 2010. Anais, p. 421-423.

(38) MANSO, G. A. C.; SANTOS, G. S.; OLIVEIRA, M. A. G.; FERNANDES, M. V.; AMIRZADEH-ASL, D.; FUNDERS, D. *Hearth protection of blast furnace # 3 of Usiminas by injection titanium dioxide products. In:* 8th Ironmaking Conference – IAS, n. 8, 2011, Rosario, Argentina. Anais, p. 455-464.

(39) RIBEIRO, A. S.; BASSALO, H. C.; MANDAJ, P.; OLLMANN, A. R.; SANTOS, G. S.; ASSIS, C. A.; NONATO, M. J. *Nova tecnologia de massa de tamponamento como alternativa para o controle de pontos quentes na parede do cadinho de altos-fornos. In:* 45º Seminário de Redução de Minério de Ferro e Matérias-primas, 16º Simpósio Brasileiro de Minério de Ferro e 3º Simpósio Brasileiro de Aglomeração de Minério de Ferro – ABM WEEK, Rio de Janeiro, 2015. Anais, p. 355-364.

(40) OLIVEIRA, T.; SILVA, W.; BASSALO, H.; RIBEIRO, A.; BRITO, M. *Comparison between different taphole clays for metal tapholes of Fe-alloy reduction furnaces. In:* Unified International Technical Conference on Refractories (unitecr 2019), n. 16, 2019, Yokohama, Japão. Anais, p. 640-643.

(41) MIYAJIMA, S. *Rheological behavior of organic binders for blast furnace taphole clay. In:* Unified International Technical Conference on Refractories (unitecr 2019), n. 16, 2019, Yokohama, Japão. Anais, p. 11-14.

(42) KIM, T. W.; LEE, J. H.; GO, J. S.; KIM, W.G. *Development of high-performance eco-friendly tap-hole clay (THC) with carbonized organic matter. In:* Unified International Technical Conference on Refractories (unitecr 2019), n. 16, 2019, Yokohama, Japão. Anais, p. 552-555.

(43) TANAKA, D.; KAGEYAMA, T.; KITAMURA, M. Study of taphole mix binders. *Journal of the Technical Association of Refractories*, v. 26, n. 4, p. 279-283, 2006.

Capítulo 8
REFRATÁRIOS PARA CANAIS DE CORRIDA DE ALTOS-FORNOS

Vitor Guarnier Domiciano
Aloísio Simões

8.1 INTRODUÇÃO

A casa de corrida é a interface crítica entre o alto-forno e a aciaria em uma usina siderúrgica integrada, onde o ferro-gusa e a escória líquidos são vazados do alto-forno e transportados por canais de corrida. O projeto da casa de corrida depende do *layout* da usina, bem como do número de furos de corrida do alto-forno. Dependendo do tamanho e da capacidade de produção do alto-forno, este pode ter um, dois, 3 ou quatro furos de corrida que determinam, por sua vez, o número de canais de corrida (1,2). Os canais de corrida compreendem o canal de corrida principal de gusa e escória (CPGE ou CP), canal secundário de escória (CSE), canal secundário de gusa (CSG), a calha basculante (ou bica basculante) e, também, o canal de dreno. A Figura 8.1 apresenta exemplos de *layout* de casas de corrida de altos-fornos com um, dois, três ou quatro canais de corrida principais.

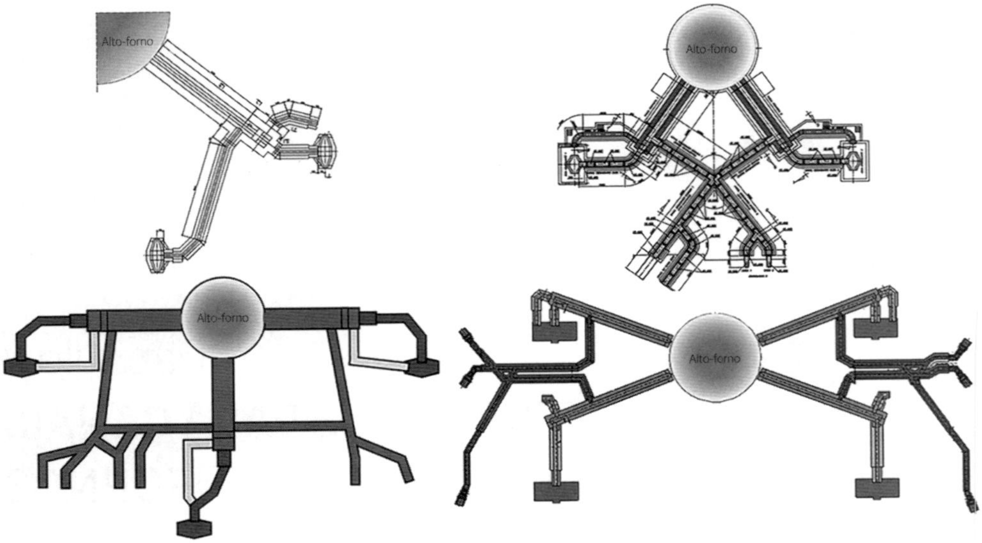

Figura 8.1 *Layouts* de casa de corrida com um, dois, três ou quatro furos de corrida.
Fonte: Desenvolvida pela autoria do capítulo.

O ferro-gusa e a escória são vazados no canal de corrida principal em elevadas temperaturas (1480°C ~ 1580°C) por um furo no cadinho do alto-forno (furo de corrida) feito com o uso de uma perfuratriz hidráulica. O canal principal tem como função o transporte e a separação do ferro-gusa e da escória. A separação do gusa e da escória se faz por diferença de densidade. O ferro-gusa, mais denso ($\rho = 6{,}9$ t/m^3), escoa através da abertura inferior do escumador e segue pelo pocinho até alcançar o canal secundário de gusa e a calha basculante que têm a função de transportar o gusa até o carro torpedo (ou panela de gusa) para encaminhar o metal líquido para a aciaria. Já a escória, de menor densidade ($\rho = 2{,}6 \sim 3{,}0$ t/m^3), é retida pelo escumador e flui pela superfície do banho fundido até o canal secundário de escória que tem a função de transportar a escória até o *dry-pit* ou sistema de granulação em que ela recebe jatos de água pressurizados, produzindo um material com granulometria fina devido ao choque térmico (1,2). A Figura 8.2 apresenta as diferentes regiões do canal de corrida principal e as características de fluxo do banho de ferro-gusa e escória.

- **Zona de turbulência:** também chamada de "zona crítica", é a região onde o jato de gusa e de escória incide sobre o canal de corrida promovendo intensa turbulência do banho. Essa região se localiza a 3 a 6m do furo de corrida, podendo essa distância variar a depender dos parâmetros operacionais do alto-forno (p. ex., pressão interna do alto-forno, ângulo e diâmetro do furo de corrida etc.) (1). No início do vazamento da corrida, ocorre um intenso desgaste erosivo no revestimento refratário de trabalho nessa região em função da elevada velocidade do jato (energia cinética), da elevada densidade do

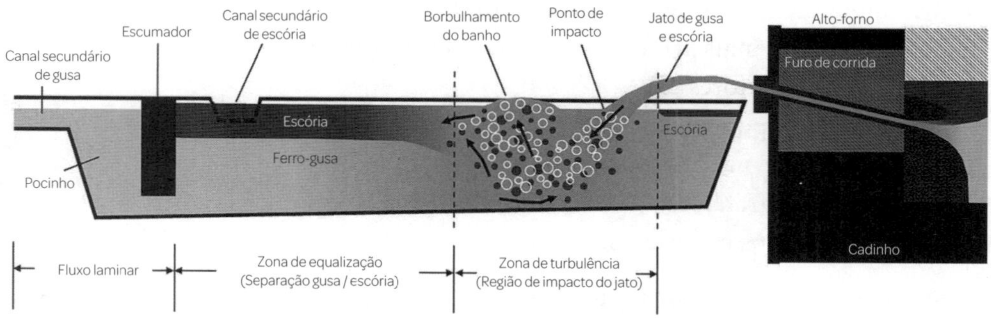

Figura 8.2 Regiões do canal de corrida principal e as características de fluxo do banho de ferro-gusa e escória.
Fonte: Desenvolvida pela autoria do capítulo.

ferro-gusa e de sua baixa viscosidade. À medida que o tempo de corrida avança, a escória começa também a ser vazada no canal de corrida, formando uma emulsão de ferro-gusa e escória. No estágio final da corrida, a quantidade de escória vazada aumenta, o que diminui a densidade do jato e eleva a temperatura do banho, intensificando o desgaste por corrosão.

- **Zona de equalização (separação de gusa/escória):** distante do furo de corrida, a turbulência do banho é significativamente reduzida e, em função da diferença de densidade entre o ferro-gusa e a escória, os líquidos são, então, separados. Assim, a escória menos densa escoa para a superfície do banho fluindo sobre o ferro-gusa. Dependendo do estágio da corrida, os níveis da escória e do gusa podem variar no canal de corrida, o que exige o controle das alturas das saídas do canal principal para os canais secundários de escória e gusa (1).

Originalmente, os canais de corrida eram construídos em um processo manual (socagem) com o uso de areia, confinados na estrutura civil da casa de corrida, inclinando-se ao longo de sua extensão (3). Esses tipos de canais permitiam que houvesse 2 a 4 semanas de produção contínua até que fosse necessário realizar manutenções e reparos localizados ou mesmo a reconstrução total do canal de corrida. Ao longo da história, diferentes desenhos de canais de corrida foram desenvolvidos e testados para, então, se encontrar a combinação ideal de campanha entre reparos, consumo de refratário e custo de manutenção. Nas últimas décadas, os canais de corrida confinados têm sido gradativamente substituídos por projetos de canais principais compostos por uma carcaça metálica, revestimentos isolantes e de segurança, além de um revestimento de trabalho composto por concretos refratários especiais.

Entre os diferentes canais de corrida, o canal principal é o que apresenta maior influência sobre a operação e o desempenho da casa de corrida de alto-forno, contribuindo com mais de 50% do consumo específico total de refratários (4). O desempenho dos canais principais de gusa e de escória é influenciado especialmente pelos seguintes fatores (3):

- condições operacionais;
- projeto do canal principal;
- materiais refratários;
- instalação dos refratários.

Nos últimos anos, o cenário brasileiro de redução tem vivido mudanças significativas como resultado da grande competição no mercado global de aço e a diminuição da qualidade do minério de ferro e dos depósitos de coque. No alto-forno, o uso de matérias-primas economicamente mais competitivas (minério de ferro, coque, combustíveis alternativos etc.) tem permitido a otimização dos custos de produção do ferro-gusa. Nesse ínterim, oscilações mais frequentes têm sido observadas nas condições operacionais dos altos-fornos (produção, temperatura de vazamento, *slag-rate*, composição da escória etc.), o que tem mostrado um impacto direto no desempenho dos refratários (massas de tamponamento, concretos, massas de socar etc.) utilizados na casa de corrida (5,6). A necessidade de melhorar as propriedades dos refratários para suportar as condições operacionais cada vez mais severas e instáveis dos canais de corrida de alto-forno tem sido um grande desafio para os fornecedores de refratários garantirem a segurança operacional dos canais de corrida e sua disponibilidade para a produção. A Figura 8.3 apresenta um exemplo de canal de corrida principal em operação.

Figura 8.3 Canal de corrida de alto-forno em operação.
Fonte: Adaptada de (7).

8.2 PROJETOS DE CANAIS DE CORRIDA

Ao longo da história, vários projetos de canais de corrida foram desenvolvidos e implantados em diferentes usinas integradas no mundo com desempenhos diversos. De maneira geral, esses projetos estão intimamente relacionados ao tamanho e à produção do alto-forno e foram aperfeiçoados mediante a evolução tecnológica dos processos produtivos, dos equipamentos e materiais refratários utilizados. A seguir, são apresentados alguns aspectos importantes que devem ser considerados no desenvolvimento de um projeto eficiente de canal de corrida e suas principais exigências (3):

- disponibilidade operacional;
- eficiência na separação de ferro-gusa e escória;
- qualidade dos materiais refratários e desempenho desejado (consumo específico: kg/t de gusa);
- considerações de práticas efetivas de manutenção e reparo;
- frequência de manutenções e reparos;
- comportamento de expansão térmica dos materiais usados nos revestimentos;
- expansão ou empenamento desigual da carcaça metálica;
- sistema de refrigeração do canal de corrida;
- aspectos de segurança em caso de desgaste súbito não observado e prevenção de furo do canal de corrida;
- impacto ambiental;
- custo operacional.

8.2.1 Tipos de canais de corrida

O tipo de desenho e construção, a seleção de materiais refratários a serem utilizados, bem como, as práticas de vazamento e atividades de manutenção exercem grande influência sobre o desempenho e a campanha dos canais de corrida. Os tipos de canais de corrida se diferenciam principalmente pela inclinação do fundo, a qual determina o fluxo do banho de metal e de escória, o uso ou não de carcaça metálica e sua forma de fixação na casa de corrida. A Figura 8.4 apresenta os diferentes tipos de canais de corrida encontrados em altos-fornos (8).

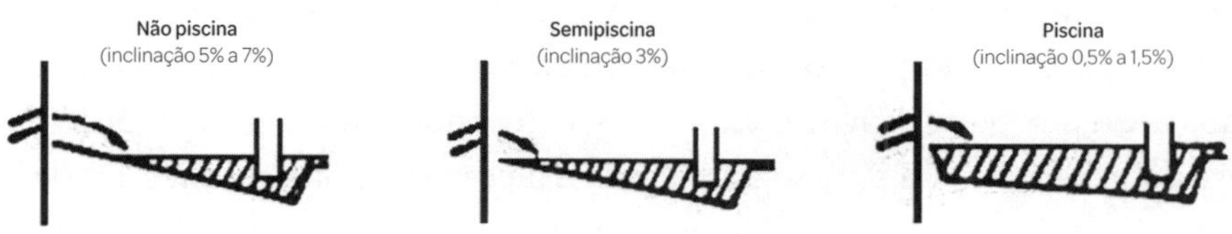

Figura 8.4 Tipos de canais de corrida.
Fonte: Adaptada de (8,12).

- **Canal não piscina:** construído com uma elevada inclinação no fundo (5% a 7%) e, dependendo da elevação do furo de corrida e do comprimento do canal, o jato de escória e metal é projetado diretamente sobre o revestimento refratário de trabalho. Essa condição operacional impõe intensa erosão e severo choque térmico ao refratário e o canal de corrida apresenta um desgaste acentuado no fundo, o que requer inspeções frequentes e reparos quase diários.

- **Canal semipiscina:** construído com menor inclinação (3%) e o desgaste acontece tanto no fundo como nas paredes. A altura da piscina do banho de metal e de escória ainda é pequena na zona de impacto e, assim, o desgaste na região é acentuado, exigindo reparos frequentes tanto no fundo como nas paredes do canal de corrida.
- **Canal piscina:** comumente construído com uma inclinação entre 0,5% e 1,5% e sua maior profundidade forma uma piscina que retém temporariamente o banho fundido durante o vazamento das corridas, permitindo uma eficiente separação de metal e de escória e um rápido transporte de líquidos. A piscina formada pelo banho atua reduzindo a energia cinética do jato na região de impacto (zona de turbulência) e protegendo o revestimento refratário contra o choque térmico e a oxidação, o que contribui para a redução da taxa de desgaste do refratário comparativamente aos outros tipos de canais. A maioria dos grandes altos-fornos utiliza esse tipo de canal de corrida.

Canais de corrida principais apresentam um comprimento que pode variar entre 12 e 22m (1). As dimensões e a geometria dos canais de corrida são influenciadas pelas características e pelos parâmetros operacionais do alto-forno como a produção de ferro-gusa (t/dia), as práticas de vazamento (número de corridas por dia), tempo de separação de escória-gusa, entre outras exigências técnicas dos canais de corrida. A geometria e o tamanho dos canais principais são definidos pelas seguintes dimensões: comprimento, largura, altura, inclinação das paredes e do fundo. A geometria do canal principal tem uma grande influência no comportamento do fluxo do metal e da escória líquidos e, também, na separação de metal e escória. Em geral, observa-se que canais de corrida com maior comprimento apresentam uma separação de metal e escória mais eficiente, que é fundamental para evitar que o ferro-gusa seja escoado para o canal secundário de escória e chegue ao sistema de granulação, o que pode provocar explosões, colocando em risco a operação da casa de corrida. Além disso, a separação de gusa e de escória pode ser melhorada diminuindo-se a inclinação do fundo e aumentando-se a área transversal interna útil (largura) do canal de corrida, uma vez que a velocidade dos líquidos diminuirá e o tempo de residência aumentará. Uma área de contato maior entre gusa e escória também resultará em melhor separação (3,9). Comumente, um tempo de residência mínimo de 7 minutos é necessário para se obter uma completa separação de metal e escória (10). Além disso, um maior tempo de residência do gusa no canal de corrida principal é responsável por diminuir a taxa de desgaste do revestimento de trabalho (1,10). Em teoria, é possível desenvolver um perfil de canal principal otimizado, porém os projetos reais são comumente limitados por restrições físicas e dimensionais, aspectos relacionados à manutenção, aos custos etc.

A Figura 8.5 ilustra as principais dimensões de um canal de corrida do tipo piscina.

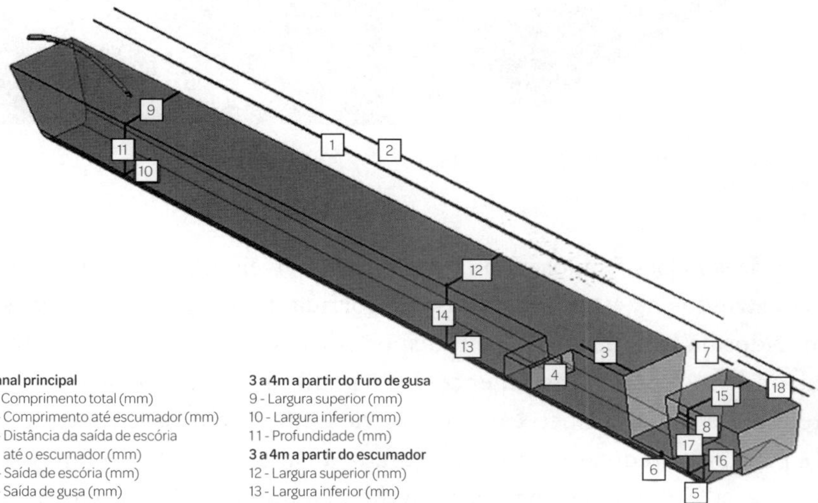

Figura 8.5 Dimensões típicas para os canais de corrida (tipo piscina).
Fonte: Desenvolvida pela autoria do capítulo.

Os canais de corrida de alto-forno também podem ser classificados quanto ao uso ou não de uma carcaça metálica externa que tem o objetivo de oferecer maior estabilidade estrutural ao revestimento refratário, minimizando as movimentações e danos causados pelo fenômeno de expansão-retração que ocorre durante a operação devido à ciclagem térmica. Assim, os canais de corrida podem ser construídos:

a) sem carcaça (comumente construídos na estrutura civil da casa de corrida, sendo denominados "canais confinados");
b) com chapa metálica;
c) carcaça metálica estruturada.

Os canais de corrida sem carcaça ("confinados") têm sido gradativamente substituídos por projetos compostos por uma carcaça metálica, revestimento isolante, revestimento permanente (ou revestimento de segurança) e revestimento de trabalho. Os canais de corrida principal que utilizam carcaça metálica em seu projeto

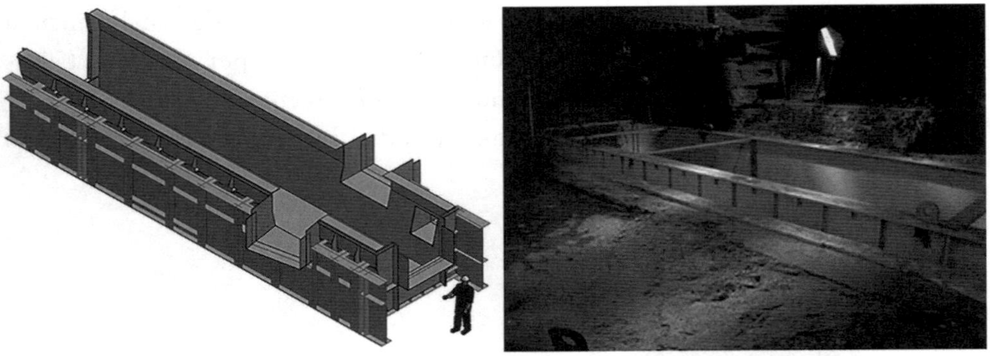

Figura 8.6 Carcaça metálica e estrutura utilizada em projeto de canal de corrida principal.
Fonte: Acervo da autoria do capítulo.

podem ainda ser classificados como fixos ou removíveis. Os canais fixos são comumente construídos na estrutura da casa de corrida. Já os canais removíveis podem ser removidos da casa de corrida e transportados por via férrea para outros locais na usina onde os reparos e manutenções são realizados (1,11). Esse tipo de projeto permite a troca por um novo canal de corrida em tempo relativamente curto (8 horas) e possibilita reduzir o tempo de parada do alto-forno. No entanto, exige um projeto especial de canal de corrida além de uma ponte-rolante capaz de içar toda a estrutura para o piso da casa de corrida.

8.2.2 Projetos de refrigeração

O comportamento de expansão da carcaça metálica é de fundamental importância para a estabilidade do canal de corrida em operação porque sua estrutura tem a função de suportar todo o revestimento refratário. Uma vez que não se consegue evitar a expansão da carcaça metálica, é necessário que essa expansão seja controlada de maneira a evitar empenos, deformações e trincas em sua estrutura, o que pode influenciar o desempenho do revestimento refratário. Atualmente, sistemas de refrigeração são amplamente aceitos como um recurso efetivo para se diminuírem as temperaturas da carcaça metálica e do revestimento refratário, o que reduz as tensões termomecânicas provocadas pela expansão e movimentações da estrutura do canal de corrida (3). O uso de refrigeração em canal de corrida principal promove a dissipação do calor do revestimento refratário e apresenta uma importante influência nos mecanismos de desgaste do revestimento de trabalho, diminuindo sua velocidade de desgaste e reduzindo o consumo específico. Dessa forma, os canais de corrida principal podem ainda ser classificados quanto ao uso ou não de um projeto de refrigeração em sua carcaça metálica. A Figura 8.7 apresenta exemplos de projetos de refrigeração utilizados em canal de corrida principal.

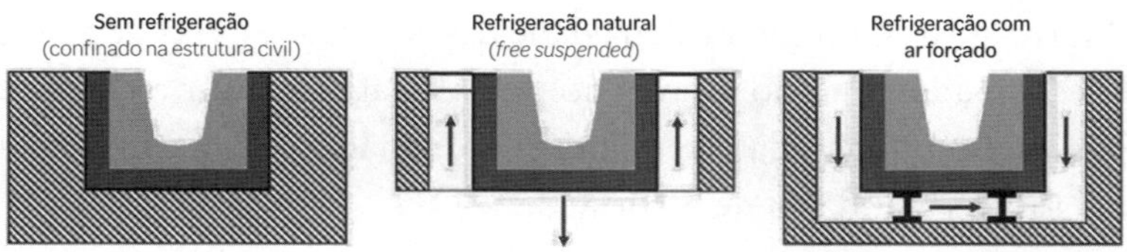

Figura 8.7 Exemplos de canais de corrida com carcaça metálica e projetos de refrigeração.
Fonte: Adaptada de (12).

A refrigeração é responsável por deslocar as isotermas em direção à face quente, reduzindo o perfil térmico de toda a espessura do revestimento refratário. Assim, considerando-se que o ferro-gusa se solidifica em temperaturas próximas de 1150°C, mesmo após ocorrer um desgaste significativo do refratário, se a isoterma de 1150°C (plano de solidificação) ainda permanecer na espessura do revestimento de trabalho, as chances de falha do canal de corrida podem ser minimizadas (3,10). Além disso, com a refrigeração, a temperatura da face fria do revestimento de trabalho é reduzida, diminuindo a oxidação do refratário e preservando suas características e propriedades. Dessa forma, o emprego de um projeto de refrigeração eficiente permite a elevação da vida útil dos refratários e, consequentemente, torna-se possível um prolongamento da campanha do canal de corrida com segurança (3).

A Figura 8.8 apresenta um exemplo de projeto de refrigeração de carcaça metálica que faz uso de tubulações em sua estrutura por onde é realizada a passagem de ar forçado e, também, o perfil térmico obtido para esse canal de corrida no início de operação.

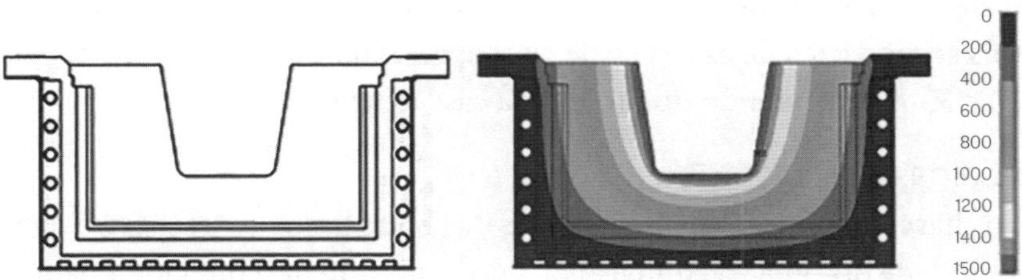

Figura 8.8 Projeto de carcaça metálica com tubos para refrigeração via ar forçado e o perfil térmico (°C) do canal de corrida no início de campanha.
Fonte: Adaptada de (3,11).

8.2.3 Escumador (*skimmer*)

O escumador (ou *skimmer*) é um tipo de dique refratário (ou barragem) e tem a função de reter o banho e auxiliar no processo de separação do gusa e da escória, permitindo apenas a passagem de ferro-gusa para o canal secundário de gusa e carro torpedo (ou panela de gusa). Suas dimensões são influenciadas pelo projeto do canal de corrida principal e a produção do alto-forno. O escumador atua como um sifão e é localizado distante do furo de corrida entre a saída de escória e a saída de gusa. O ferro-gusa, com maior densidade que a escória, é escoado pela abertura inferior do escumador fluindo através do pocinho até alcançar o canal secundário de gusa. Já a escória, separada e retida em sua região superior, flui até alcançar a saída para o canal secundário de escória (1).

8.2.4 Tampas de canal de corrida

As tampas de canais de corrida são comumente empregadas para oferecer maior segurança à operação da casa de corrida e controlar o nível de emissões, reduzindo a projeção de particulados a quente e auxiliando na exaustão de pós e gases. Sua utilização na operação se dá tanto no canal principal (fora da região de impacto do jato) como nos canais secundários de gusa e escória e, comumente, é responsável por aumentar o consumo de refratários. Além de estarem expostas a intensa radiação térmica do jato de gusa e escória e do banho, as tampas utilizadas em canal de corrida principal estão sujeitas, em operação, às projeções oriundas do furo de corrida, e mesmo ao contato com o jato, o que comumente demanda manutenções frequentes (13).

8.2.5 Canais secundários de escória e de gusa

As dimensões e geometria dos canais secundários de escória e de gusa, como também, dos canais de dreno, são determinados pelo *layout* geral da planta. A escória separada pela retenção de líquidos promovida pelo escumador deixa o canal de corrida principal fluindo para o canal secundário de escória que a transporta até o *dry-pit* ou para o granulador de escória. Já o ferro-gusa, após sua passagem do pelo escumador e pocinho, flui para o canal secundário de gusa que transporta o metal líquido até a calha basculante e, finalmente, até o carro torpedo ou panela de gusa. Os canais secundários de escória e de gusa apresentam um comprimento que varia entre 10 e 30m dependendo do projeto da casa de corrida (1).

8.2.6 Calhas basculantes

As calhas basculantes (também chamadas de "bicas basculantes") estão localizadas na extremidade do canal secundário de gusa e permitem o direcionamento do fluxo de metal líquido além do controle do preenchimento dos carros-torpedo ou panelas de gusa, o qual é monitorado com o uso de medidor de nível. Suas dimensões e geometria são determinadas por parâmetros operacionais e podem influenciar seu mecanismo e sua taxa de desgaste, bem como os esforços termomecânicos aos quais as calhas basculantes estão sujeitas em operação (1).

Alguns projetos específicos de casa de corrida não fazem uso de calhas basculhantes. Nesses projetos, mais comuns em altos-fornos de menor capacidade de produção (< 2000t/dia), a extensão final dos canais secundários de gusa direciona o banho metálico diretamente para o carro torpedo, panela de gusa ou lingoteira de gusa.

8.2.7 Canal de dreno

Com o objetivo de drenar o canal principal (tipo piscina), o canal de dreno permite o esgotamento do ferro-gusa realizando uma perfuração na região inferior da parede lateral na região do pocinho, localizada entre o escumador e a saída para o canal secundário de gusa. A partir desse furo no canal principal, o ferro-gusa é, então, escoado para a calha basculante e o carro torpedo ou panela de gusa (1).

8.3 REFRATÁRIOS PARA CANAIS DE CORRIDA

Ao longo da história, o desenvolvimento de materiais refratários para canais de corrida se fundamentou em dois aspectos principais: as matérias-primas utilizadas; e o método de instalação. Esse desenvolvimento foi impulsionado pela evolução na tecnologia dos altos-fornos, particularmente no que se refere à capacidade de produção de grandes altos-fornos e à necessidade de aumentar o volume e a taxa de escoamento de ferro-gusa e de escória, além de prolongar a campanha dos canais de corrida (14,15).

Os diferentes tipos de materiais utilizados em projetos de canais de corrida podem incluir desde massas de socar, o que exigirá reparos frequentes, até um revestimento de multicamadas composto por uma variedade de qualidades de materiais refratários, os quais permitem alcançar ciclos operacionais de produção maiores entre os reparos e manutenções refratárias.

Na atualidade, os canais de corrida do tipo piscina são predominantemente utilizados em altos-fornos de grande e médio porte e é comum sua construção com uma carcaça metálica e um revestimento multicamadas formado por:

- revestimento isolante;
- revestimento permanente (ou revestimento de segurança);
- revestimento de trabalho.

A Figura 8.9 apresenta um exemplo de projeto de canal de corrida principal.

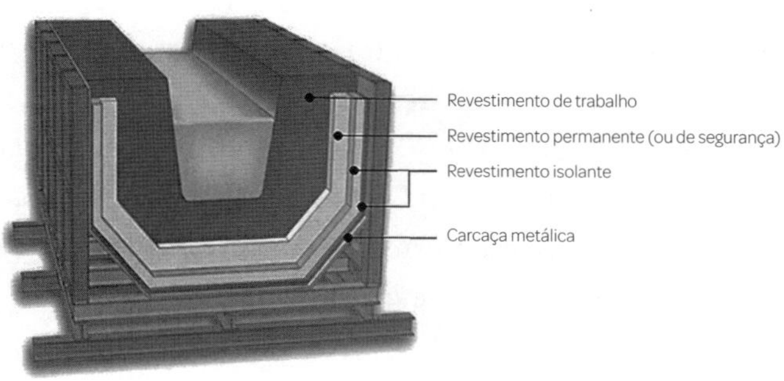

Figura 8.9 Projeto de canal de corrida de alto-forno.
Fonte: Adaptada de (16).

8.3.1 Revestimento isolante

O revestimento isolante, junto com o revestimento permanente, tem a função de manter a temperatura da carcaça metálica abaixo de 120°C durante a operação dos canais de corrida (8). Temperaturas elevadas na carcaça metálica podem promover deformações e trincas prejudicando a estabilidade estrutural do canal de corrida e influenciando, até mesmo, o desempenho do revestimento de trabalho. O revestimento isolante é comumente construído com tijolos sílico-aluminosos e mantas ou placas de fibras cerâmicas de baixa densidade e condutividade térmica. A Tabela 8.1 apresenta as características de materiais refratários frequentemente utilizados como revestimento isolante em canais de corrida de alto-forno.

Tabela 8.1 Refratários utilizados como revestimento isolante em canais de corrida.

Revestimento isolante		Unidade	Tijolos	Placa cerâmica
Composição			Al_2O_3-SiO_2	
Principal matéria-prima			Argila refratária	Fibra cerâmica
Densidade		(g/cm³)	0,80 - 0,90	0,80 - 0,95
RCTA		(MPa)	2	14
Condutividade térmica	400°C	(W/mK)	0,279	0,161
	600°C	(W/mK)	0,302	0,185
	800°C	(W/mK)	0,326	0,216
	1000°C	(W/mK)	0,337	0,232
Temperatura máxima aplicação		(°C)	1400	1340

Fonte: Desenvolvida pela autoria do capítulo.

8.3.2 Revestimento permanente

O revestimento permanente (ou revestimento de segurança) dos canais de corrida também tem a função de reduzir a transferência de calor para a carcaça metálica (ou estrutura civil), diminuindo a sobrecarga térmica no sistema que pode causar movimentações e danos estruturais. Esse revestimento refratário é comumente constituído de tijolos ou concretos aluminosos ou sílico-aluminosos que apresentam menores condutividade térmica, resistência ao choque térmico e à corrosão, comparativamente aos concretos Al_2O_3-SiC-C utilizados com frequência como revestimento de trabalho. Assim, mesmo contribuindo para a redução da sobrecarga térmica no sistema, o revestimento permanente não consegue conter a infiltração de escória e/ou gusa e evitar um furo de canal de corrida no caso de falha do revestimento de trabalho em operação.

Devido à expansão e à retração promovidas pela ciclagem térmica do canal de corrida em operação, o revestimento permanente construído com tijolos refratários apresenta movimentações e deslocamentos na sua estrutura. Essas movimentações provocam aberturas de juntas entre os tijolos permitindo a passagem de ar que, atingindo a face fria do revestimento de trabalho, causam a oxidação das fontes de SiC e C, deteriorando suas propriedades, o que coloca em risco a operação dos canais de corrida.

Com o objetivo de melhorar a segurança operacional dos canais de corrida e prolongar a vida útil do revestimento permanente, alternativas de projetos foram desenvolvidas considerando-se o uso de tijolos contendo carbeto de silício e carbono. Esses tijolos Al_2O_3-SiC-C são produzidos com formatos específicos e instalados com um sistema de travamento que, além de reduzir as movimentações na sua estrutura, apresentam maior resistência à corrosão e ao choque térmico, bem como são mais eficientes em conter a infiltração de escória e de gusa.

Uma evolução de projeto para revestimento permanente ocorreu com a substituição dos tijolos refratários pelo uso de blocos pré-moldados à base de mulita, andalusita ou Al_2O_3-SiC (8,12,17) ou mesmo pela aplicação de um concreto refratário, obtendo-se um revestimento permanente monolítico. Esses tipos de projetos de revestimento permanente contribuem para maior estabilidade estrutural do canal principal em operação e podem influenciar o desempenho do revestimento de trabalho. A fabricação dos blocos pré-moldados envolve uma etapa de secagem e queima desses materiais, o que confere ao revestimento refratário maior estabilidade de propriedades. Já a aplicação do concreto refratário no local requer a secagem do revestimento permanente monolítico antes da aplicação do revestimento de trabalho. O uso desses blocos refratários de grandes dimensões ou a aplicação do revestimento permanente monolítico apresentam algumas vantagens em relação aos projetos tradicionais (8):

- Redução do tempo de montagem (no caso dos blocos pré-moldados).
- Possibilidade de reparos localizados mais rápidos (no caso dos concretos refratários).
- Elevada resistência mecânica a quente e resistência ao choque térmico.
- Aumento da estabilidade dimensional e estrutural.
- Redução do número de juntas e passagem de gás.
- Menor ocorrência de trincas e oxidação da face fria do revestimento de trabalho.
- Boa resistência à infiltração de gusa e de escória.
- Aumento da vida útil do revestimento permanente.
- Possível redução do consumo específico de refratário.

A Figura 8.10 apresenta diferentes opções de projetos de revestimento permanente.

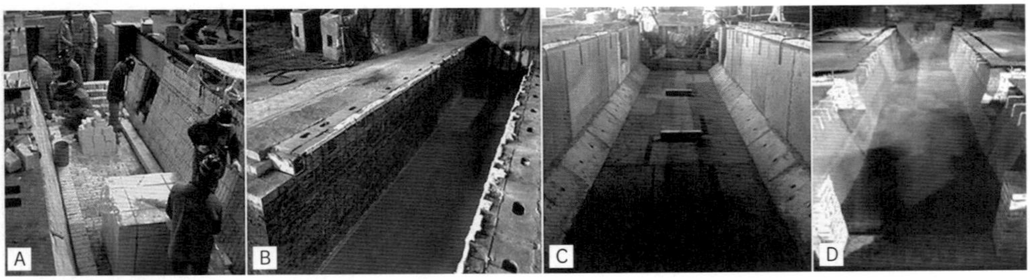

Figura 8.10 Revestimento permanente de canais de corrida com: A) tijolos aluminosos e sílico-aluminosos; B) tijolos especiais de Al_2O_3-SiC-C; C) blocos refratários pré-moldados; D) revestimento monolítico.
Fonte: Acervo da autoria do capítulo

8.3.3 Revestimento de trabalho

O revestimento de trabalho dos canais de corrida apresenta contato direto com o banho de escória e de ferro-gusa líquidos em sua face quente e tem a função de resistir a diferentes solicitações em operação.

O comportamento de expansão térmica dos materiais refratários utilizados como revestimento de trabalho exerce grande influência sobre seu desempenho, uma vez que os canais de corrida estão sujeitos à contínua ciclagem térmica. A temperatura operacional do canal de corrida apresenta uma variação em cada ciclo de vazamento (corrida) e aumenta ao longo de sua campanha à medida que o revestimento de trabalho se desgasta. Materiais com elevado coeficiente de expansão térmica tendem a desenvolver trincas e fissuras de forma prematura, permitindo a infiltração de escória e de ferro-gusa e, também, favorecendo a oxidação. Esses danos no revestimento de trabalho (descontinuidades) afetam diretamente a transferência térmica, prejudicando também a eficiência do resfriamento e podem promover movimentações na estrutura, o que coloca em risco a operação dos canais de corrida (1).

Até a década de 1950, o revestimento de trabalho era constituído de materiais de baixa qualidade e baixo custo e usavam piches de alcatrão como ligante, sendo a socagem manual o método de instalação predominante (14,15). Na década de 1960, a resistência à corrosão e ao choque térmico das massas de socar foi melhorada com a adição de carbeto de silício (SiC) e o uso de resinas como ligante. Na década de 1970, com a construção de altos-fornos de grande capacidade e o uso de canais do tipo piscina, novas tecnologias de materiais refratários foram, então, desenvolvidas com o objetivo de prolongar a campanha dos canais de corrida, melhorar a eficiência e a qualidade da aplicação e aumentar a segurança operacional na casa de corrida. A partir de 1975, concretos refratários de ultrabaixo teor de cimento (UBTC) contendo agregados de alta alumina (Al_2O_3), carbeto de silício (SiC) e carbono (C), além de aditivos especiais (p. ex., aluminas calcinadas, dispersantes etc.), foram desenvolvidos, configurando uma evolução tecnológica na resistência à corrosão, resistência ao choque térmico e resistência mecânica a quente dos materiais refratários utilizados como revestimento de trabalho em canais de corrida de alto-forno.

Atualmente, os canais de corrida do tipo piscina em altos-fornos de grande e média capacidade são revestidos com concretos refratários especiais, de alta qualidade. A seleção de materiais para uso como revestimento de trabalho deve atender os seguintes requisitos (1,3,4):

- Estabilidade volumétrica em altas temperaturas.
- Elevada densidade e baixa porosidade.
- Resistência mecânica compatível com as práticas da casa de corrida.
- Resistência à erosão.
- Resistência à corrosão (ou a ataque químico).
- Resistência ao choque térmico.
- Resistência à oxidação.
- Facilidade de demolição e corte.
- Compatibilidade ambiental dos resíduos gerados.
- Facilidade de aplicação e secagem.
- Não oferecer risco à saúde dos aplicadores e dos operadores da casa de corrida.

O revestimento de trabalho de canais de corrida principal podem ser construídos com 1, 2 ou mais tipos de concretos refratários, dependedo do projeto de revestimento refratário (18). Essa distinção de materiais se justifica pelas diferentes solicitações e pelos mecanismos de desgaste que acontecem na linha de escória e linha de metal e nas diferentes regiões do canal de corrida principal (zona crítica ou de turbulência e zona não crítica ou de equalização), o que, comumente, é responsável por reduzir a velocidade de desgaste do revestimento refratário e aumentar o desempenho e a disponibilidade do canal de corrida para operação. Assim, o revestimento de trabalho pode ser classificado como revestimento único ou revestimento balanceado.

Os concretos refratários utilizados como revestimento de trabalho são constituídos de um agregado refratário de alta alumina (p. ex., alumina eletrofundida escura, alumina sinterizada tabular ou bauxito), carbeto de silício e carbono (p. ex., grafita, coque, negro de fumo, piches ecológicos) além de aditivos especiais (p. ex., aluminas calcinadas e reativas, microssílicas, dispersantes, antioxidantes, agentes de secagem etc.) e diferentes tipos de ligantes refratários, como o cimento de aluminato de cálcio (CAC) ou sílica coloidal (SC).

Concretos refratários utilizados como revestimento único apresentam teores de SiC e C intermediários comparativamente aos concretos refratários usados como revestimento balanceado. Assim, os concretos refratários usados como revestimento único comumente apresentam teores de SiC e C que podem variar entre 17%~25%-p e 1,5%~3%-p, respectivamente (Tabela 8.2). Já os concretos refratários usados como revestimento balanceado na linha de escória apresentam maiores teores de SiC e C que podem variar entre 35%~70%-p e 1,5%~4%-p, respectivamente. Os concretos refratários usados como revestimento balanceado na linha de metal, por sua vez, apresentam menores teores de SiC e C que podem variar entre 10%~20%-p e 1,5%~3,5%-p, respectivamente. Por fim, os concretos refratários utilizados na linha de metal ainda podem utilizar espinélio de Al_2O_3.MgO como agregado refratário principal com o objetivo de melhorar sua resistência ao ataque por FeO na interface entre escória e gusa (19,20). É importante ressaltar que cada canal de corrida apresenta particularidades quanto a seu projeto e às condições operacionais a que está sujeito, o que, quase sempre, exige ajustes e customização dos concretos refratários utilizados para mitigar os mecanismos de desgaste preponderantes e atender o desempenho desejado.

A Figura 8.11 ilustra as possíveis configurações de revestimento de trabalho empregadas em canais de corrida principal de alto-forno. A Tabela 8.2 apresenta as principais características e propriedades de concretos refratários utilizados como revestimento de trabalho em canais de corrida.

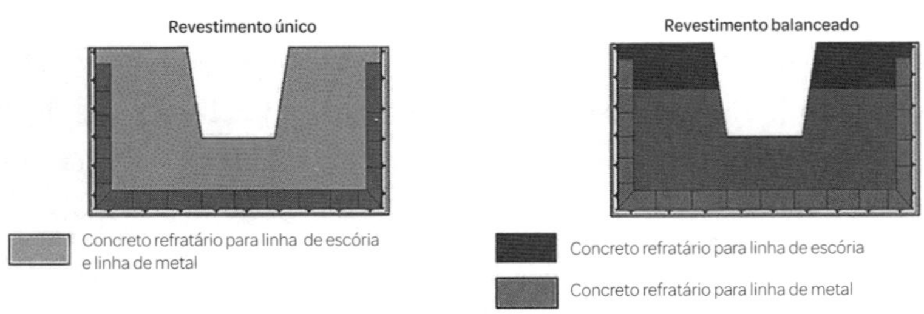

Figura 8.11 Configurações de revestimento de trabalho utilizados em canal de corrida principal de alto-forno.
Fonte: Desenvolvida pela autoria do capítulo.

Tabela 8.2 Características e propriedades de concretos refratários usados como revestimento de trabalho em canais de corrida de alto-forno.

Revestimento de trabalho	Unidade	Revestimento único	Revestimento balanceado	
			Linha de metal	Linha de escória
Composição	Al_2O_3-SiC-C			
Principais matérias-primas	• Agregado aluminoso (alumina eletrofundida escura, alumina sinterizada tabular ou bauxito) • Carbeto de silício (elevada pureza); carbono (fontes diversas e ecológicas)			

(*Continua*)

Tabela 8.2 Características e propriedades de concretos refratários usados como revestimento de trabalho em canais de corrida de alto-forno. (*Continuação*)

Revestimento de trabalho	Unidade	Revestimento único		Revestimento balanceado	
				Linha de metal	Linha de escória
Ligantes		Cimento (UBTC)	Sílica coloidal	Cimento (UBTC)	
Al_2O_3	(%)	68 a 78		75 a 85	25 a 60
SiC	(%)	17 a 25		10 a 20	35 a 70
C	(%)	1,5 a 3,0		1,5 a 3,5	1,5 a 4,0
SiO_2	(%)	1,5 a 5,0		1,5 a 4,0	4,0 a 8,0
CaO	(%)	0,5 a 1,0	< 0,3	0,5 a 1,0	0,5 a 1,0
Fe_2O_3	(%)	0,4 a 1,0		0,3 a 0,8	0,4 a 1,0
dma após 110°C/24h	(g/cm³)	2,90 a 3,05		2,95 a 3,10	2,80 a 2,95
dma após 1500°C/5h	(g/cm³)	2,90 a 3,05		2,95 a 3,05	2,80 a 2,95
RCTA após 110°C/24h	(MPa)	30 a 60		25 a 50	25 a 50
RCTA após 1500°C/5h	(MPa)	50 a 100		50 a 90	50 a 100
VLD após 1500°C/5h	(%)	- 0,2/0,2		-0,3/0,3	-0,1/0,1

Fonte: Desenvolvida pela autoria do capítulo.

A Figura 8.12 apresenta um canal de corrida principal cujo revestimento de trabalho foi construído a partir da moldagem de um concreto refratário.

Figura 8.12 Canal de corrida principal construído com concreto refratário.
Fonte: Acervo da autoria do capítulo.

O revestimento de trabalho de canais secundários de escória e de gusa são, com frequência, construídos com os concretos refratários utilizados em linha de escória e linha de metal de canal principal (revestimento balanceado), respectivamente. No entanto, também é possível que seja utilizado um concreto refratário empregado como revestimento único.

8.3.4 Ligantes de concretos refratários para canais de corrida

Os ligantes utilizados em concretos refratários aplicados em canais de corrida têm a função de desenvolver resistência mecânica a verde, visto que o processo de sinterização começa a atuar somente em temperaturas superiores a 1000°C, e permitir a construção da geometria desejada com o uso de formas ou moldes (21,22).

De maneira geral, a seleção do tipo de ligante utilizado em concretos refratários deve atender alguns critérios como:

- Oferecer um tempo de pega adequado para aplicações realizadas em temperatura ambiente, como também sobre um remanescente refratário a quente (100°C ~ 400°C). O tempo de pega não pode ser muito longo de maneira que a desmoldagem aconteça de forma relativamente rápida, reduzindo o tempo do canal de corrida fora de operação. Por outro lado, o tempo de pega não pode ser muito curto, o que pode até inviabilizar a aplicação do concreto refratário ou mesmo promover laminações no revestimento refratário de trabalho.
- As propriedades físicas e mecânicas não devem variar significavamente dentro da faixa de teores de líquido especificada para aplicação. A resistência mecânica desenvolvida deve atender às necessidades e práticas da casa de corrida até a entrada do canal de corrida em operação.
- Permitir que a secagem e o aquecimento iniciais sejam realizados de forma rápida e segura de maneira a reduzir o tempo do canal de corrida fora de operação.
- Atribuir ao concreto refratário propriedades a quente (p. ex., resistência mecânica a quente, resistência à corrosão etc.) que permitam cumprir as campanhas desejadas para os canais de corrida e atender as necessidades operacionais do alto-forno.

Atualmente, os principais ligantes utilizados em concretos refratários utilizados em canais de corrida de alto-forno são o cimento de aluminato de cálcio (CAC) e a sílica coloidal (SC).

8.3.4.1 Cimento de aluminato de cálcio

O cimento de aluminato de cálcio (CAC), também denominado "cimento de alta alumina", é o ligante hidráulico mais utilizado em concretos refratários por causa da elevada resistência mecânica a verde que proporciona a esses materiais além de conferir boas propriedades em alta temperatura. Os CAC são compostos formados por diferentes fases de alta capacidade de hidratação e apresentam como principais fases mineralógicas o CA ($CaO.Al_2O_3$) e o CA_2 ($CaO.2Al_2O_3$), além de quantidades menores de $C_{12}A_7$ ($12CaO.7Al_2O_3$) (22-24). Essas fases anidras do cimento apresentam diferenças quanto à cinética de hidratação e às reações de formação das fases hidráulicas. A fase $C_{12}A_7$ apresenta um tempo muito curto para o início da pega, podendo promover a pega instantânea do cimento. Além disso, essa fase tem um baixo ponto de fusão. Já a cinética de hidratação do CA, principal componente dos CAC, é relativamente lenta. Por sua vez, a fase CA_2 é a menos reativa, no entanto, a mais refratária (temperatura de decomposição = 1750°C ~ 1765°C) (21,22).

A pega hidráulica dos concretos refratários ligados a CAC resulta de um fenômeno de dissolução de íons e de precipitação de hidratos (fases hidráulicas) decorrente da mistura do cimento com água. O processo de endurecimento do concreto refratário inicia-se com a reação do cimento com a água formando íons cálcio (Ca^{2+}) e tetra-hidroxialuminato ($Al(OH)^{4-}$) em solução. Esse processo de dissolução continua até que se atinja um nível de saturação suficiente para promover a nucleação e a precipitação massiva de hidratos de aluminato de cálcio (HAC) e alumina gel (AH_x) na microestrutura do material. Esse processo proporciona a formação de uma rede interconectada e intertravada de HAC e partículas conferindo resistência mecânica ao concreto refratário. O tipo e a quantidade desses hidratos formados estão relacionados com a composição mineralógica do cimento, com a razão água:cimento e, principalmente, com a temperatura em que ocorre a reação de hidratação, isto é, a temperatura à qual o concreto refratário ligado a cimento está sujeito durante sua cura (24,26).

Em geral, diferentes hidratos de aluminato de cálcio (fases hidráulicas) são formados de acordo com as seguintes faixas de temperatura (25):

- **Até 20°C:** CAH_{10}
- **20°C~35°C:** C_2AH_8, C_3AH_6 e AH_3
- **35°C~100°C:** C_3AH_6 e AH_3
- **Acima de 100°C:** C_3AH_6

A Tabela 8.3 apresenta algumas das propriedades das principais fases hidráulicas formadas a partir da reação do cimento com a água.

Tabela 8.3 Densidade e temperatura de desidratação dos principais hidratos do cimento de aluminato de cálcio.

Fase	Densidade (g/cm^3)	Temperatura de desidratação (°C)
CAH_{10}	1,72	120
C_2AH_8	1,95	170 a 195
C_3AH_6	2,52	240 a 370
AH_3	2,42	210 a 300
AH_x (gel)	-	100

Fonte: Adaptada de (21).

Os hidratos formados apresentam densidade menor que as fases anidras precursoras, o que promove uma diminuição da porosidade do concreto refratário. Essa diminuição da porosidade é acompanhada por uma redução da permeabilidade do concreto refratário, o que dificulta a eliminação da água livre e da água quimicamente ligada de sua estrutura durante a etapa de secagem e aquecimento do revestimento de trabalho. Esse comportamento exige que concretos refratários ligados a cimento utilizem, em sua formulação, aditivos especiais para facilitar sua secagem (p. ex., fibras poliméricas, pó de Al^0) e a aplicação de curvas de aquecimento controladas para evitar o risco de explosão.

Atualmente, concretos refratários de ultrabaixo teor de cimento (UBTC, com 0,2% < CaO < 1%) são os mais utilizados em aplicações de canais de corrida de alto-forno. O revestimento de trabalho construído com esses materiais, apresentam uma elevada resistência ao choque térmico e uma boa resistência à corrosão. No entanto, mesmo apresentando um teor reduzido de CaO, o uso de CAC em concretos refratários contendo SiO_2 (p. ex., microssílica) é responsável pela formação de fases de baixo ponto de fusão nas condições de operação dos canais de corrida, o que tem influência direta em suas propriedades a quente, o que limita seu desempenho. A Figura 8.13 apresenta o diagrama de fases ternário Al_2O_3-CaO-SiO_2 indicando as fases e possíveis eutéticos que podem ser formados em operação nas composições de concretos refratários UBTC utilizados em canal de corrida de alto-forno.

Com a finalidade de aumentar o desempenho do revestimento de trabalho, outros ligantes para concretos refratários foram desenvolvidos, como a sílica coloidal, e vêm sendo cada vez mais utilizados devido a algumas vantagens oferecidas comparativamente aos CAC (22,23,27).

8.3.4.2 Sílica coloidal

O emprego de suspensões coloidais como agentes ligantes para concretos refratários tem se mostrado uma alternativa para a substituição do cimento de aluminato de cálcio (CAC), principalmente pela possibilidade de eliminar as fases de baixo ponto de fusão e os riscos de explosão durante etapa de secagem e aquecimento.

A sílica coloidal (SC) utilizada como ligante para concretos refratários é uma dispersão estável de partículas nanométricas de sílica em meio aquoso (21,29). Quando a SC é adicionada a concretos refratários, a resistência mecânica é desenvolvida pela formação de uma rede tridimensional entre as partículas em virtude da gelificação do sol promovido pelo uso de agentes gelificantes (21,23,29). Concretos refratários ligados à SC demandam um menor tempo de mistura para sua umectação (mistura a úmido), comparativamente aos concretos ligados a CAC, além de serem menos influenciados pelas condições de cura (tempo e temperatura). Além disso, o mecanismo

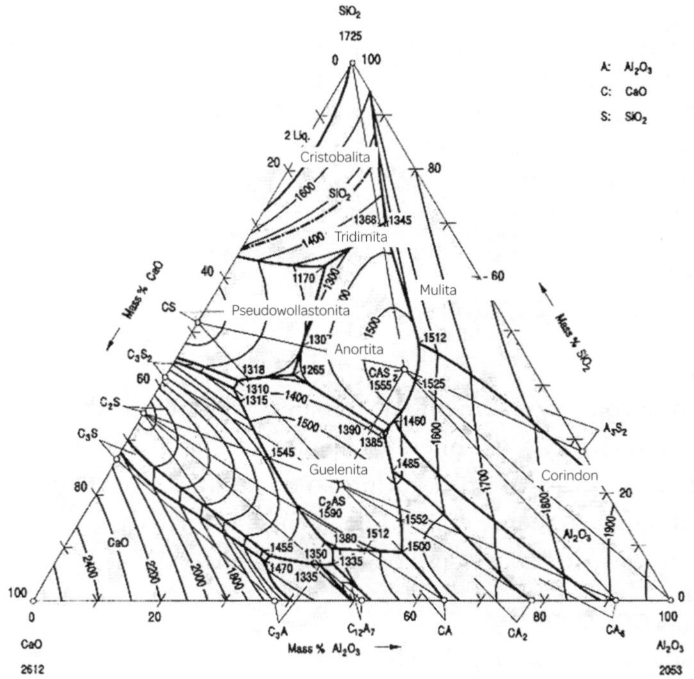

Figura 8.13 Diagrama ternário Al_2O_3-CaO-SiO_2.
Fonte: Adaptada de (28).

de consolidação da SC não forma fases hidráulicas (hidratos), como o cimento aluminoso, mas dá origem a um gel que apresenta uma estrutura altamente permeável, porosa e de fácil secagem (21,27,29). Essas características possibilitam a redução do tempo total de aplicação e permitem que a etapa de secagem seja realizada mais rapidamente, eliminando o risco de explosão. No entanto, a estrutura porosa formada após a consolidação da sílica coloidal desenvolve uma resistência mecânica a verde inferior quando comparada aos concretos refratários ligados a cimento (UBTC), podendo apresentar alguma tendência a microtrincas em razão, também, de sua susceptibilidade à retração.

A gelificação ocorre quando os grupos silanol (Si-OH) presentes na superfície das partículas reagem entre si e se condensam. Essa condensação forma uma ligação silano (-Si-O-Si-) que une duas partículas após contato e torna-as hidrofóbicas. Novas partículas unem-se a esse aglomerado e uma rede tridimensional é formada (Figura 8.14).

Alguns fatores podem influenciar a taxa de gelificação: tamanho de partículas e concentração da suspensão; pH; temperatura; e adição de eletrólitos.

O uso de SC como ligante de concretos refratários para canais de corrida oferece algumas vantagens a suas propriedades a quente, o que tem influência direta sobre

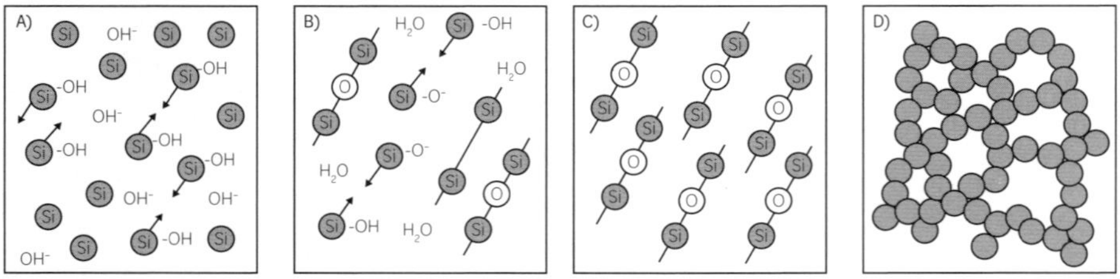

Figura 8.14 Mecanismo de gelificação da sílica coloidal em concretos refratários (21,27).
Fonte: Adaptada de (1).

seu desempenho como revestimento de trabalho. Comparativamente aos concretos ligados a cimento (UBTC), os concretos ligados à SC apresentam maior resistência ao choque térmico – causado pela formação de mulita na matriz refratária, maior resistência mecânica a quente e maior resistência à corrosão – em decorrência da eliminação das fases de baixo ponto de fusão contendo CaO.

8.3.5 Massas de socar

Ainda utilizadas como principal material para construção e reparo de canais de corrida em altos-fornos pequenos, as massas de socar (ou massas de estampagem) são comumente usadas como material de reparo de revestimento de trabalho em canais de corrida principal e canais secundários de altos-fornos de média e grande capacidade. Essas massas refratárias prontas para uso atendem diversas necessidades operacionais da casa de corrida, permitindo intervenções rápidas em regiões localizadas, podendo ser aplicadas em condições tanto a quente como em temperatura ambiente. Em altos-fornos cujos canais secundários de escória e de gusa ainda são completamente construídos com massas de socar, esses materiais vêm sendo gradativamente substituídos por concretos refratários ou mesmo pelo uso de blocos refratários pré-moldados.

As massas de socar são comumente compostas por um agregado refratário aluminoso, carbeto de silício além de fontes diversas de carbono e utilizam como ligantes fosfatos, resina ou mesmo água (ligação cerâmica). Atualmente, a tecnologia de massas de socar de liga cerâmica é cada vez mais utilizada em função, principalmente, da ausência de voláteis prejudiciais à saúde dos aplicadores, substâncias estas liberadas durante a etapa de aquecimento do revestimento refratário ou durante a aplicação a quente. As massas de socar devem apresentar reologia e consistência adequadas para aplicação por socagem (pneumática ou manual), sendo necessária a preservação de suas características e propriedades durante estocagem de maneira a garantir a qualidade de aplicação do material, evitando problemas de compactação que têm influência direta sobre seu desempenho.

A Tabela 8.4 apresenta as principais características e propriedades típicas de massas de socar de liga cerâmica utilizadas em canais de corrida de alto-forno.

Tabela 8.4 Características e propriedades típicas de massas de socar de liga cerâmica utilizadas em canais de corrida.

Material de reparo	Unidade	Massas plásticas refratárias
Composição		Al_2O_3-SiC-C
Principais matérias-primas		• Agregado aluminoso (alumina eletrofundida, alumina sinterizada tabular ou chamote aluminoso) • Carbeto de silício (elevada pureza) • Carbono (fontes diversas e ecológicas)
Tipo de ligação		Cerâmica
Al_2O_3	(%)	60 a 80
SiC	(%)	10 a 25
C	(%)	2 a 10
SiO_2	(%)	4 a 15
Fe_2O_3	(%)	< 2,5
dma após 110°C/24h	(g/cm^3)	2,70 a 2,85
dma após 1400°C/5h	(g/cm^3)	2,70 a 2,85
RCTA após 110°C/24h	(MPa)	10 a 20
RCTA após 1400°C/5h	(MPa)	20 a 50
VLD após 1400°C/5h	(%)	0,0/0,30

Fonte: Desenvolvida pela autoria do capítulo.

8.3.6 Escumador (*skimmer*)

Esse bloco refratário monolítico é comumente moldado com o mesmo concreto refratário Al_2O_3-SiC-C utilizado como revestimento de trabalho do canal de corrida principal, podendo-se, também, adicionar fibras metálicas. A utilização de concretos refratários contendo fibras metálicas combinada ao uso de tijolos Al_2O_3-SiC-C de zona de impacto de carros-torpedo, na região da abertura do escumador, tem se mostrado uma eficiente alternativa para reduzir o desgaste por erosão e a ocorrência de trincas verticais, prolongando a vida útil do escumador. O escumador pode ainda ser construído a partir da instalação de blocos refratários pré-moldados que, além de apresentarem melhor desempenho comparativamente ao concreto preparado e aplicado no local, permitem reduzir o tempo de parada nas manutenções dos canais de corrida principal (1,12).

8.3.7 Canais secundários de gusa e escória

Os canais secundários de gusa e escória podem ser confeccionados com o uso de massa de socar (de liga cerâmica) como também podem ser moldados usando-se concretos refratários Al_2O_3-SiC-C como revestimento de trabalho balanceado de canal de corrida principal. Os canais secundários de gusa são comumente moldados com concretos refratários que apresentam menores teores de SiC e C ou mesmo refratários sem SiC e C na sua composição. Já os canais secundários de escória são moldados com concretos refratários que apresentam maiores teores de SiC e C (1,8,12).

Semelhante ao escumador, outra opção para construção dos canais secundários é a instalação de blocos refratários pré-moldados que, além de apresentarem um maior desempenho comparativamente às massas de socar e aos concretos aplicados no local, permitem reduzir o tempo de parada nas manutenções refratárias, o que aumenta a disponibilidade dos canais secundários para operação.

8.3.8 Calha basculante

O projeto refratário das calhas basculantes é comumente composto por um revestimento isolante (placa cerâmica), revestimento permanente (tijolos aluminosos e sílico-aluminosos) e o revestimento de trabalho (concretos refratários Al_2O_3-SiC-C), similar ao projeto refratário dos canais de corrida principal. Para atender as condições operacionais de intensa erosão e ciclagem térmica, o revestimento de trabalho das calhas basculantes pode ser construído com um concreto refratário de revestimento único de canal de corrida principal ou até com um concreto refratário similar aos utilizados em linha de metal de revestimento balanceado de canal de corrida principal. Em ambos os casos, pode-se ainda fazer uso de fibras metálicas com o objetivo de se melhorar a resistência ao choque térmico do material.

Figura 8.15 Calha basculante de canal de corrida de alto-forno.
Fonte: Acervo da autoria do capítulo.

8.4 MECANISMOS E PERFIS DE DESGASTE

8.4.1 Canal de corrida principal

Os canais de corrida são submetidos a diferentes solicitações mecânicas, térmicas e químicas em operação que determinam o mecanismo de desgaste e deterioração do revestimento refratário de trabalho. O mecanismo de desgaste do canal principal envolve uma combinação entre a erosão causada pelo fluxo de líquidos em elevada temperatura e a dissolução do material refratário (corrosão) em escória e metal. Durante os intervalos de corridas e drenagens para inspeção, reparos e/ou manutenções, o revestimento de trabalho está sujeito a intenso choque térmico e oxidação (1,8,12,14).

A taxa de desgaste apresentada pelos canais de corrida, comumente expressa em $mm/10^3t$ de gusa, é influenciada por uma combinação de fatores e condições operacionais:

- perfil e dimensões do canal de corrida;
- seleção de materiais refratários e instalação;
- condições de secagem e preaquecimento do revestimento de trabalho;
- projeto do furo de corrida e práticas de vazamento;
- composição química da escória e gusa, quantidade de escória (*slag-rate*, kg/t de gusa), temperatura de vazamento, velocidade de fluxo dos líquidos, ritmo de produção do alto-forno (t/dia) e frequência de intermitências operacionais.

O desgaste por erosão é influenciado pela temperatura do banho de metal e de escória e o ritmo de produção (t/dia) do alto-forno. O perfil de desgaste por erosão do canal de corrida principal apresenta duas regiões distintas: zona de turbulência (ou zona crítica); e zona de equalização (ou zona não crítica) (Figura 8.16). Em função da energia cinética do jato de gusa-escória, ocorre uma intensa agitação do banho na região de impacto, promovendo um intenso desgaste comumente observado entre o 3ºm e 6ºm do canal de corrida principal caracterizado pelo aumento de sua seção transversal e pelo abaulamento das paredes do revestimento de trabalho. A Figura 8.16 apresenta o perfil de desgaste por erosão (vista superior) do revestimento de trabalho no canal de corrida principal.

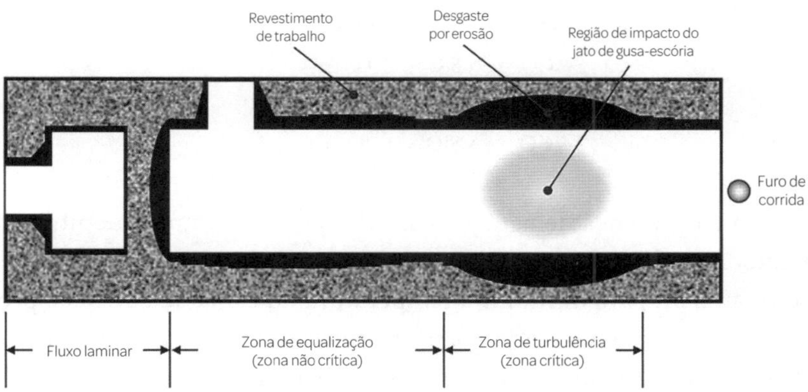

Figura 8.16 Perfil de desgaste por erosão do canal de corrida principal (vista superior).
Fonte: Desenvolvida pela autoria do capítulo.

Durante o vazamento da corrida, o jato de gusa-escória arrasta porções de ar e oxigênio que são incorporadas ao banho fundido no canal principal. Na região de impacto, são formadas bolhas de ar que, desfazendo-se, atingem as paredes laterais do revestimento de trabalho à medida que escoam pelo canal principal promovendo a oxidação do refratário composto por um concreto de Al_2O_3-SiC-C. Assim, ocorre uma combinação entre a erosão mecânica (causada pelo fluxo de líquidos) e a corrosão química (decorrente da dissolução do refratário na escória e metal) que atua como um efeito de remoção (lavagem) da camada reagente (face quente), renovando a interface de contato entre refratário e banho fundido, favorecendo o processo de desgaste do revestimento de trabalho (1,12,14).

Durante os intervalos de corrida e drenagens para inspeção, a face quente do revestimento de trabalho apresenta a formação de uma camada oxidada (descarbonetação). A perda de carbono resulta em aumento da porosidade e diminuição da resistência mecânica do material, o que acelera sua taxa de desgaste além de torná-lo mais suscetível à infiltração de escória e de gusa e ao ataque químico (corrosão) durante o vazamento da próxima corrida.

A oxidação do SiC ocorre tanto em atmosfera oxidante como redutora, formando SiO_2, o que torna o refratário mais suscetível à corrosão por causa da fácil dissolução de SiO_2 na escória e a formação de fases líquidas de baixo ponto de fusão (anortita) em combinação com CaO (1,14). A oxidação do SiC e do C também promove uma redução da resistência ao choque térmico do revestimento refratário que, sob condições de contínua ciclagem térmica, desenvolve microtrincas e fissuras que intensificam a infiltração de escória e de gusa e o desgaste por corrosão e erosão.

A oxidação do C e SiC acontece de acordo com as seguintes reações (30):

$$2C_{(s)} + O_{2\,(g)} \rightarrow 2CO_{(g)} \quad \text{(eq. 8.1)}$$

$$2CO_{(g)} + O_{2\,(g)} \rightarrow 2CO_{2\,(g)} \quad \text{(eq. 8.2)}$$

$$SiC_{(s)} + O_{2\,(g)} \rightarrow SiO_{(g)} + CO_{(g)} \quad \text{(eq. 8.3)}$$

$$SiO_{(g)} + CO_{(g)} \rightarrow SiO_{2\,(s)} + C_{(s)} \quad \text{(eq. 8.4)}$$

$$SiC_{(s)} + 3/2O_{2\,(g)} \rightarrow SiO_{2\,(s)} + CO_{(g)} \quad \text{(eq. 8.5)}$$

$$SiC_{(s)} + 2CO_{(g)} \rightarrow SiO_{(g)} + 2C_{(s)} \quad \text{(eq. 8.6)}$$

Em função da presença de água na casa de corrida, comumente utilizada para resfriamento do canhão de massa de tamponamento durante fechamento das corridas, como também para diminuir a temperatura do canal de corrida e promover algum conforto térmico aos operadores em suas atividades de rotina, o SiC também pode ser oxidado pelo vapor d'água. Em uma atmosfera com vapor d'água, a oxidação do SiC é acelerada em comparação à oxidação do SiC pelo ar ou oxigênio. Assim, o SiC reage com o vapor d'água de acordo com a seguinte reação (31,32):

$$SiC_{(s)} + 3H_2O_{(g)} \rightarrow SiO_{2\,(s)} + CO_{2\,(g)} + 3H_{2\,(g)} \quad \text{(eq. 8.7)}$$

A Figura 8.17 apresenta uma síntese do mecanismo de desgaste ao qual o revestimento de trabalho dos canais de corrida principal está sujeito em operação.

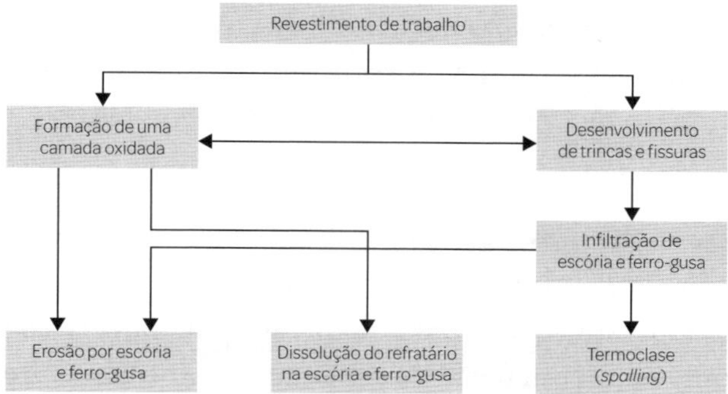

Figura 8.17 Mecanismo de desgaste do revestimento de trabalho dos principais canais de corridas.
Fonte: Adaptada de (14).

A maioria dos mecanismos de desgaste se intensifica com o aumento da temperatura de vazamento e do ritmo de produção do alto-forno (t/dia ou m^3/min) (12). A utilização de água em excesso para resfriar os equipamentos e atenuar as severas condições térmicas para os operadores nas casas de corrida intensifica os danos por choque térmico e a oxidação do SiC no revestimento de trabalho. A adição de sal ao canal de corrida com o objetivo de fluidificar a escória e facilitar o fluxo dos líquidos também apresenta impacto direto na taxa de desgaste pela formação de fases líquidas de baixo ponto de fusão.

Em canais de corrida do tipo piscina, a seção transversal do revestimento de trabalho apresenta um perfil de desgaste que se caracteriza por duas regiões onde a taxa de desgaste é mais elevada: **linha de escória** (interface refratário-escória-ar); e **linha de gusa** (refratário-metal-escória) (1).

8.4.1.1 Linha de escória

O mecanismo de desgaste na linha de escória (LE) é influenciado por quatro fatores (oxidação, choque térmico, corrosão e erosão) que determinam um perfil de desgaste caracterizado por um abaulamento amplo e acentuado do revestimento de trabalho do canal de corrida na região de contato com a escória. A predominância de um desses fatores pode diferir dependendo das condições operacionais do alto-forno e das práticas de vazamento, como também do tipo de concreto refratário utilizado como revestimento de trabalho, o que pode influenciar o perfil e a velocidade de desgaste ao fim da campanha do canal de corrida. Na LE, o microtrincamento e a descamação acontecem devido a uma sinterização progressiva da face quente do revestimento de trabalho combinada a aumento das tensões internas do refratário decorrente dos ciclos de aquecimento e resfriamento. O revestimento deteriora-se em função da diferença de expansão térmica da camada infiltrada do revestimento durante a mudança de temperatura.

Em geral, os canais de corrida apresentam um perfil de desgaste mais acentuado na linha de escória comparativamente à linha de gusa, o que é desejável em termos de segurança operacional da casa de corrida, uma vez que é possível inspecionar o revestimento refratário de trabalho nos intervalos de corrida.

8.4.1.2 Linha de metal/gusa

Na interface entre metal e escória, um filme de escória rico em FeO é formado como resultado do contanto do ferro-gusa com os íons de oxigênio presentes na escória em altas temperaturas. Esse FeO altamente reativo reage com o SiC presente no refratário promovendo um perfil de desgaste concentrado e profundo observado na linha de metal (ou linha de gusa) de canais de corrida principal chamado de "efeito Marangoni" (1,14,33). Elevações nos níveis de MnO na interface metal-escória também acentuam o ataque ao SiC (6,14). As reações do SiC com FeO e MnO acontecem de acordo com as seguintes reações:

$$2FeO + SiC \rightarrow SiO_2 + 2Fe + C \quad \text{(eq. 8.8)}$$

$$2MnO + SiC \rightarrow SiO_2 + 2Mn + C \quad \text{(eq. 8.9)}$$

O desgaste na interface metal-escória ainda é influenciado pela concentração de carbono no ferro-gusa que se acentua quando ocorre a redução no nível de saturação do banho metálico. O desgaste por erosão nessa região é influenciado, principalmente, pela temperatura do gusa.

A Figura 8.18 apresenta uma síntese dos mecanismos e perfil de desgaste em canais de corrida principal (vista transversal).

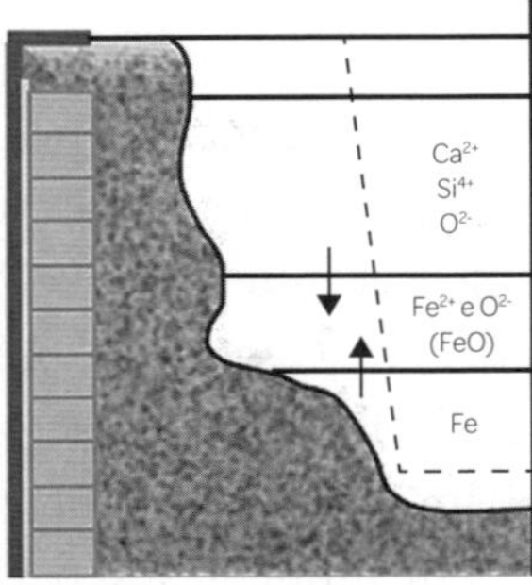

Região	Fatores de desgaste
Borda livre	• Oxidação e impacto mecânico
Zona de escória	• Corrosão e erosão pela escória • Choque térmico • Oxidação
Interface escória-metal	• Reaçao com FeO e MnO • Erosão pelo metal
Zona de metal	• Erosão pelo metal • Reação com o metal

Figura 8.18 Principais mecanismos de desgaste observados em canais de corrida do tipo piscina e perfil de desgaste (*seção transversal*).
Fonte: Adaptada de (1,10).

O desgaste em canal de corrida principal pode ser monitorado durante a sua campanha por medidas da espessura residual do revestimento de trabalho tomadas nas drenagens de inspeção por meio de medições manuais (uso de réguas) ou por meio de equipamentos a *laser*, como também pelo controle de temperatura realizado por termopares instalados no revestimento permanente.

8.4.2 Escumador

Durante o vazamento das corridas, os escumadores são submetidos a intensa erosão pelo fluxo de metal, elevadas tensões termomecânicas decorrentes da expansão e ciclagem térmica e corrosão pela escória. Na face do escumador em contato com o banho de metal-escória (lado furo de corrida), comumente se observa o mesmo perfil de desgaste presente na zona não crítica de canais de corrida principais: linha de escória; e linha de gusa. A região de maior desgaste está localizada em sua abertura inferior que apresenta aumento de área e comumente desenvolve um perfil "serrilhado" de trincas verticais (lado pocinho) chamado de "dentes de tubarão" que, dependendo de sua extensão, pode permitir a passagem de escória para o canal secundário de gusa, exigindo reparos prematuros no escumador.

8.4.3 Canais secundários de gusa e escória

Ao contrário do canal de corrida principal do tipo piscina, os canais secundários de gusa e escória de altos-fornos de média e grande capacidade operam somente parcialmente preenchidos. Assim, a área de contato do gusa ou de escória fundidos com o revestimento refratário de trabalho é reduzida mesmo durante o vazamento das corridas, o que faz com que parte significativa de sua parede permaneça exposta e sujeita à oxidação. Essas condições são responsáveis por promover uma degradação das propriedades do revestimento refratário na parte superior das paredes laterais dos canais secundários, o que é comumente agravado pelo trânsito de máquinas grandes e pesadas na casa de corrida.

Os canais secundários de gusa e escória costumam operar com tampas e apresentam um desgaste significativamente menor do revestimento de trabalho quando comparado ao do canal de corrida principal. Pelo fato de esses canais secundários transportarem somente um tipo de líquido (metal ou escória), não há interface gusa-escória para corrosão por FeO (exceto quando acontece passagem de escória pelo escumador). Esses canais comumente apresentam um desgaste que se concentra no fundo e em sua junção com as paredes, o que é caracterizado por um perfil denominado "pata de elefante". Além do fundo, esses canais ainda podem apresentar desgastes mais acentuados em curvas e trechos de maior inclinação, dependendo do *layout* da casa de corrida. Os canais secundários de escória têm como principais mecanismos de desgaste a corrosão e a erosão. Já os canais secundários de gusa têm como principal mecanismo de desgaste a erosão. Para ambos os canais secundários, o mecanismo de desgaste por choque térmico é menos preponderante.

8.4.4 Calhas basculantes

Os principais mecanismos de desgaste das calhas basculantes (também chamadas de "bicas basculantes") são a intensa erosão causada pelo jato de metal que acomete a região do bojo e as pontas de bica, além do severo choque térmico devido à contínua ciclagem térmica. O desgaste por erosão é influenciado pelo "colchão" de ferro-gusa formado no bojo, o que é determinado pelo projeto da calha basculante como também pelo ângulo de inclinação (basculamento) do equipamento em operação. Semelhante ao que acontece com a piscina de escória e gusa no canal de corrida principal, a retenção momentânea de ferro-gusa no bojo da calha basculante forma uma piscina de metal líquido que amortece o jato de gusa proveniente do canal secundário, dissipando a energia de turbulência nessa região. Nas extremidades da calha basculante (bicas), a contínua ciclagem térmica combinada ao fluxo do ferro-gusa promove intenso desgaste no leito de escoamento do metal líquido.

8.5 TÉCNICAS DE APLICAÇÃO E MANUTENÇÃO REFRATÁRIA

Na produção de ferro-gusa em alto-forno é fundamental que as perdas de produção sejam minimizadas, reduzindo seu tempo de inatividade. Um dos principais fatores que contribuem para um maior tempo de inatividade do alto-forno é a manutenção refratária do revestimento de trabalho dos canais de corrida. A necessidade e a frequência de manutenções refratárias em canais de corrida decorrem, basicamente, do desgaste (erosão, corrosão, choque térmico e oxidação) do revestimento de trabalho, das movimentações e da deterioração do revestimento permanente e das exigências relacionadas à segurança operacional da casa de corrida (10).

O tempo de parada para reparos e manutenções em canais de corrida é muito influenciado pelo número de furos de corrida do alto-forno. Para um alto-forno com apenas um furo de corrida, é extremamente importante que os reparos e manutenções refratárias no canal de corrida sejam realizados no menor tempo possível. Já para um alto-forno com dois furos de corrida, essa exigência é, também, muito importante para assegurar uma taxa de produção elevada e estável. Já para um alto-forno com três ou quatro furos de corrida, o tempo disponível para manutenções nos canais de corrida é menos crítico. Isso ocorre porque, nesse tipo de alto-forno, o vazamento acontece, na maioria das situações, com dois canais de corrida operando continuamente por algumas semanas (3 a 5 semanas). Dessa forma, os canais que estão fora de operação têm mais tempo para realização da manutenção refratária.

O tempo de parada é também influenciado pelo projeto dos canais de corrida, pela seleção dos materiais refratários utilizados, pelas técnicas de demolição, limpeza e aplicação, assim como pela curva de secagem e aquecimento. Todas essas atividades devem ser otimizadas para atender as demandas operacionais do alto-forno e as condições severas e cíclicas dos canais de corrida.

A qualidade dos materiais refratários utilizados, a qualidade de sua instalação, as condições de secagem e aquecimento inicial além das técnicas de aplicação e manutenção refratária são fatores que exercem grande influência sobre o desempenho dos canais de corrida. As principais técnicas de aplicação de concretos refratários utilizadas para construção e reparo do revestimento de trabalho em canais de corrida são:

- vibração;
- bombeamento;
- projeção a úmido (*shotcrete*);
- projeção convencional (*dry-gunning*);
- socagem pneumática.

Cada uma dessas técnicas apresenta particularidades quanto à praticidade, mão de obra, equipamentos utilizados, tempo de aplicação e desempenho e atendem diferentes necessidades das casas de corrida de alto-forno. A escolha por uma ou mais técnicas de aplicação e manutenção refratária está associada à disponibilidade dos canais de corrida para operação, o *layout* da casa de corrida, além do desempenho e custo operacional desejados. Assim, algumas técnicas de aplicação podem apresentar vantagens e desvantagens em relação a outras dependendo das características da casa de corrida e das condições operacionais do alto-forno.

Os concretos refratários utilizados como revestimento de trabalho são comumente fornecidos em *big-bags* ou sacarias. Sua mistura e preparo são feitos em misturadores de alta intensidade utilizando-se uma quantidade de água (ou sílica coloidal) especificada pelos fornecedores. O processo de mistura a úmido pode levar entre 3 e 6 minutos, segundo o tipo de material e o misturador. Diversos métodos podem ser empregados para transporte dos concretos refratários do misturador até os canais de corrida, por exemplo, sistema de carro sobre trilhos ou içado por ponte-rolante, tubulações e mangueiras ou, mesmo, correia transportadora. Aplicações que utilizam misturadores de alta intensidade e de grande capacidade (t) comumente permitem uma redução do tempo de instalação, sendo possível praticar uma taxa de aplicação de 8 a 14 t/h de concreto refratário.

Para a moldagem por vibração ou bombeamento, formas ou moldes de tela consumíveis são necessários para se obter o desenho interno dos canais de corrida definidos pelo projeto. Já as aplicações por projeção a úmido (*shotcrete*), projeção convencional (*dry-gunning*) ou até socagem pneumática dispensam o uso de formas ou moldes.

A aplicação de concretos refratários por vibração requer o uso de vibradores de imersão para desaeração e compactação do material de maneira a reduzir sua porosidade e desenvolver as propriedades finais desejadas para o revestimento refratário e, assim, apresentar o desempenho esperado. As aplicações por bombeamento podem também demandar alguma vibração do material dependendo das características reológicas do concreto refratário utilizado.

A instalação dos concretos refratários utilizados como revestimento de trabalho pode ser classificada de acordo com as condições de temperatura dos canais de corrida: moldagem em temperatura ambiente (25°C), comumente chamada de aplicação "a frio"; ou moldagem a quente, aplicações sobre remanescente refratário em temperaturas que variam entre 50 e 400°C.

O tempo de pega dos concretos refratários é influenciado pela temperatura do remanescente refratário, bem como pelo uso de aditivos controladores de pega. Portanto, o tempo de pega dos concretos refratários deve ser ajustado para a condição de aplicação nos canais de corrida. Assim, para aplicações a quente, é importante que o tempo de pega dos concretos refratários seja mais longo com o objetivo de evitar laminações no revestimento refratário. Da mesma forma, é possível acelerar o tempo de pega do material diante de aplicações "a frio" de maneira a reduzir o tempo para a retirada do molde.

O processo de construção ou reparo do revestimento de trabalho de canais de corrida é uma atividade que deve ser realizada de forma contínua, sem interrupções ou paradas; caso contrário, pode ocorrer a consolidação do material em regiões localizadas, promovendo laminações no revestimento refratário.

8.5.1 Reparos a quente

Com o objetivo de reduzir o tempo gasto em manutenções refratárias, prolongar a campanha do revestimento de trabalho e reduzir o consumo específico de refratário, as regiões que apresentam maior desgaste em canais de corrida principais são comumente reparadas fazendo-se uso de telas metálicas consumíveis e de concretos refratários aplicados por vibração ou bombeamento. Esse tipo de reparo intermediário demanda mais tempo de parada devido à necessidade de colocação de molde. No entanto, é o que apresenta maior desempenho comparativamente a outras técnicas de reparo a quente, como a projeção a úmido (*shotcrete*) e a projeção convencional (*gunning*) que não demandam a colocação de molde. As massas de socar são comumente usadas em reparos emergenciais em canal de corrida, além de manutenções refratárias de canais secundários de gusa e escória.

A Figura 8.19 apresenta um comparativo das diferentes técnicas de aplicação e sua relação com as propriedades desenvolvidas pelo revestimento refratário.

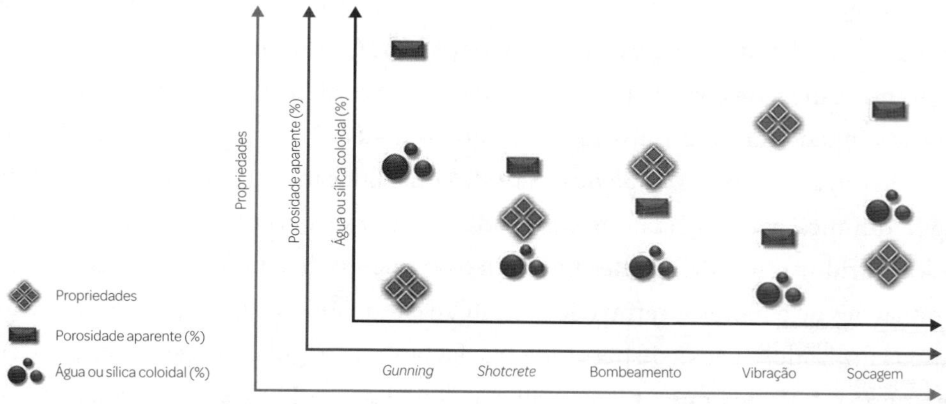

Figura 8.19 Influência das diferentes técnicas de aplicação nas propriedades desenvolvidas pelo revestimento refratário.
Fonte: Desenvolvida pela autoria do capítulo.

8.6 SECAGEM E AQUECIMENTO DE CANAIS DE CORRIDA

A água utilizada na aplicação de concretos refratários deve ser removida de forma controlada durante a etapa de secagem e aquecimento do canal de corrida. A remoção gradual da água busca evitar que ocorra uma excessiva pressurização do vapor na estrutura do revestimento refratário que, caso ultrapasse a resistência mecânica do material, pode provocar a explosão do refratário ou gerar trincas em sua estrutura que comprometem suas propriedades e influenciam seu desempenho em operação.

A secagem pode ser definida como a remoção de água (ou outra substância líquida) de um meio ou material, pela aplicação de uma força motriz, proveniente de gradientes de pressão, de concentração ou térmicos, envolvendo a transferência simultânea de massa, energia e quantidade de movimento (21,34,35).

A taxa de perda de massa durante a secagem é controlada, sobretudo, pela temperatura do refratário e por sua permeabilidade. A permeabilidade é uma medida indireta de quão fácil a água é liberada da estrutura do revestimento refratário durante seu aquecimento. Essa propriedade fluidodinâmica relaciona-se à quantidade e distribuição da porosidade aberta (poros interconectados) existente na microestrutura, que atua como canais para o transporte de líquidos e gases pelo revestimento refratário (36).

Em concretos refratários, a remoção da água é feita principalmente através da porosidade aberta presente na matriz e das interfaces permeáveis entre matriz (partículas finas < 100μm) e agregados geradas por falhas de empacotamento devido às diferenças de tamanho de partícula (21,37). Essa remoção é realizada em vários estágios, diferenciados pelas forças motrizes e mecanismos de transporte envolvidos e suas cinéticas de reação (38).

A secagem dos concretos refratários consiste na remoção da água livre e água quimicamente ligada (no caso dos concretos UBTC) durante a etapa de aquecimento dos canais de corrida (21,34). "Água livre" se refere a uma parte do total de água adicionado durante a mistura a úmido do material que permanece retida nos poros da estrutura após a etapa de cura e de consolidação do concreto refratário. Já a água quimicamente ligada está associada aos hidratos cristalinos e amorfos formados devido ao uso de ligantes hidráulicos (cimento de aluminato de cálcio) nas formulações de concretos refratários ou, até mesmo, por outras reações com outros aditivos utilizados (p. ex., dispersantes, surfactantes, coagulantes, gelificantes etc.). Concretos refratários que utilizam sílica coloidal como ligante não formam fases hidráulicas, havendo apenas água livre no concreto refratário para ser removida durante a etapa de secagem. As quantidades relativas de água livre e quimicamente ligada dependem da quantidade de água adicionada à mistura do concreto, do teor e tipo de agente ligante e, também, das condições de cura (tempo e temperatura) do concreto refratário. Esse fato torna a etapa de secagem em canais de corrida bastante crítica por causa de variações que podem ocorrer nas formulações e nas condições ambientes em que o concreto refratário é aplicado e curado (39,40). Em sistemas de baixa permeabilidade, como os concretos refratários ligados a cimento, a secagem com taxa de aquecimento contínuo é feita em três estágios apresentados na Figura 8.20.

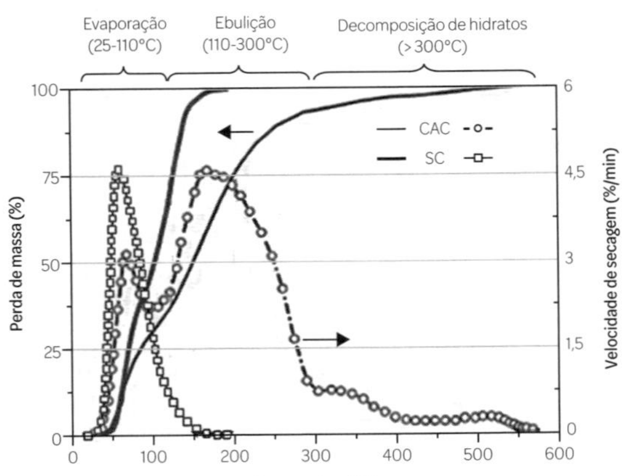

Figura 8.20 Termogravimetria dos estágios de secagem de concretos refratários ligados a cimento ou sílica coloidal: evaporação; ebulição; e decomposição dos hidratos.
Fonte: Adaptada de (38,39).

O primeiro estágio da secagem denomina-se "evaporação" e consiste na retirada da água presente nas camadas mais próximas à superfície do concreto refratário de forma adiabática. Esse estágio se desenvolve em temperaturas inferiores ao ponto de ebulição da água. Por esse motivo, depende fortemente das condições de temperatura, umidade relativa e ventilação do ambiente (21,38-40). Os estágios de secagem são consecutivos e complementares, isto é, cada etapa responde pela eliminação de uma determinada fração do total de água presente no concreto refratário. Com o fim da evaporação, inicia-se, então, o segundo estágio da secagem denominado "ebulição". Nessa etapa, a remoção da água livre tem como força motriz a geração de vapor a partir do ponto de ebulição. Como o vapor é gerado em grande quantidade, além de ocorrer em uma faixa de temperatura relativamente estreita (110 a 300°C), se a velocidade de formação de vapor for maior que a capacidade da estrutura de eliminá-lo, pode-se atingir a tensão de ruptura do concreto, levando à explosão do revestimento refratário (39,40). Finalmente, o terceiro estágio da secagem se deve à decomposição das fases hidráulicas no caso dos concretos refratários ligados a cimento. Essa etapa é caracterizada pela remoção da água quimicamente combinada ao ligante hidráulico utilizado. Dependendo das fases hidráulicas formadas, essa liberação de água ocorre em diferentes faixas de temperatura, conforme já apresentado na Tabela 8.3 (39,40).

Os concretos refratários ligados à SC, por não formarem fases hidráulicas e apresentarem maior permeabilidade, permitem a completa remoção da água de sua estrutura em uma menor temperatura e em menor tempo, possibilitando a aplicação de curvas de secagem e de aquecimento mais rápidas, o que reduz o tempo gasto nas manutenções refratárias.

8.6.1 Sistema de aquecimento convencional

Em muitos canais de corrida, a secagem e o aquecimento do revestimento refratário de trabalho são realizados com a utilização de um sistema de aquecimento convencional composto por secadores de chama irradiante, aplicando-se curvas de aquecimento recomendadas pelas empresas fornecedores dos refratários.

Comumente, o aquecimento dos canais de corrida é realizado com tubos perfurados posicionados ao longo do canal, formando vários bicos de gás e pontos de chama (Figura 8.21) (41). A transferência térmica para o revestimento refratário é governada pela absorção de radiação da chama, a qual é regulada a partir do controle de vazão de gás. No sistema convencional, o aquecimento é fortemente dependente da distância da chama ao refratário, gerando considerável heterogeneidade na distribuição de temperatura no revestimento de trabalho. Assim, o uso desse sistema convencional comumente exige a aplicação de longas curvas de aquecimento, com prolongados tempos em um mesmo patamar de temperatura de maneira a garantir que o calor seja distribuído antes de se prosseguir o aquecimento, levando a um grande consumo de gás. Além da ocorrência de não uniformidade térmica, essa técnica comumente promove um problema de superaquecimento de regiões do revestimento de trabalho mais próximas à chama (temperatura ~ 1800°C), levando a tensões térmicas no concreto refratário e riscos de explosão. A exposição do revestimento de trabalho a essas condições de secagem e aquecimento pode causar a oxidação das fontes de carbono utilizadas nos concretos refratários, alterando suas propriedades e influenciando seu desempenho em operação. Finalmente, o sistema convencional apresenta uma deficiência na renovação do ar no canal de corrida, que se efetiva de forma lenta, apenas por convecção natural. Durante a secagem e o aquecimento, ocorre a formação de uma pressão negativa no canal de corrida, uma vez que o ar aquecido é menos denso que o ar ambiente. Portanto, em vez de exaustão, ocorre um acúmulo de produtos de combustão ($CO + CO_2 + H_2O$) que, além de favorecerem a combustão incompleta, dificultam a saída da água do revestimento refratário.

Figura 8.21 A) Aquecimento convencional de canal de corrida; B) superaquecimento ocorrido nas proximidades da chama direta; C) detalhe de um bico de gás convencional.
Fonte: Adaptada de (41).

8.6.2 Sistema de aquecimento convectivo

No sistema de aquecimento convectivo, um grande volume de ar é preaquecido e injetado sob alta pressão nos canais de corrida com o uso de um queimador e um ventilador centrífugo (41). No queimador, ocorre a combustão de uma mistura de gás (p. ex., propano, gás de coqueria, GLP etc.) com ar e, até aproximadamente 400°C, a chama permanece integralmente no interior do queimador. O uso de sensores de chama e de válvulas eletromagnéticas de controle garante a segurança do sistema. Nesse processo, a transferência de calor para o refratário ocorre por convecção forçada e o controle da temperatura é comumente realizado por válvulas de controle de vazão. Devido à mistura sob pressão e ao excesso de ar utilizado, a combustão do gás é completa e a pressão exercida pelo ventilador faz com que o ar no canal de corrida seja constantemente renovado. A ausência de chama direta sobre o refratário e a intensa circulação de ar quente no canal de corrida permitem alcançar maior homogeneidade térmica em menor tempo de aquecimento, sendo possível a aplicação de curvas de secagem e de aquecimento mais rápidas sem problemas para a remoção de água do revestimento refratário nem prejuízos a suas propriedades. Em diferentes casas de corridas, o uso do sistema convectivo tem permitido realizar curvas de secagem e aquecimento entre 8 e 24 horas. A Figura 8.22 apresenta um sistema portátil de combustão convectiva.

Figura 8.22 A) Sistema de aquecimento convectivo em canal de corrida; B) queimador.
Fonte: Adaptada de (41).

8.7 AVALIAÇÃO DE DESEMPENHO EM CANAIS DE CORRIDA

O desempenho dos canais de corrida de alto-forno é avaliado ao longo de campanhas que podem se estender por 28 a 45 dias (sem reparos parciais), transportando entre 70kt ~ 140kt ferro-gusa ou, ainda, alcançar meses de operação com a realização de reparos parciais para prolongamento de campanha, chegando a transportar até 600kt de ferro-gusa.

Os principais parâmetros de avaliação do desempenho dos canais de corrida estão relacionados com:

- segurança operacional;
- disponibilidade dos canais de corrida para operação e produção;
- velocidade de desgaste;
- consumo específico;
- facilidade de manutenção e reparos;
- custo operacional.

Quanto à segurança operacional, é muito importante que sejam utilizados materiais refratários que ofereçam segurança na aplicação e uso como também não ofereçam risco à saúde dos operadores. Já a disponibilidade dos canais para operação e produção é fator crítico especialmente para altos-fornos com um ou dois canais de corrida, em que o tempo para reparos e manutenções é limitado. Quanto à velocidade de desgaste, é muito importante que o revestimento refratário apresente estabilidade e reprodutibilidade de propriedades, oferecendo previsibilidade de resultados além de baixo consumo específico. Já com relação à facilidade de manutenção e reparos, é possível avaliar o desempenho quanto à necessidade de mão de obra e o grau de mecanização/automação das atividades relacionadas às manutenções refratárias. Finalmente, é fundamental que os canais de corrida apresentem baixo custo operacional além de baixo nível de emissões e compatibilidade com o meio ambiente, permitindo, também, a preservação da saúde ocupacional dos operadores da casa de corrida.

Acesse as imagens coloridas do capítulo.

REFERÊNCIAS

(1) SCHUETZ, J. *New RHI ULC castables based on Al2O3-SiC and C for Blast Furnace runners. In:* 5th IAS Ironmaking Conference. San Nicolas, Argentina, 2005, p. 409-418.

(2) RÜTHER, H. P.; WINZER, D. Operational experience with main runner linings in German Blast Furnace plants. *Metallurgical Plant and Technology*, I 1985, p. 81-87.

(3) LAAR, R. van; STRAATEN, V. van; DEURLOO, A. *Blast furnace casthouse* – main runner design. Danieli Corus, March 2006.

(4) DEVID, P.; JOSEPH, S.; TREVOR, S.; Sheffield Refractories Ltd, England. *Basic principles of blast furnace main iron runner design. In:* Proceedings on International Conference on Refractories for Iron and Steel Industry, ICRJ. India, November, 2008.

(5) DOMICIANO, V. G.; RIBEIRO, A. S.; ARAÚJO, R. D.; OLLMANN, A. R.; BASSALO, H. C.; BRITO, M. A. M. *Concretos refratários para condições operacionais críticas de canais de corrida de altos-fornos. In:* 45º Ironmaking. Rio de Janeiro, 2015. p. 690-696

(6) DOMICIANO, V.G.; DUARTE, A.K.; OLLMANN, A.R.; REIS, G.J.; BASSALO, H.C.; BRITO, M. A. M. *Influência dos teores de FeO e MnO da escória no desgaste de refratários de canais de corrida de altos-fornos. In:* 40º Seminário de Redução de Minério de Ferro e Matérias-Primas – 19 a 22 de setembro de 2010. Belo Horizonte, Brasil.

(7) Banco de Fotos, Imagens, Vetores, Vídeos de Stock – iStock (istockphoto.com).

(8) BISWAS, S.; SARKAR, D. *Introduction to refractories for Iron* – and steelmaking. German: Springer, 2020. E-book – p. 208-217.

(9) KOU, M.; YAO, S.; WU, S.; ZHOU, H.; XU, J. Effects of blast furnace main trough geometry on the slag-metal separation based on numerical simulation. *Steel Research International*, v. 90, Issue 2, November 2018.

(10) SAMANTA, A. K.; ROY, A.; ADAK, S.; CHATTOPADHYAY, A.K.; FUJITAKE, Y.; EGUCHI, Y.; SUEKAWA, Y. *Enhancement of life of blast furnace runner through design of runners castable. In:* IREFCON, India, 2014.

(11) KÄRJÄ, J.; VATANEN, J. Development of blast furnace main trough lining at Ruukki Metals Raahe Steel Works. UNITECR, Salvador, Bahia, Brasil, 2009, p. 813-816.

(12) LANDMAN, G. The casthouse design: wear factors. Lafarge Réfractaires Monolithiques, Montrouge. *Refractories Journal*, July/August 1986, p. 6-14.

(13) LAFARGE REFRACTORIES. *Refractories for Ironmaking*: blast furnace casthouse floor. Iron & Steel Guide.

(14) SURGITA, K.; SHINOHARA, Y.; Refractories technology for blast furnace tapholes and main runners. *Interceram*, Special Issue 1983, n. 9. p.111-118.

(15) TANIGUCHI, T.; OTANI, M.; IWASAKI, I. Studies on trough lining refractories for large-capacity blast furnaces. *Taikabutsu Overseas*, v. 2, n. 1, 1982, p. 78-89.

(16) Trough & Runners in Visakhapatnam, Vesuvius | ID: 2318376530 (indiamart.com)

(17) MARINELLI, P.; MIRABELLI, J.J.; BELTRÁN, D.; GOMÉZ, O.D.; CAMELLI, S.; RIMOLDI, M.J. *Main runners cooled by forced air*: experience ternium plant General Savio. *In:* 3º Seminário de Redução de Minério de Ferro e Matérias-Primas, São Luis, Brasil, 2008, p. 22-26.

(18) KREUELS, K.; STINNEBEN, I. *Development of blast furnace trough castables. In:* Aachen Proceedings, 1988, p. 95-97.

(19) KANATANI, S.; IIDA, M.; MAEDA, E.; OGURA, K. *Improvement of blast furnace main trough metal line castables. In:* UNITECR, Dresden, Alemanha, 2007, p. 152-155.

(20) IIDA, M.; TORITANI, Y.; TANAKA, S. *Effect of spinel and silicon carbide on the corrosion resistance of castable for blast furnace trough. In:* UNITECR, Kyoto, Japão, 1995, p. 151-158.

(21) ISMAEL, M.R. *Sílica coloidal como agente ligante para concretos refratários.* Dissertação (Mestrado) – Universidade Federal de São Carlos. São Carlos, 2006.

(22) LEE, W. E.; VIEIRA, W.; ZHANG, S.; GHANBARI AHARI, K.; SARPOOLAKY, H.; PARR, C. Castable refractory concrete. *International Materials Reviews*, 46 [3] 145-167, 2001.

(23) BANERJEE, S. *Monolithic refractories – a comprehensive handbook.* World Scientific/ The Am. Ceram. Soc., Singapore (1988) 111.

(24) BENSTED, J. *High alumina cement* – present state of knowledge. Zement-Kalk-Gips 46 [9] 560-566, 1993.

(25) OLIVEIRA, I. R.; GARCIA, J. R.; PANDOLFELLI, V. C. Cinética de hidratação de ligantes à base de alumina hidratável ou aluminato de cálcio. *Cerâmica*, 53, 2007, p. 20-28

(26) PARKER, K.M.; SHARP, J.H. Refractory calcium aluminate cements. *Transactions And Journal of The British Ceramic Society*, 81 [2] 35-42, 1982.

(27) ILER, R. K. *The chemistry of silica*: solubility, polymerization, colloid and surface properties, and biochemistry. New York, Wiley, p. 866, 1979.

(28) SLAG ATLAS. 2. ed. Verlag Stahleisen GmbH, Düsseldorf, 1995.

(29) ISMAEL, M. R.; RAMAL JR, F. T.; PANDOLFELLI, V. C. Sol de sílica como agente ligante para concretos refratários. *Cerâmica*, 52, 321 (2006) 82.

(30) ISHIKAWA, M.; NANRI, H.; WAKAMATSU, M.; WATANABE, K.; TAKAUCHI, N.; ISHIDA, S. High temperature oxidation behavior of carbon and SiC in monolithic refractories. *Taikabutsu Overseas*, v. 14, n. 3, 1994, p. 49-55.

(31) TORTORELLI, P. F.; MORE, K. L. Effects of high water-vapor pressure on the oxidation of silicon carbide at 1200°C. *Journal of the American Ceramic Society*, 86 [6] 1249-55 (2003).

(32) BISWAS, S.; SARKAR, D. *Introduction to refractories for iron and steelmaking*. Springer, German, p. 63, 2020.

(33) YOSHITOMI, J.; HARADA, M.; EGUCHI, T.; MUKAI, K. Local corrosion of Iron trough refractories in the slag-metal interface. *Taikabutsu Overseas,* v. 7, n. 3, 1987, p. 20-23.

(34) SCHERER, G. W. Theory of drying. *Journal of the American Ceramic Society*, 73 [1] 3-14, 1990.

(35) REED, J. S. *Principles of ceramic processing*. John Wiley & Sons Inc., 1995, p. 545-561.

(36) INNOCENTINI, M. D. M.; PARDO, A. R. F.; SALVINI, V. R.; PANDOLFELLI, V. C. How accurate is Darcy's law for refractories. *American Ceramic Society Bulletin*, 78 [11], 1999, p. 64-68.

(37) INNOCENTINI, M. D. M.; RIBEIRO, C.; BITTENCOURT, L. R. M.; PANDOLFELLI, V. C. Fluid dynamics and thermal aspects of the dewatering of high-alumina refractory castables: removal of physically absorbed water. *J. Am. Ceram. Soc. 84*, 11 (2001) p. 2696-2698.

(38) SALOMAO, R.; BITTENCOURT, L. R. M.; PANDOLFELLI, V. C. Aditivos de secagem para concretos refratários: pó de alumínio e fibras poliméricas. *Cerâmica*, 54 (2008), p. 259-267.

(39) INNOCENTINI, M.D.M.; CARDOSO, F.A.; AKIYOSHI, M.M.; PANDOLFELLI, V.C. Drying stages during the heat-up of high-alumina, ultra-low cement refractory castables. *Journal of the American Ceramic Society*, 86 [7] 1146-1148 (2003).

(40) INNOCENTINI, M.D.M.; CARDOSO, F.A.; MIRANDA, M.F.S.; PANDOLFELLI, V.C. Vaporization processes and pressure buildup during the dewatering of dense refractory castables. *Journal of the American Ceramic Society*, 86 [9], 2003, p. 1500-1503.

(41) DUARTE, A.K.; FARIA, J.A.; NOVAES, J.A.P.; LEITE, M.B.B.; MUNHÃO, M.A.; SILVA, P.R.R.; PASSOS, R.L.; CRUZ JÚNIOR, R. Uso de aquecimento convectivo em canais de corrida de altos-fornos na CST. *In:* Seminário de Redução de Minério de Ferro e Matérias-primas, 35., 2005, Florianópolis, SC. Anais. São Paulo: ABM, 2005. p. 494-504.

Capítulo 9

REFRATÁRIOS PARA O TRANSPORTE E O TRATAMENTO DO GUSA

Eduardo José Togni Cardillo
Thiago Gonçalves Carvalho

9.1 INTRODUÇÃO

O ferro-gusa, produzido no alto-forno por meio da redução dos óxidos de ferro com a utilização de coque ou carvão vegetal, passa por tratamento e é transportado através de vasos de transferência de gusa. Os reatores mais utilizados no transporte e tratamento de gusa são o carro torpedo e a panela de gusa.

Os carros torpedo foram introduzidos na indústria siderúrgica na década de 1950, na Alemanha Oriental, e, desde então, ganharam a preferência das usinas siderúrgicas para o transporte do ferro-gusa. Num primeiro momento, os carros torpedo foram concebidos exclusivamente para o transporte do ferro-gusa da área de redução até a aciaria, visto que apresentam algumas vantagens quando comparados às panelas; dentre as quais podem ser observadas a menor perda térmica, menor custo de manutenção, menor perda de metal pela oxidação do ferro, maiores capacidades de transporte de ferro-gusa e maior segurança operacional.

As panelas de gusa também foram introduzidas nas usinas siderúrgicas com o objetivo do recebimento do ferro-gusa oriundo do alto-forno e a transferência para o convertedor LD. Inicialmente, as panelas eram responsáveis por todo o transporte do ferro-gusa, desde o alto-forno até o convertedor LD; no entanto, com a introdução dos carros torpedo, foi criada a alternativa em que a panela é carregada já na aciaria através dos carros torpedo e, assim, a panela realiza a transferência final do gusa para o convertedor na aciaria.

Durante as últimas décadas, houve aumento das exigências do mercado por aços mais limpos e a demanda por maior capacidade de produção, sendo necessária a introdução de processos de tratamento do ferro-gusa. Desta forma, os vasos de transferência de gusa tornaram-se reatores metalúrgicos para realização de tratamento do ferro-gusa (1).

O revestimento refratário dos equipamentos de transporte e tratamento de gusa tem um papel fundamental na operação desses equipamentos, uma vez que influencia diretamente e indiretamente na produtividade, qualidade e temperatura do ferro-gusa produzido e consequentemente influenciam no produto final, o aço.

9.2 CICLO OPERACIONAL

Para a melhor compreensão dos mecanismos de desgaste do revestimento refratário dos reatores de transporte e tratamento de ferro-gusa, é de extrema importância a compreensão do ciclo operacional. Assim, será estudada cada uma das etapas do ciclo operacional da panela de gusa e do carro torpedo.

9.2.1 Montagem do revestimento refratário

A primeira etapa do ciclo operacional está relacionada com a disponibilização da carcaça metálica para a aplicação do revestimento refratário, seja uma carcaça nova ou carcaça que teve a campanha refratária finalizada. Nessa etapa, os revestimentos permanente e isolante, que não estão em contato com o metal líquido, podem ser totalmente substituídos ou podem ser realizados apenas reparos localizados. Esta definição está relacionada ao estado físico do material que é influenciado pelo dano causado ao revestimento permanente durante a demolição do revestimento de trabalho. Posteriormente, são aplicados os tijolos do revestimento de trabalho que devem ser projetados de acordo com a geometria dos equipamentos.

O revestimento de trabalho dos carros torpedo é composto por materiais formados no cone e no cilindro e por materiais não formados na boca. Já o revestimento refratário de trabalho das panelas de gusa é composto por materiais formados em todo o corpo da panela e por materiais não formados na bica.

Após a conclusão da montagem do revestimento refratário, os equipamentos seguem para a etapa de aquecimento para que sejam, então, liberados para a operação.

9.2.2 Secagem e aquecimento

Após a conclusão da aplicação do revestimento refratário, o equipamento é direcionado para a etapa de aquecimento, processo em que se observa elevação de temperatura progressiva até aproximadamente 1100°C. Os principais objetivos dessa etapa do processo estão descritos nos tópicos seguintes:

- Eliminação da água livre e combinada dos materiais não formados aplicados no revestimento.

- Redução de tensões termomecânicas causadas por choque térmico durante o carregamento com ferro-gusa em temperaturas que podem chegar a 1500°C.
- Encharque térmico do revestimento refratário objetivando a manutenção da temperatura do ferro-gusa.

O aquecimento pode ser realizado por meio convencional (queimadores a gás) ou ser utilizado o aquecimento convectivo. O aquecimento convectivo é o meio mais efetivo para o aquecimento, visto que apresenta maior homogeneidade no aquecimento, melhor distribuição da temperatura pelo equipamento com taxas regulares de aquecimento e penetração uniforme do calor (2). Durante a etapa de aquecimento, existe elevado potencial de oxigênio decorrente do ar da combustão, podendo causar oxidação do carbono e carbeto de silício presentes no revestimento de trabalho. Com o objetivo de minimizar o dano ao revestimento já na etapa de aquecimento, podem ser empregados *coatings* cerâmicos para evitar a oxidação superficial do material refratário. No curso do aquecimento, o *coating* cerâmico forma uma fase vítrea, promovendo, assim, o selamento da superfície do revestimento na temperatura de oxidação do carbono, ou seja, forma barreira física contra o oxigênio da atmosfera de aquecimento (3).

Posteriormente ao aquecimento, os reatores são disponibilizados para a entrada no ciclo de produção.

9.2.3 Carregamento de gusa

Os reatores já devidamente revestidos e aquecidos são disponibilizados para o carregamento com o ferro-gusa. O carro torpedo é carregado com ferro-gusa diretamente no alto-forno através dos canais de corrida, já as panelas de gusa podem tanto ser carregadas diretamente no alto-forno como também ser carregadas a partir do carro torpedo já na aciaria. Após a finalização de cada corrida, os reatores são novamente direcionados para novo carregamento com ferro-gusa.

Durante essa etapa do processo, existem dois mecanismos de desgaste bastante pronunciados no revestimento refratário – erosão na região em que incide o jato de gusa (zona de impacto) e choque térmico – visto que o ferro-gusa é carregado em temperaturas de até 1500°C.

Posteriormente, os reatores são direcionados para a realização do pré-tratamento do ferro-gusa em estações de dessulfuração.

9.2.4 Dessulfuração

Os processos de pré-tratamento do ferro-gusa foram introduzidos na década de 1980 em usinas siderúrgicas do Japão visando a produção de aços mais limpos (4). Atualmente, os requisitos de qualidade do aço são bastante rigorosos, exigindo a difusão dos processos de pré-tratamento do ferro-gusa pelas usinas siderúrgicas ao redor de todo o mundo.

O ferro-gusa produzido no alto-forno contém, em sua composição, elevados teores de enxofre oriundos principalmente do coque, mas também são verificados na forma de sulfetos (FeS e MnS) no próprio minério de ferro (4). Sabendo-se que a presença do enxofre causa prejuízos a diversas propriedades do aço (ductilidade, tenacidade, conformabilidade, soldabilidade e resistência à corrosão) e que a atividade do enxofre no gusa líquido é muito maior que no aço líquido (5), o processo de dessulfuração é realizado antes da fase de refino para conversão do gusa em aço, ou seja, nos reatores de transporte de ferro-gusa.

O processo de dessulfuração pode ser realizado tanto em carros torpedo como em panelas de gusa ou, até mesmo, em ambos os reatores, de acordo com as particularidades de cada usina siderúrgica. Atualmente, a utilização da panela de gusa como reator para a realização da dessulfuração tem ganhado a preferência das usinas siderúrgicas, visto que a geometria da panela proporciona menores zonas mortas de atuação do agente dessulfurante, garantindo, assim, maior eficiência do processo e maior facilidade na remoção da escória após o tratamento.

Nos carros torpedo, a dessulfuração é realizada por meio da injeção da mistura dessulfurante, utilizando o nitrogênio como gás de arraste, através de lança refratária imersa no metal líquido que pode ser inserida de forma perpendicular ou inclinada. Na Figura 9.1, é ilustrado o sistema de dessulfuração no carro torpedo.

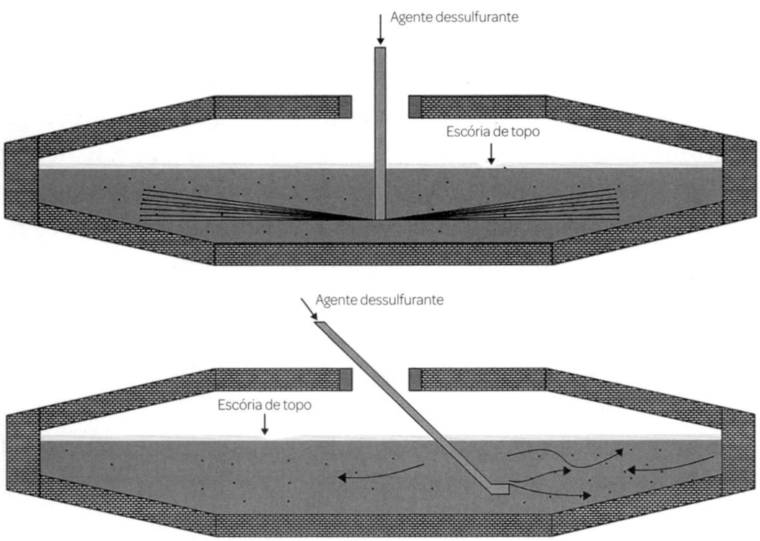

Figura 9.1 Ilustração da dessulfuração no carro torpedo com lança reta e inclinada.
Fonte: Desenvolvida pela autoria do capítulo.

Na panela de gusa, a dessulfuração pode ser realizada por meio do processo de injeção ou do processo Kanbara (KR). O processo de injeção consiste na injeção de material dessulfurante por meio de lança refratária imersa no banho utilizando-se o nitrogênio como gás de arraste. Já o processo Kanbara consiste de forte agitação do metal líquido exercido por pá rotativa imersa no metal, sendo o material dessulfurante é inserido na panela através de calha. Na Figura 9.2, pode-se verificar o sistema de ambos os processos de dessulfuração na panela de gusa (1).

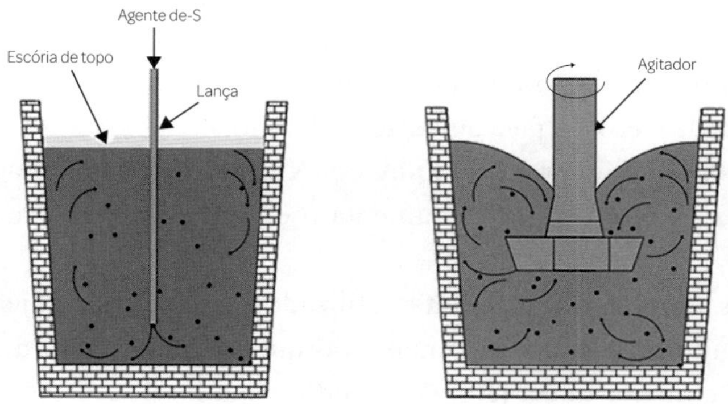

Figura 9.2 Processos de dessulfuração em panelas de gusa.
Fonte: Desenvolvida pela autoria do capítulo.

O processo KR (Kanbara) tem como principal vantagem sua eficiência na redução do teor de enxofre no metal líquido, visto que, do ponto de vista cinético, a transferência de massa controla o processo de dessulfuração e o processo KR promove maior grau de agitação, viabilizando maior eficiência da transferência de massa. Em adição, como o principal agente dessulfurante utilizado no processo KR é a cal, o custo com agentes dessulfurantes é menor (6).

A mistura dessulfurante é composta por agente dessulfurante, agente desoxidante e agente fluxante da escória. No que diz respeito ao agente dessulfurante, os materiais mais utilizados são a cal, o carbureto de cálcio e o magnésio. As Equações 9.1 a 9.3 representam a ação desses reagentes na captura do enxofre presente no gusa líquido (4).

$$CaO + [S] \leftrightarrow (CaS)+[O] \quad \text{(eq. 9.1)}$$

$$CaC_2 + [S] \leftrightarrow (CaS)+2(C) \quad \text{(eq. 9.2)}$$

$$[Mg] + [S] \leftrightarrow (MgS) \quad \text{(eq. 9.3)}$$

O oxigênio liberado na Equação 9.1 está dissolvido no ferro-gusa e interrompe a continuação da dessulfuração no equilíbrio. Dessa forma, é necessária a adição de agente desoxidante que seja capaz de reduzir a pressão parcial de oxigênio; os materiais mais utilizados com esse objetivo são silício, alumínio e carbono.

Para a obtenção de maior eficiência da dessulfuração, é necessário o controle da fluidez da escória, sendo, então, necessário o uso de agentes fluxantes. Os principais fluxantes utilizados são a fluorita (CaF_2), sodalita ($Na_4(SiAlO_4)_3Cl$) e nefelina ($NaAlSiO_4$).

Nessa etapa do processo, compreender o mecanismo utilizado para a dessulfuração e o dos reagentes utilizados para o processo é de extrema importância visto que impactam diretamente nos mecanismos de desgaste do revestimento refratário. Na dessulfuração, são observados principalmente os seguintes mecanismos de degradação do revestimento refratário: corrosão química pela escória com variações de basicidade e erosão pela agitação do banho.

Nas panelas de gusa, o processo Kanbara (KR) apresenta maior agitação do metal líquido pela pá rotativa, o que aumenta o desgaste do revestimento refratário por erosão.

Quanto aos agentes dessulfurantes utilizados, o magnésio injetado no ferro-gusa é dissolvido no metal rapidamente porque tem temperatura de ebulição de 1090°C, ou seja, menor que a temperatura do metal líquido. Dessa forma, o magnésio dissolvido no banho interage com o enxofre numa reação exotérmica, extremamente rápida e violenta, gerando grande turbulência no metal líquido. Assim, também aumenta o desgaste do revestimento refratário.

O agente fluxante utilizado também tem estreita relação com o desgaste do revestimento refratário visto que é composto por óxidos alcalinos que são extremamente agressivos para o revestimento refratário pertencente ao sistema [SiO_2-Al_2O_3].

9.2.5 Termografia

A termografia é importante ferramenta para aferição das temperaturas de carcaça, visto que variações na temperatura de carcaça podem ser consequência de anomalias no revestimento refratário, como desgastes expressivos do revestimento refratário ou infiltrações de gusa.

Essa ferramenta é utilizada principalmente nos carros torpedo, uma vez que se trata de vaso com geometria que limita a inspeção visual do revestimento refratário para observação de possível anomalia durante a operação, requerendo o uso das termografias para identificar possíveis danos no revestimento.

No passado, a temperatura de carcaça dos carros torpedo era aferida mediante o sistema convencional que exigia que o equipamento abandonasse o ciclo e fosse direcionado para a aferição termográfica, que era realizada esporadicamente devido a todas as dificuldades. Nesse sistema, era necessário um tempo muito longo para a identificação de anormalidades e, assim, o risco operacional era elevado (2).

Atualmente, a maior parte das usinas siderúrgicas possui estações termográficas que estão inseridas no trajeto percorrido pelo carro torpedo, compostas por escâner capaz de aferir as temperaturas de toda a extensão da carcaça metálica sem a necessidade de saída dos carros torpedo do ciclo, nem mesmo é necessária a redução da velocidade do mesmo. Dessa forma, o carro torpedo passa pela estação termográfica em todas as viagens, tanto no sentido da aciaria (cheio) como no sentido do alto-forno (vazio) (2). Na Figura 9.3, pode-se observar termografia gerada pelo escâner em carro torpedo.

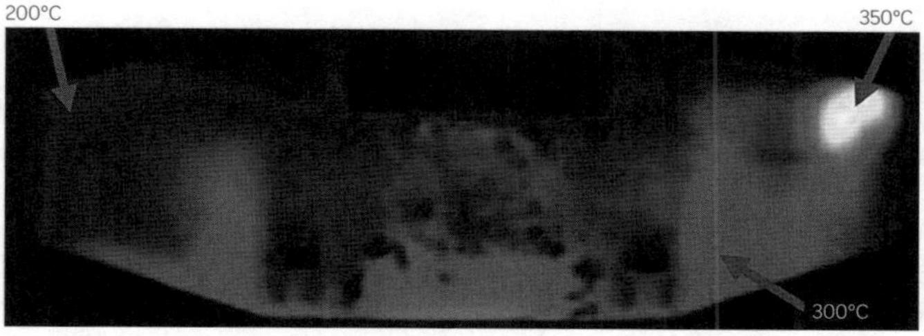

Figura 9.3 Termografia online de carro torpedo.
Fonte: Desenvolvida pela autoria do capítulo.

Com as termografias online, pode-se averiguar em tempo real possíveis infiltrações, desgastes pronunciados no revestimento refratário e verificar a manutenção da temperatura em valores abaixo de 350°C já que a superação dessa temperatura causa deformações na carcaça metálica e, consequentemente, tensões termomecânicas no revestimento refratário. Se forem verificados pontos quentes na carcaça, o carro torpedo é direcionado à oficina específica para esse equipamento para a inspeção a frio para identificação da causa da anomalia e promoção das devidas ações corretivas.

Já para as panelas de gusa, as termografias não se fazem tão necessárias quanto para o carro torpedo porque sua geometria permite inspeção visual e, dessa forma, é possível a verificação de anomalias no revestimento. No entanto, geralmente são utilizadas câmeras termográficas para a verificação de possíveis variações de temperatura na carcaça.

9.2.6 Escumagem da escória

Posteriormente à realização da dessulfuração, é gerada escória oriunda do processo, que deve ser eliminada antes da transferência do ferro-gusa para o convertedor LD. Assim, é realizada a escumagem da escória tanto no carro torpedo como na panela de gusa. A escória é transferida para os potes de escória.

Durante a extração da escória, são verificados os mecanismos de erosão e corrosão pela escória nas regiões acima da linha de escória (teto e boca do carro torpedo; e borda livre e bica da panela de gusa).

9.2.7 Transferência do ferro-gusa

Por fim, o carro torpedo transfere o ferro-gusa para a panela de gusa para a continuidade do processo de produção de aço. Já a panela de gusa, que recebe o ferro-gusa diretamente na área de altos-fornos ou por intermédio do carro torpedo, transfere o ferro-gusa para o convertedor LD com destino ao refino primário.

Nessa etapa do processo, são verificados os mecanismos de choque térmico, erosão e tensão mecânica degradando o revestimento refratário.

Após a transferência, o revestimento refratário das panelas de gusa é avaliado para verificar se existe a necessidade da parada da panela para reparo a quente ou para inspeção a frio no caso de desgaste pronunciado. Já os carros torpedo são avaliados com base nas termografias realizadas, se verificados pontos quentes, são direcionados à oficina de carros torpedo a fim de se fazerem os reparos requeridos.

Se não forem verificadas falhas no revestimento, os reatores retornam ao ciclo para novo carregamento com ferro-gusa.

9.3 MECANISMOS DE DESGASTE

Os mecanismos de desgaste dos materiais refratários podem ser classificados em degradações mecânicas, térmicas e químicas. Nos carros torpedo e panelas de gusa, são verificados todos os três tipos de degradação compondo os mecanismos de desgaste do revestimento refratário.

9.3.1 Degradação mecânica

As principais degradações mecânicas impostas ao revestimento refratário do carro torpedo e panela de gusa são erosão, degradação termomecânica e termoclase mecânica.

A erosão é verificada principalmente na região do reator em que incide o jato de gusa durante o carregamento e na linha de metal pelo movimento turbulento do metal líquido durante a dessulfuração. Já o revestimento da boca do carro torpedo, assim como a bica e a borda livre da panela de gusa sofrem erosão durante o processo de transferência do ferro-gusa, na limpeza de cascão e no processo de escumagem de escória.

No que diz respeito à degradação termomecânica, esta está relacionada à deformação da carcaça metálica a quente e é mais pronunciada na região dos munhões em ambos os reatores de transferência de gusa.

Já a termoclase mecânica está associada ao comportamento dilatométrico do material, ou seja, quanto maior o coeficiente de expansão térmica do material, mais este é suscetível à termoclase mecânica. Por exemplo, materiais que têm como característica a formação de espinélio *in situ* são mais suscetíveis à termoclase mecânica visto que a formação do espinélio gera uma expansão térmica considerável.

9.3.2 Degradação térmica

As principais degradações térmicas impostas ao revestimento refratário são carga térmica e choque térmico. Conforme verificado anteriormente, a temperatura do ferro-gusa oriundo do alto-forno pode atingir temperaturas de até 1500°C; assim, é de extrema importância que o material refratário utilizado no equipamento apresente alta refratariedade.

Em adição, existe uma grande variação de temperatura decorrente do carregamento do metal líquido no equipamento quando o revestimento se encontra em temperaturas inferiores. Durante o carregamento, o revestimento está numa temperatura inferior à do ferro-gusa carregado, havendo assim gradiente de temperatura excessivo entre a face quente e face fria do revestimento de trabalho, como consequência a superfície (face quente) do material expande mais que o interior (face fria), gerando tensão de compressão na superfície causando termoclase térmica ao revestimento.

9.3.3 Degradação química

Os materiais refratários aplicados nos carros torpedo e panelas de gusa são normalmente compostos por matérias-primas constituídas principalmente pelas fases coríndon (Al_2O_3) e mulita ($Al_6Si_2O_{13}$), que podem ser atacadas quimicamente pela escória contendo compostos alcalinos. Por sua vez, o SiC e o C presentes nos refratários estão suscetíveis à oxidação.

9.3.3.1 Corrosão pela escória

O ferro-gusa carregado nos reatores apresenta pequena quantidade de escória visto que é realizada a separação da escória nos canais de corrida. No entanto, o ferro-gusa é exposto à atmosfera oxidante durante o transporte de forma que o ferro e outros elementos dissolvidos no metal líquido são oxidados e aumentam a quantidade de escória.

A escória, em contato com a superfície do revestimento refratário, penetra por meio da porosidade do mesmo. Posteriormente, é formada nova fase na região de penetração da escória com propriedades físico-químicas que diferem das propriedades originais do material, resultando em diferença na expansão térmica da camada com penetração em relação ao material original, o que promove a termoclase estrutural do revestimento.

9.3.3.2 Corrosão química pela escória oriunda da dessulfuração

O mecanismo corrosivo da escória proposto por Silva e colaboradores (1993), em refratários que apresentam mulita e coríndon na microestrutura, descreve que, durante a dessulfuração, é gerada escória com composição rica em cálcio e sílica, além de compostos alcalinos oriundos do agente fluidificante. A sílica e o cálcio presentes na escória formam a pseudowolastonita ($CaO.SiO_2$) que tem ponto de fusão de 1544°C. Posteriormente, a pseudowolastonita interage com a fase de mulita presente no revestimento refratário, formando a fase anortita ($CaO.Al_2O_3.2SiO_2$), conforme Equação 9.4, que tem ponto de fusão de 1553°C (8). Num primeiro momento, a formação da anortita aumenta a porosidade do material refratário devido à corrosão da mulita, o que causa efeito negativo no material refratário; no entanto, nesse primeiro momento ainda não conduz para a rápida destruição do material.

$$3(CaO.SiO_2) + 3Al_2O_3.2SiO2 + SiO_2 \rightarrow 3(CaO.Al_2O_3.2SiO_2) \qquad \text{(eq. 9.4)}$$

Na escória, existe ainda interação entre o silicato de cálcio e o fluoreto de cálcio (fluorita) oriundo do agente fluxante, formando $Ca_{10}Si_3O_{15}F_2$. Posteriormente, o composto formado na escória reage com a alumina presente no material refratário, formando guelenita ($Ca_2Al_2SiO_7$), que apresenta ponto de fusão de 1593°C (8). As Equações 9.5 e 9.6 apresentam as reações citadas.

$$9CaSiO_3 + CaF_2 \rightarrow Ca_{10}Si_3O_{15}F_2 + 6SiO_2 \qquad \text{(eq. 9.5)}$$

$$Ca_{10}Si_3O_{15}F_{2\,(s)} + 3Al_2O_3 \rightarrow 3(Ca_2Al_2SiO_7)_{(s)} + 3CaO + CaF_2 \qquad \text{(eq. 9.6)}$$

Num primeiro momento, a anortita, gerada pela interação da pseudowolastonita e mulita, atua como uma camada protetora no revestimento refratário, melhorando o comportamento do material frente ao choque térmico e ao desgaste pela corrosão da escória. Entretanto, quando as fases pseudowolastonita, anortita e guelenita estão em equilíbrio, apresentam um eutético de baixa temperatura de fusão (aproximadamente 1265°C) (8). Podemos verificar o ponto eutético formado pelo equilíbrio dessas fases no diagrama de fases Al_2O_3-SiO_2-CaO presente na Figura 9.4.

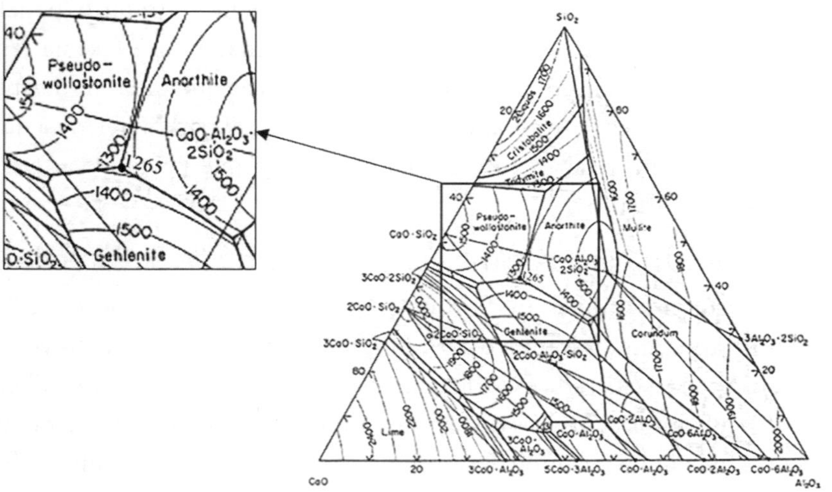

Figura 9.4 Diagrama de fases Al_2O_3-SiO_2-CaO (detalhe do eutético formado entre pseudowolastonita, anortita e guelenita).
Fonte: Adaptada de (10).

Como o revestimento refratário do carro torpedo é submetido a temperaturas que podem chegar a 1500°C, quando as três fases estão em equilíbrio, haverá formação de fase líquida na temperatura de operação. A fase líquida formada penetrará na porosidade aberta do refratário e, no momento da solidificação do líquido, promoverá tensões na matriz que, posteriormente, poderão gerar lascamentos dos tijolos, ou seja, termoclase estrutural (9).

9.3.3.3 *Oxidação*

Os materiais refratários empregados nos reatores de transporte e tratamento de ferro-gusa contêm, em sua composição, carbono e carbeto de silício, que são suscetíveis à oxidação. Durante o primeiro aquecimento do carro torpedo, o revestimento refratário é submetido à atmosfera oxidante, quando pode ocorrer a oxidação direta do carbono presente no material entre 600 e 700°C, conforme a Equação 9.7.

$$2C_{(s)} + O_{2\,(g)} \leftrightarrow 2CO_{(g)} \qquad \text{(eq. 9.7)}$$

O teto do carro torpedo e a borda livre da panela de gusa ficam expostos todo o tempo à atmosfera oxidante, e todo o revestimento refratário fica exposto à atmosfera oxidante quando o vaso está vazio. Em adição, a oxidação também pode ocorrer por causa da presença de alguns óxidos na escória, como MnO e FeO. Óxidos alcalinos utilizados como fluxantes no agente dessulfurante também têm a capacidade de oxidação do carbeto de silício e do carbono presentes no revestimento refratário, conforme verificado nas Equações 9.8 e 9.9.

$$Na_2O + C \rightarrow CO + 2Na \qquad \text{(eq. 9.8)}$$

$$SiC + 3Na_2O \rightarrow SiO_2 + CO + 6Na \qquad \text{(eq. 9.9)}$$

A oxidação dos materiais refratários utilizados no carro torpedo e panela de gusa causam aumento da porosidade e, consequentemente, ocorre queda da resistência mecânica e aumento da molhabilidade do material. Por fim, o material apresentará desgaste acelerado por erosão e ataque químico durante a operação (11).

9.4 REVESTIMENTO REFRATÁRIO DE CARROS TORPEDO E PANELAS DE GUSA

9.4.1 Evolução dos materiais refratários

A indústria siderúrgica passou por grande evolução nas últimas décadas objetivando o aumento da produção do aço com melhor qualidade e menores custos de fabricação. Dessa forma, os materiais refratários passaram por aprimoramento em busca da redução do consumo específico e do aumento da disponibilidade dos equipamentos siderúrgicos. Na Tabela 9.1, é apresentada variação de consumo específico de materiais refratários da década de 1970 até o final da década de 1990, o que ilustra a redução do consumo específico dos materiais refratários como consequência de sua evolução aliada às melhorias no processo de produção do aço.

Tabela 9.1 Consumo específico de refratários na indústria siderúrgica mundial.

Ano	Consumo específico (kg refratário/t aço)		
	Estados Unidos	Japão	Brasil
1970	29	27	-
1975	25	20	-
1980	19	16	28
1985	18	14	22
1990	14	12	15
1995	11	10	12
1999	10	9	11

Fonte: Adaptada de (12).

O revestimento refratário dos carros torpedo e panelas de gusa também evoluiu buscando atender a demanda das novas exigências da indústria siderúrgica. Nos tópicos a seguir, podem ser verificadas as principais solicitações que impulsionaram a evolução do revestimento refratário desses equipamentos (12).

- aumento da capacidade de transporte de gusa líquido;
- aumento da disponibilidade;
- necessidade de produção de aços mais limpos e com menores teores de elementos como P e S;
- introdução dos processos de tratamento do gusa no carro torpedo e/ou panela de gusa (De-S);
- aumento da produtividade e da temperatura do gusa.

Objetivando atender as solicitações do processo, os materiais refratários evoluíram no que diz respeito aos sistemas cerâmicos do material (introdução de matérias-primas artificiais), desenvolvimento de novos agentes antioxidantes e novos ligantes, além da evolução das tecnologias de fabricação. Na Figura 9.5, podemos verificar a evolução da composição do revestimento refratário nas últimas décadas.

Conforme verificado na Figura 9.5, até o início da década de 1970, eram empregados materiais sílico-aluminosos, porém apresentavam limitações devido à reduzida resistência mecânica a quente e alta taxa de corrosão frente às escórias do processo.

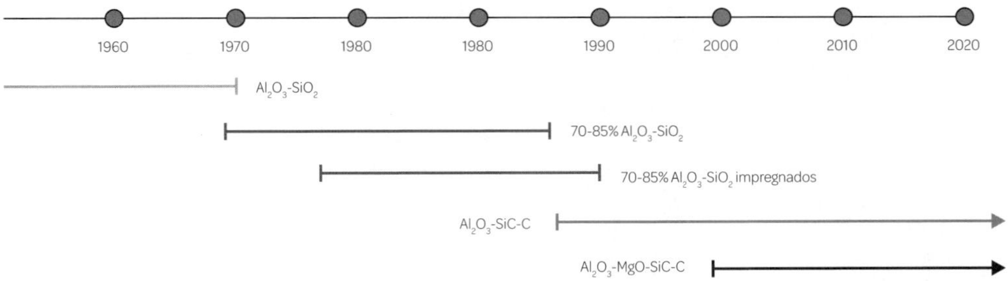

Figura 9.5 Evolução dos revestimentos refratários dos carros torpedo.
Fonte: Adaptada de (12).

Para aumentar a campanha e suportar as condições impostas pela introdução do processo de pré-tratamento de gusa, foram introduzidos materiais refratários queimados da classe de 70% de Al_2O_3 porque esses materiais apresentam maior refratariedade, maior resistência mecânica a quente e melhores resultados de corrosão frente à escória presente no processo, uma vez que apresentam, em sua composição, menor teor de sílica livre, que pode ser reduzida pelo manganês presente no gusa e pelos fluxantes oriundos da dessulfuração.

Posteriormente, foi realizado o desenvolvimento de materiais à base de bauxito refratário, obtendo-se, assim, refratariedade superior conforme verificado no diagrama de fases que pode ser observado na Figura 9.6. Em adição, o material foi impregnado para que fossem conferidas as propriedades do carbono, bastante benéficas para o melhor desempenho do material. Os benefícios obtidos pela incorporação do carbono no material podem ser observados nos tópicos a seguir.

- Melhoria na resistência à corrosão do material devido à redução da porosidade e da permeabilidade e às propriedades antiumectantes do carbono.
- Melhoria do comportamento do material frente às solicitações de variação de temperatura, o que é obtido principalmente em razão da alta condutividade térmica do carbono.
- Alta refratariedade.

Na segunda metade da década de 1980, foi dado início ao uso do material refratário quimicamente ligado de Al_2O_3-SiC-C no revestimento de trabalho dos reatores, que prevalece até os dias de hoje (12). O material em questão combina as boas propriedades dos agregados com baixo teor de sílica, com as propriedades do carbono oriundo da grafita e das resinas utilizadas como ligante, além da incorporação de carbeto de silício que aumenta a resistência à oxidação, a resistência mecânica a quente do material, a estabilidade volumétrica, a evolução da resistência à termoclase, e melhora na resistência à corrosão e *spalling* estrutural.

Por fim, foi realizada melhoria do material de Al_2O_3-SiC-C com a incorporação de espinélio (*in situ* ou pré-formado) na sua composição. O espinélio incorporado

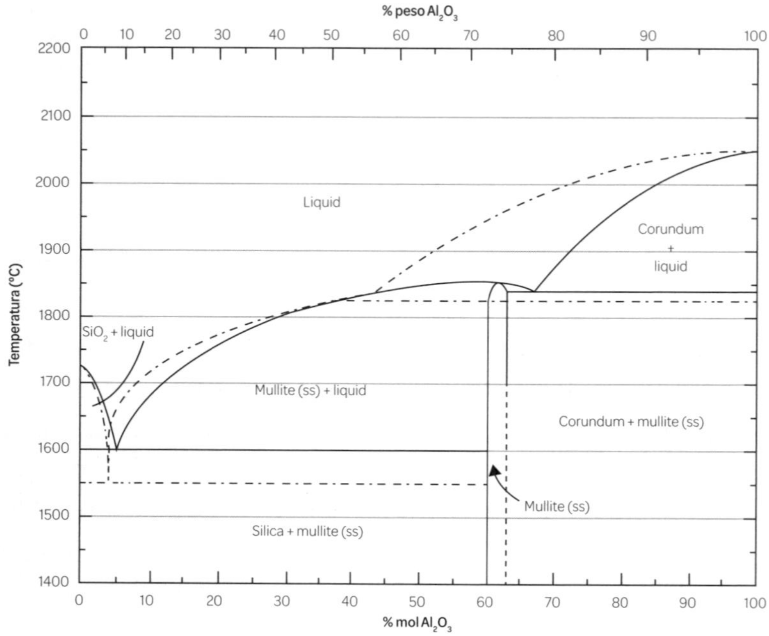

Figura 9.6 Diagrama de equilíbrio de fases do sistema Al_2O_3-SiO_2 (10).
Fonte: Adaptada de (10)

ao material melhora sua resistência às escórias do processo e ainda confere maior proteção ao carbono e ao carbeto de silício frente à oxidação.

9.4.2 Materiais refratários atuais dos carros torpedo e panelas de gusa

Após o estudo dos mecanismos de desgaste do revestimento refratário nos carros torpedo e verificação da evolução dos materiais refratários, deve-se realizar estudo dos materiais compatíveis de acordo com as solicitações. Conforme já citado, os materiais refratários hoje empregados nos carros torpedo e panelas de gusa são materiais formados quimicamente ligados de Al_2O_3-SiC-C; no entanto, existem algumas possibilidades de variação nas propriedades físicas, químicas e mecânicas desses materiais de acordo com as matérias-primas utilizadas.

A depender das necessidades do processo, podem ser empregados materiais com diferentes agregados como óxido de alumínio, bauxito refratário, chamotes aluminosos, entre outros. Da mesma maneira, pode haver variação da qualidade e do teor de carbono e do carbeto de silício inseridos na composição do material. O espinélio também pode ser incorporado na composição do material, seja para formação *in situ*, seja pré-formado, em diferentes quantidades que promovem alterações nas propriedades dos materiais. Na Tabela 9.2, são apresentadas as matérias-primas empregadas e suas funções nos refratários formados quimicamente ligados de Al_2O_3-SiC-C.

Tabela 9.2 Composição dos materiais refratários de Al2O3-SiC-C utilizados no revestimento dos carros torpedo.

Matérias-primas	Constituintes	Propriedades
Alumina eletrofundida Alumina sinterizada Bauxito	Alumina	Estabilidade volumétrica Resistência à corrosão Resistência mecânica a quente
SiC	Carbeto de silício	Resistência ao choque térmico Resistência à oxidação Resistência à penetração da escória
Grafita lamelar	Carbono	Resistência ao choque térmico Resistência à penetração de escória
Si, Al, Al-Si	Antioxidantes	Resistência à oxidação Resistência mecânica a quente
Resina fenólica	Ligante	Conferir ligação do material após cura
Piche esferoidal	Carbono	Resistência à termoclase
Espinélio pré-formado Magnésia + alumina (formação *in situ*)	Espinélio ($MgO.Al_2O_3$)	Resistência à corrosão

Fonte: Adaptada de (12).

O agregado definido para o material tem a possibilidade de gerar grande impacto nas propriedades do material. A avaliação é que quanto maior o percentual de Al_2O_3 em relação ao teor de SiO_2 do agregado, maior será sua resistência mecânica a quente, visto que, conforme pode ser verificado no diagrama de equilíbrio de fases do sistema Al_2O_3-SiO_2 apresentado na Figura 9.6, quanto maior o teor de alumina no sistema, maior será a refratariedade do material.

Em adição, o agregado também deve ser avaliado para a obtenção de melhor resistência à corrosão do material uma vez que, como a SiO_2 é suscetível ao ataque por escórias geradas no processo, quanto maior o percentual de Al_2O_3 no sistema, melhor será a resistência à corrosão do material (13). As fontes de carbono e de carbeto de silício, assim como as quantidades utilizadas na formulação do material, também influenciam as propriedades dos materiais refratários. O carbono atua como agente antiumectante, que auxilia na redução da cinética de reação entre a escória e o revestimento refratário.

Em adição, os teores de carbono e de carbeto de silício também atuam no comportamento do material frente ao choque térmico, pois reduzem a expansão térmica reversível e aumentam a condutividade térmica. Segundo Nishi *et al.* (1985), materiais com maior teor de carbono e carbeto de silício apresentam menor expansão térmica na face quente do material e menor variação da expansão térmica entre a face quente e a face fria, o que evidencia uma maior condutividade térmica (14). Desta forma, as tensões geradas devido a variação de temperatura no processo serão reduzidas, promovendo assim uma melhoria no comportamento do material frente ao choque térmico. Outro fator que deve ser avaliado no momento da seleção do material refratário é o pacote de antioxidantes utilizado. Apesar do carbeto de silício já atuar como antioxidante, geralmente são incorporados, na formulação do material, outros antioxidantes como o pó de alumínio e silício metálico. Na sequência, são apresentados os mecanismos de atuação desses dois antioxidantes.

O alumínio metálico adicionado na formulação, quando atinge sua temperatura de fusão (660°C), interage com o carbono presente no refratário, formando carbeto de alumínio (Equação 9.10). Posteriormente, o Al_4C_3 se combina com o nitrogênio da atmosfera, formando nitreto de alumínio e depositando carbono novamente no refratário (Equação 9.11). O carbono que passa por oxidação direta, formando monóxido de carbono, interage com o Al_4C_3 (Equação 9.12) e AlN (Equação 9.13) e tem como produtos Al_2O_3 e o carbono, que é novamente depositado no refratário (17).

$$4Al_{(l)} + 3C_{(s)} \leftrightarrow Al_4C_{3\,(s)}\ (660°C) \qquad \text{(eq. 9.10)}$$

$$Al_4C_{3(s)} + 2N_{2\,(g)} \leftrightarrow 4AlN_{(s)} + 3C_{(s)} \qquad \text{(eq. 9.11)}$$

$$Al_4C_{3(s)} + 6CO_{(g)} \rightarrow 2Al_2O_{3\,(s)} + 9C_{(s)} \qquad \text{(eq. 9.12)}$$

$$2AlN_{(s)} + 3CO_{(g)} \leftrightarrow Al_2O_{3\,(s)} + N_{2\,(g)} + 3C_{(s)} \qquad \text{(eq. 9.13)}$$

Já o silício metálico, a aproximadamente 1200°C, reage com o carbono formando carbeto de silício (Equação 9.14). Em temperaturas superiores, o SiC (adicionado à formulação inicial do refratário e formado pela interação do silício com o carbono) interage com o nitrogênio da atmosfera (Equação 9.15) e com o monóxido de carbono (Equação 16) decorrente da oxidação direta do carbono, gerando, como um dos produtos, o carbono, que é novamente depositado no refratário (Equação 17).

$$Si_{(s)} + C_{(s)} \leftrightarrow SiC_{(s)}\ (1200°C) \qquad \text{(eq. 9.14)}$$

$$3SiC_{(s)} + 2N_{2\,(g)} \leftrightarrow Si_3N_{4\,(s)} + 3C_{(s)} \qquad \text{(eq. 9.15)}$$

$$SiC_{(s)} + 2CO_{(g)} \leftrightarrow SiO_{2(s)} + 3C_{(s)} \qquad \text{(eq. 9.16)}$$

$$Si_3N_{4\,(s)} + 6CO_{(g)} \leftrightarrow 3SiO_2 + 6C_{(s)} + 2N_{2\,(g)} \qquad \text{(eq. 9.17)}$$

Com base nos mecanismos de desgaste e nas variações das propriedades dos materiais refratários, é possível determinar os materiais mais adequados para cada uma das solicitações impostas em cada região dos reatores de tratamento e de transferência de gusa e, assim, fazer o projeto qualitativo do revestimento.

9.5 PROJETO QUALITATIVO

Os equipamentos de transporte e tratamento de gusa estão suscetíveis a diferentes mecanismos de desgaste, que apresentam variação de intensidade de acordo com a região do revestimento. Dessa forma, deve ser adotado balanceamento qualitativo no equipamento objetivando-se a definição do material mais compatível com os mecanismos de desgastes preponderantes em cada região do equipamento. Nas Figuras 9.7 e 9.8, são apresentadas ilustrações com o objetivo de demonstrar a intensidade de cada um dos mecanismos de desgaste em cada região do carro torpedo e da panela de gusa.

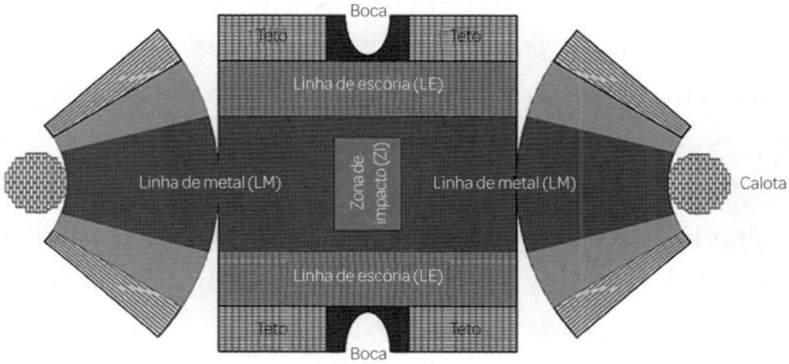

	Erosão	Choque térmico	Corrosão química	Oxidação
Zona de impacto (ZI)	+++	+++	+	+
Linha de metal (LM)	++	++	++	+
Linha de escória (LE)	+	++	+++	++
Teto	+	++	++	+++
Boca	++	+++	++	–

Figura 9.7 Intensidade dos mecanismos de desgaste no revestimento refratário do carro torpedo.
Fonte: Desenvolvida pela autoria do capítulo.

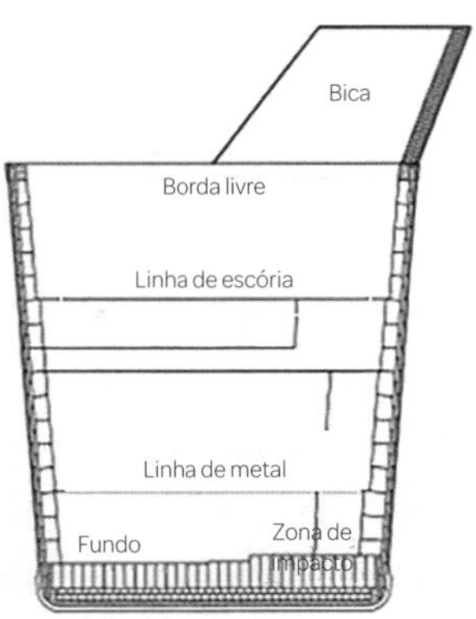

	Erosão	Choque térmico	Corrosão química	Oxidação
Bica	+++	+++	+	–
Borda livre	+++	+++	+	+++
Linha de escória	++	++	+++	++
Linha de metal	+++	++	++	+
Fundo	++	+++	+	+
Zona de impacto	+++	+++	+	+

Figura 9.8 Intensidade dos mecanismos de desgaste no revestimento refratário da panela de gusa.
Fonte: Desenvolvida pela autoria do capítulo.

9.5.1 Projeto qualitativo do carro torpedo

9.5.1.1 Zona de impacto

O revestimento refratário da zona de impacto tem como principais mecanismos de desgaste a erosão e o choque térmico devido à incidência do jato de gusa oriundo do alto-forno à aproximadamente 1500°C nessa região.

No que diz respeito ao choque térmico no revestimento refratário de carros torpedo, devemos avaliar três principais propriedades: condutividade térmica, módulo de elasticidade e coeficiente de expansão térmica do material. Conforme verificado anteriormente, quanto maior a incorporação de carbeto de silício e de carbono na microestrutura do material, menor será sua expansão térmica e maior sua condutividade térmica; sendo, então, menos suscetível ao choque térmico.

Já a resistência mecânica do material está relacionada ao agregado utilizado visto que agregados com maiores percentuais de Al_2O_3 apresentam maior resistência mecânica a quente.

Portanto, geralmente, na zona de impacto, são empregados materiais de Al_2O_3-SiC-C com elevada resistência mecânica, ou seja, com a utilização de agregado com baixo teor de silica. Em adição, como nessa região é observada velocidade de desgaste superior ao revestimento do restante do carro torpedo, geralmente é realizado balanceamento dimensional, ou seja, nessa região é projetada maior espessura de revestimento de trabalho.

9.5.1.2 Linha de metal

Na linha de metal do carro torpedo, são verificados como principais mecanismos de desgaste dos materiais refratários a erosão (durante o carregamento de gusa no alto-forno, durante a dessulfuração e na cambagem), corrosão durante a dessulfuração devido ao efeito turbulento corrosivo da injeção de pós que agitam o banho metálico e choque térmico durante o carregamento do gusa.

Geralmente, os materiais empregados no revestimento da linha de metal dos carros torpedo são refratários quimicamente ligados de Al_2O_3-SiC-C.

9.5.1.3 Linha de escória

O principal mecanismo de desgaste do revestimento refratário na linha de escória é o ataque químico pela escória; assim, é recomendado material formado de Al_2O_3-$MgAl_2O_4$-SiC-C (incorporação do espinélio – $MgAl_2O_4$). Para a definição do revestimento refratário, devemos ter a preocupação com o tipo de agregado utilizado uma vez que agregados com alto percentual de SiO_2 são altamente prejudiciais ao material refratário quando submetidos à corrosão pela escória, então é recomendável agregado com menor teor de sílica em sua composição.

O carbono presente no material refratário também representa importante matéria-prima a ser avaliada porque o carbono é inerte e auxilia no arranjo granulométrico do material, reduzindo a porosidade e a molhabilidade. Dessa forma, para a linha de escória, geralmente são utilizados materiais com percentual ótimo de carbono, avaliando o limite para que não venha a influenciar negativamente nas propriedades mecânicas dos materiais devido ao desarranjo granulométrico.

Por fim, na região da linha de escória, é recomendável a incorporação do espinélio na formulação do material, pois o espinélio interage com a alumina presente na matriz e forma uma solução sólida rica em Al_2O_3. Essa solução sólida tem vacâncias catiônicas que podem ser preenchidas por óxidos presentes na escória e, assim, formar uma camada densa na superfície do material que reduz a penetração da escória e, por consequência, melhora a resistência do material frente ao ataque químico (15). Esse fato ocorre mediante o aprisionamento do FeO e CaO presentes na escória nas vacâncias catiônicas do espinélio rico em alumina.

Com base nesses dados, o material refratário mais adequado para a linha de escória deve utilizar como agregado material com baixo percentual de SiO_2 e o percentual ótimo de carbono na microestrutura do material, além da incorporação do espinélio na formulação.

9.5.1.4 Teto do carro torpedo

No teto do carro torpedo, a degradação do revestimento ocorre pelos mecanismos de oxidação, corrosão pela impregnação de fumos oriundos da dessulfuração e ataque por aderência de escória moderado durante o processo de cambagem do ferro-gusa na panela.

Nesta região, a principal preocupação está relacionada à oxidação do material, de forma que deve ser utilizado pacote de antioxidantes bastante efetivo. Como existe contato moderado com a escória, também pode ser incorporado espinélio ao material. Dessa forma, normalmente são utilizados materiais de Al_2O_3-$MgAl_2O_4$-SiC-C com pacote de antioxidantes efetivo.

9.5.1.5 Boca do carro torpedo

A boca do carro torpedo é revestida com materiais refratários não formados uma vez que sua geometria impossibilita a utilização de materiais formados. No revestimento da boca, são verificados os mecanismos de tensão termomecânica de todo o teto, corrosão de fumos oriundos da dessulfuração e impacto durante a limpeza de cascão realizada mecanicamente.

Com base nessas informações, o material requerido para essa região do carro torpedo necessita das seguintes propriedades:

- Elevada refratariedade, dada a alta temperatura do ferro-gusa carregado.
- Elevada resistência ao choque térmico.

- Boa resistência química frente aos fumos oriundos da dessulfuração.
- Elevada resistência mecânica.

Com base nas solicitações impostas ao material refratário da boca do carro torpedo, é necessário empregar concreto refratário com no máximo 2,5% de CaO (baixo teor de cimento), pois os materiais com maiores teores de CaO em sua composição poderão apresentar refratariedade incompatível com o processo. Quanto ao agregado, deve ser empregado agregado com alto percentual de Al_2O_3 e baixo teor de SiO_2, como o óxido de alumínio ou bauxito refratário. Por fim, podem ser inseridas matérias-primas como o Cr_2O_3 e SiC que atuam na melhoria da resistência à corrosão, ao choque térmico e até mesmo da resistência mecânica do material. Normalmente, o concreto da boca recebe a incorporação de fibras metálicas de aço inox responsáveis por minimizar o dano causado pelo choque térmico.

9.5.2 Projeto qualitativo para panelas de gusa

9.5.2.1 Bica da panela de gusa

Na bica da panela de gusa, geralmente, é empregado concreto refratário porque sua geometria dificulta a aplicação de materiais formados. Os materiais designados para a bica necessitam de elevada resistência à erosão, choque térmico e boa resistência à corrosão química. Dessa forma, são empregados concretos refratários aluminosos com alto percentual de alumina (80% a 90% Al_2O_3). A aplicação pode ser realizada através de projeção convencional ou vertimento com a montagem de formas. A avaliação da forma de aplicação varia de acordo com os recursos da equipe de montagem e o tempo disponível para aplicação; no entanto, sob o ponto de vista do desempenho, os materiais vertidos e vibrados apresentam melhor desempenho e têm como uma vantagem a possibilidade de incorporação de fibras metálicas que atuam diretamente no aumento da resistência ao dano por choque térmico do material.

9.5.2.2 Borda livre

O revestimento refratário da borda livre está submetido à oxidação, à corrosão química moderada durante a escumagem da escória e ao choque térmico. Geralmente são empregados materiais formados quimicamente ligados de Al_2O_3-SiC-C com pacote de antioxidantes efetivo e agregado com baixo percentual de SiO_2 em sua composição para proporcionar melhor resistência à corrosão química pela escória.

9.5.2.3 Linha de escória

O principal mecanismo de desgaste do revestimento refratário na linha de escória é o ataque químico pela escória, portanto é recomendado material formado de Al_2O_3-$MgAl_2O_4$-SiC-C. Conforme já verificado anteriormente, deve-se utilizar agregado com alto teor de Al_2O_3 e baixo teor de SiO_2 e incorporação de teor ótimo de carbono para reduzir a molhabilidade do material.

9.5.2.4 Linha de metal e fundo da panela

Na linha de metal e fundo da panela de gusa, são verificados os seguintes mecanismos de desgaste dos materiais refratários:

- **Erosão:** durante o carregamento de gusa, durante a dessulfuração e na cambagem. Para a definição do material, devemos avaliar o mecanismo de dessulfuração na panela, se passar pelo processo KR, será verificada maior turbulência do metal líquido e consequentemente maior erosão no revestimento refratário e deverá ser projetado material com maior resistência a erosão.
- **Corrosão:** durante a dessulfuração devido ao efeito turbulento corrosivo da injeção de pós que agitam o banho metálico;
- **Choque térmico:** durante o carregamento do ferro-gusa. Geralmente, os materiais empregados no revestimento da linha de metal das panelas são materiais refratários quimicamente ligados de Al_2O_3-SiC-C padrão.

9.5.2.5 Zona de impacto

O revestimento refratário na zona de impacto tem como principais mecanismos de desgaste a erosão e o choque térmico devido à incidência do jato de gusa a aproximadamente 1500°C nessa região.

Assim como no carro torpedo, geralmente, na zona de impacto das panelas, são montados painéis com material de Al_2O_3-SiC-C com elevada resistência mecânica com maior espessura (balanceamento dimensional).

9.6 TÉCNICAS DE APLICAÇÃO DO REVESTIMENTO REFRATÁRIO

O desempenho do revestimento refratário está relacionado a quatro principais fatores: qualidade do material; projeto refratário; aplicação; e operação. Nesse tópico, serão apresentadas boas práticas que devem ser respeitadas durante a aplicação.

9.6.1 Inspeção da carcaça metálica

Durante a operação dos vasos de transporte e transferência de gusa, a carcaça metálica é exposta a elevadas temperaturas, contatos com escórias e metal líquido. Com o passar do tempo, são observadas deformações na carcaça metálica que podem provocar dificuldades durante a montagem. Dessa forma, faz-se importante a avaliação da carcaça metálica anteriormente à aplicação do revestimento para que, assim, sejam realizados estudos para a correção de possíveis desvios de montagem. Na Figura 9.9, é apresentado escaneamento 3D de carro torpedo para verificação de possíveis variações dimensionais que possam ocasionar dificuldades de montagem.

9.6.1.1 Cuidados na aplicação dos materiais formados

Alguns cuidados devem ser tomados durante a aplicação para que não haja a limitação da campanha do revestimento devido à montagem. Esses cuidados são apresentados nos tópicos a seguir.

Figura 9.9 Escaneamento 3D de carcaça metálica de carro torpedo.
Fonte: Acervo da Togni Materiais Refratários.

- A espessura de argamassa utilizada para assentamento dos tijolos nunca deve exceder 2mm, visto que se trata de ponto de fragilidade do revestimento.
- A combinação dos tijolos deve seguir rigorosamente o estabelecido em projeto; caso existam alterações, deve ser realizada checagem da camada de concreto de regularização do carro torpedo. De forma que o raio dos tijolos deve convergir para o centro da seção circular.
- No momento do fechamento dos anéis individuais, deve ser realizada pré-montagem das últimas peças para definição do tamanho do tijolo de fechamento. O tijolo do fechamento do anel nunca deve apresentar dimensões inferiores a dois terços das dimensões iniciais da peça. Caso a peça de fechamento apresente dimensões inferiores, devem ser serradas duas peças de fechamento. Posteriormente, os tijolos de fechamento devem ser posicionados na posição inicial da pré-montagem e o fechamento final do anel deve ser realizado com o tijolo inteiro. Na Figura 9.10, são ilustradas as etapas do fechamento dos anéis.

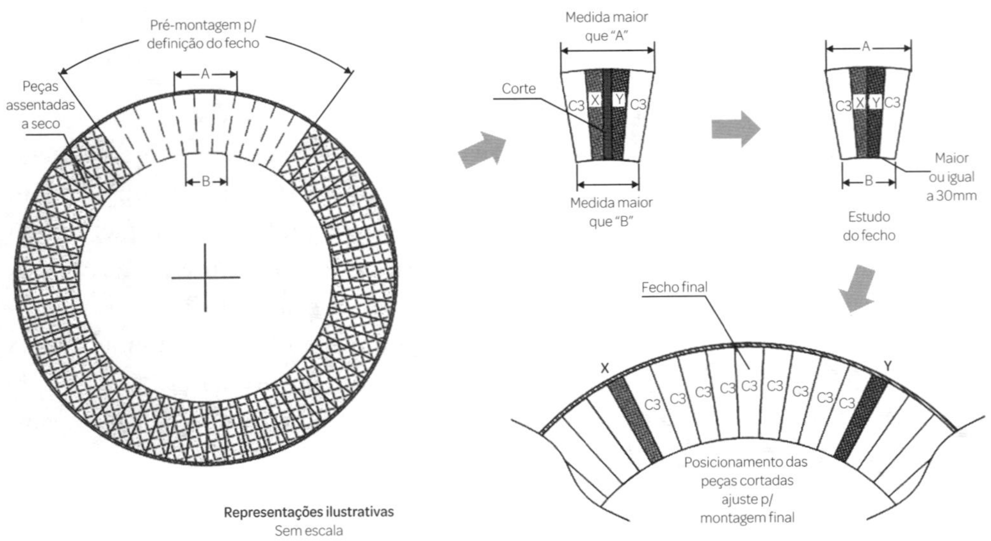

Figura 9.10 Ilustração do fechamento dos anéis.
Fonte: Desenvolvida pela autoria do capítulo.

9.6.1.2 Aplicação dos materiais não formados

Conforme já verificado anteriormente, os materiais não formados são empregados no revestimento de trabalho da boca do carro torpedo e bica da panela de gusa. Como o concreto refratário é conformado diretamente no reator, as boas práticas de aplicação são de extrema importância para que o material possa obter as propriedades físicas e mecânicas requeridas.

O primeiro passo na execução da estrutura monolítica diz respeito aos dispositivos de sustentação do revestimento, geralmente são utilizadas âncoras metálicas para esse objetivo. Alguns cuidados devem ser tomados para a aplicação, conforme descritos na sequência a seguir:

- As âncoras têm de ser devidamente soldadas na carcaça metálica com cordões de solda em todo o contorno de sua base, seguindo o espaçamento determinado em projeto. É importante a realização de testes da soldagem das âncoras mediante golpes com marreta para verificar a real fixação do dispositivo.
- Os dispositivos de ancoragem nunca devem ser colocados em uma mesma posição, devem ser rotacionados em 90º para evitar a formação de trincas contínuas na estrutura.
- As âncoras metálicas apresentam coeficiente de expansão térmica muito superior ao do concreto refratário aplicado; dessa forma, devem ser adotados mecanismos para absorver essa dilatação diferencial. Com esse objetivo, são empregados materiais combustíveis em baixa temperatura, envolvendo a âncora para permitir a dilatação do metal, geralmente são utilizadas fitas adesivas ou plástico.

Posteriormente à soldagem das âncoras e à montagem das formas para o revestimento monolítico, é realizada a preparação do concreto refratário. No caso dos materiais vertidos, a mistura do concreto refratário deve seguir rigorosamente as recomendações do fabricante, principalmente no que diz respeito à quantidade de água visto que variações no percentual de água causam danos às propriedades mecânicas do material conforme ilustrado na Figura 9.11.

Quando se usam materiais aplicados por projeção convencional, empregados tradicionalmente na bica da panela de gusa, deve ser realizado controle da água por meio da injeção na lança, observando-se visualmente que, na falta de água, é verificado aumento da quantidade de pós na projeção; e, no excesso de água, é verificada a falha na aderência do material e a fluência do material projetado. Dependendo das facilidades existentes, o concreto poderá ser umidificado antes da projeção (~3% de água).

Por fim, devem ser seguidas todas as instruções do fabricante quanto à curva de aquecimento e de secagem do concreto refratário utilizado. O aquecimento também está diretamente relacionado com as propriedades físicas e mecânicas obtidas; sendo, portanto, de extrema importância o controle do aquecimento dos equipamentos.

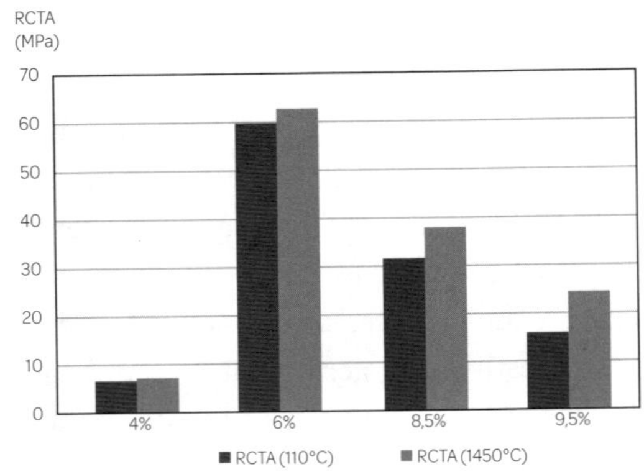

Figura 9.11 Variações de resistência mecânica de concreto de baixo cimento em função do teor de água utilizado. (4,0% - falta de água; 6,0% - Quantidade ideal; 8,5% - Excesso de água no misturador; 9,5% - Excesso de água misturada manualmente)
Fonte: Acervo da Togni Materiais Refratários.

9.7 PROGRAMA DE MANUTENÇÃO

A evolução do programa de manutenção está diretamente relacionada ao aumento da campanha do revestimento refratário observado nas últimas décadas. Entre as evoluções verificadas, podem ser citadas a introdução de novas tecnologias de monitoramento do perfil do revestimento e a evolução dos materiais refratários utilizados nos reparos.

Normalmente, as usinas siderúrgicas fazem manutenções preventivas no revestimento refratário dos carros torpedo e das panelas de gusa baseadas em estudos do perfil de desgaste em função da campanha, de forma que, nas paradas programadas, são realizados reparos pontuais em regiões que apresentam desgaste pronunciado.

Os carros torpedo têm campanhas superiores e, geralmente, apresentam programas de manutenção bem planejados. Na Tabela 9.3, é apresentado programa de manutenção típico do revestimento de carros torpedo.

Tabela 9.3 Programa de manutenção típico do revestimento refratário de carros torpedo.

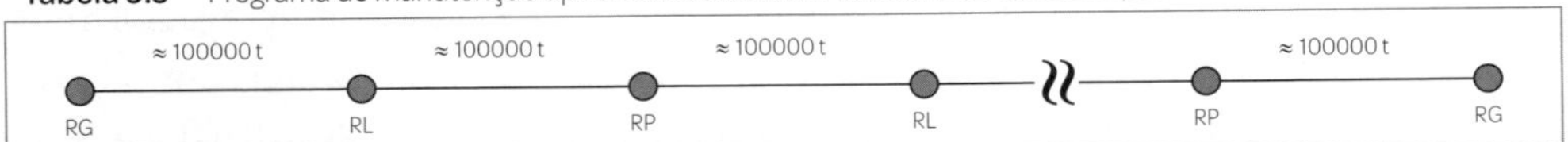

	Revestimento permanente	Revestimento de trabalho	Revestimento boca	Concreto de sacrifício
Reparo geral (RG)	Realização de reparo ou troca total	Revestimento total	Total	-
Reparo localizado (RL)	-	Sondagem e troca de tijolos de regiões localizadas	Parcial	Sim
Reparo Parcial (RP)	-	Sondagem e troca de tijolos em regiões com desgaste acentuado	Total	Sim

Fonte: Desenvolvida pela autoria do capítulo.

Os reparos corretivos também podem ser necessários nos carros torpedos, visto que pode ocorrer desgaste pronunciado devido a variações de processo, e esse monitoramento, geralmente, é realizado por meio das termografias. Atualmente, já existem melhores tecnologias para monitoramento do desgaste no revestimento refratário, algumas usinas já fazem usos de equipamentos de medição a *laser* que são capazes de monitorar a espessura remanescente do revestimento a quente, o que confere grande segurança operacional e aumenta a precisão nas paradas para reparo.

Já para as panelas de gusa, que normalmente apresentam campanhas inferiores, o programa de manutenção, em geral, é baseado em programações de aplicação de concreto de sacrifício por meio de projeção a quente e trocas pontuais do revestimento de trabalho com base no perfil de desgaste do revestimento. Quanto às manutenções corretivas, estas são realizadas quando se verifica desgaste pronunciado no revestimento mediante observação visual uma vez que se trata de vaso aberto, com a possibilidade de inspeção visual após cada corrida.

No momento que o reator é retirado do ciclo para manutenção programada ou corretiva, é realizada a inspeção a frio do revestimento. A inspeção sempre foi uma atividade muito dependente da experiência do refratarista para verificar os pontos de desgaste e realizar furos de inspeção para aferir o perfil do revestimento. No entanto, a inspeção a frio também passou por evolução resultante da introdução de equipamentos de escâner 3D de alta tecnologia capazes de quantificar, com precisão, as espessuras remanescentes do revestimento refratário e, dessa forma, definir a extensão do reparo com maior acurácia. Na Figura 12, pode ser verificada ilustração do escaneamento a frio para avaliação do revestimento remanescente de carro torpedo.

Existe a tendência, no programa de manutenção de carros torpedo e panelas de gusa, da redução da utilização de materiais formados e aumento dos materiais não formados. Essa tendência está muito relacionada ao aprimoramento dos concretos refratários utilizados porque, num primeiro momento, eram aplicados concretos por meio de projeção convencional e, atualmente, são utilizados concretos refratários aplicados por *shotcrete* com propriedades físicas e mecânicas muito superiores às dos aplicados anteriormente. Os concretos refratários aplicados por *shotcrete* garantem ao revestimento maior vida útil, uma vez que apresentam maior densidade, maior resistência à penetração e à corrosão pela escória, menor porosidade, maior resistência mecânica e, por fim, podem ser empregadas maiores espessuras. Atualmente já estão disponíveis concretos de alto desempenho sem cimento consolidados pelo mecanismo de coagulação de nanopartículas.

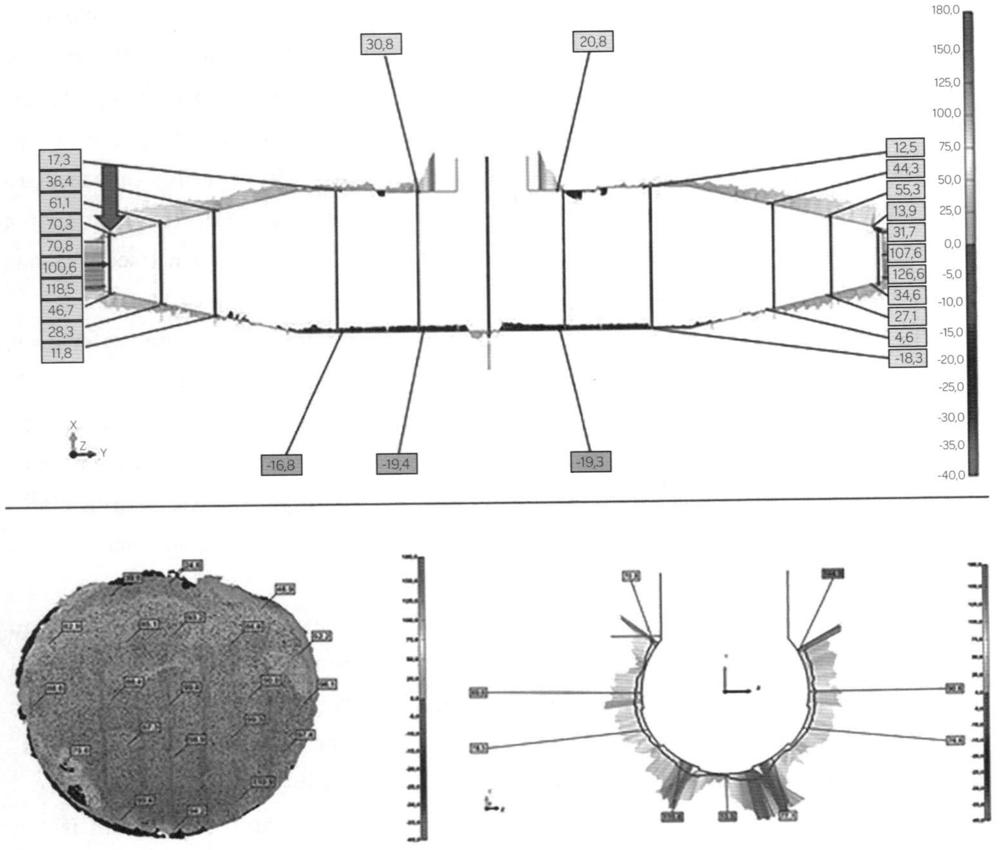

Figura 9.12 Ilustração do escaneamento 3D de revestimento refratário de carro torpedo.
Fonte: Acervo da Togni Materiais Refratários.

9.8 INFLUÊNCIA DA OPERAÇÃO NA CAMPANHA DO REVESTIMENTO

Para a obtenção do desempenho requerido do revestimento refratário, devem ser avaliados diversos fatores, como a qualidade do material refratário utilizado, o projeto do revestimento refratário, a aplicação de acordo com o projeto, sempre seguindo as boas práticas de aplicação e a busca constante da melhoria da operação para atenuar os mecanismos de desgaste nos materiais. Nos tópicos a seguir, podem ser verificadas algumas recomendações para atenuação do desgaste refratário de carros torpedo e de panelas de gusa.

- Longos intervalos entre as viagens/corridas ocasionam grande redução da temperatura do revestimento refratário, de maneira que, no momento do carregamento com ferro-gusa, será evidenciado choque térmico bastante pronunciado. Esse mecanismo é intensificado no revestimento das panelas de gusa, visto que são reatores abertos com maior troca de calor com a atmosfera externa. Dessa forma, a recomendação é que sempre que o intervalo entre corridas for longo, seja realizado aquecimento anteriormente ao carregamento do ferro-gusa, visto que assim é possível a atenuação da termoclase.

- Durante o processo de escumagem de escória, é necessário ter equipe devidamente treinada para minimizar os danos ao revestimento decorrente do excesso de impactos durante o processo. Ocorrendo desgaste nesta operação, o reparo por projeção é necessário.
- O ferro-gusa carregado nos reatores com temperaturas muito baixas podem conduzir a formação de grande quantidade de cascão, necessitando da realização de limpeza. Durante a limpeza, tanto as máquinas que extraem o cascão através de impacto ou através de corte com maçaricos causam desgastes pronunciados ao revestimento. A boca do carro torpedo, a bica e a borda livre da panela de gusa são intensamente desgastados e, por vezes, pode ocorrer o arrancamento de tijolos da borda livre da panela durante a limpeza. Com base nessas informações, devem ser observados todos os cuidados para se minimizar a formação de excesso de cascão.
- Os retornos de aço na panela de gusa também são realizados em algumas usinas em caráter emergencial, o que é extremamente agressivo ao refratário do sistema alumina-carbeto de silício-carbono e pode limitar a campanha do revestimento, deve então ser minimizado o número de retornos.

9.9 MISTURADORES DE FERRO-GUSA

Os misturadores de gusa foram concebidos para atuar como equipamentos de armazenamento de gusa, objetivando a manutenção da temperatura e da composição do metal líquido para realizar um alinhamento entre o vazamento do ferro-gusa no alto-forno e a sequência do processo de conversão do ferro-gusa em aço.

A capacidade dos misturadores pode alcançar 1.500 toneladas de gusa armazenadas e sua geometria pode variar de acordo com o projeto. O misturador, geralmente, é carregado através de abertura no teto e realiza a transferência para a panela pela bica oriunda em uma das laterais do equipamento.

O revestimento refratário dos misturadores de gusa tem sua vida afetada pela temperatura do metal líquido carregado e pela quantidade e composição da escória oriunda do alto-forno. Outros fatores que exercem influência na campanha do revestimento refratário do misturador são grandes variações do nível de metal e a alta frequência de carregamento, pois assim é aumentada exposição da estrutura do refratário à escória.

O revestimento refratário dos misturadores pode variar de acordo com a temperatura de operação. Normalmente, os misturadores trabalham em temperaturas que excedem 1350°C, sendo então aplicados materiais refratários de magnésia espinélio na linha de banho e linha de escória e materiais aluminosos acima da linha de escória. A alteração do revestimento está ligada ao aumento da temperatura porque no sistema FeO-SiO_2-Al_2O_3 são formadas fases eutéticas em aproximadamente 1200°C. No sistema FeO-MgO, são observadas a formação de fase líquida apenas em temperaturas extremamente altas, visto que é formada a solução sólida de magnésio wustita com alta refratariedade. Dessa forma, para temperaturas mais altas, são utilizados materiais à base de óxido de magnésio. Os diagramas de equilíbrio de fases dos sistemas Al_2O_3-SiO_2-FeO e MgO-FeO podem ser verificados na Figura 9.13.

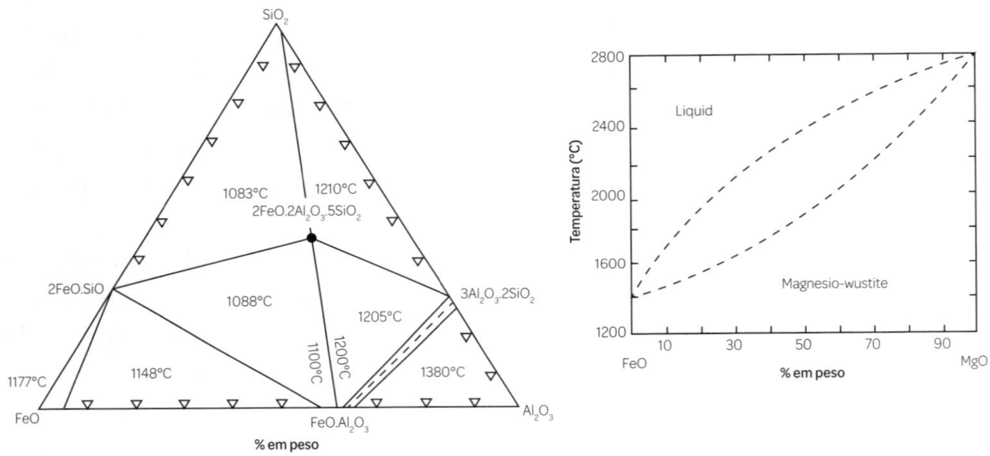

Figura 9.13 Diagramas de equilíbrio de Al_2O_3-SiO_2-FeO e MgO-FeO.
Fonte: Adaptada de (18).

Os principais mecanismos de desgaste do misturador são erosão (movimento do metal durante o carregamento, incidência de jato de gusa na zona de impacto), corrosão química pela escória de alto-forno, choque térmico (variação da temperatura do metal no momento do carregamento de gusa e durante a transferência do gusa na região da bica) e termoclase mecânica (material magnesiano está mais suscetível à termoclase resultante de maior expansão térmica). Na Figura 9.14, é apresentada a intensidade dos mecanismos de desgaste citados em cada região do misturador.

Alguns cuidados operacionais podem ser tomados para minimizar os mecanismos de desgaste do revestimento refratário dos misturadores de gusa, conforme ilustrado nos tópicos a seguir (20).

- Aquecimento acima de 1100°C antes do início da operação com o objetivo de se reduzirem as tensões geradas por choque térmico durante o primeiro carregamento.
- Forrar a região do impacto com pão de gusa antes do pré-aquecimento, evitando, assim, a incidência direta do jato de ferro-gusa na zona de impacto.

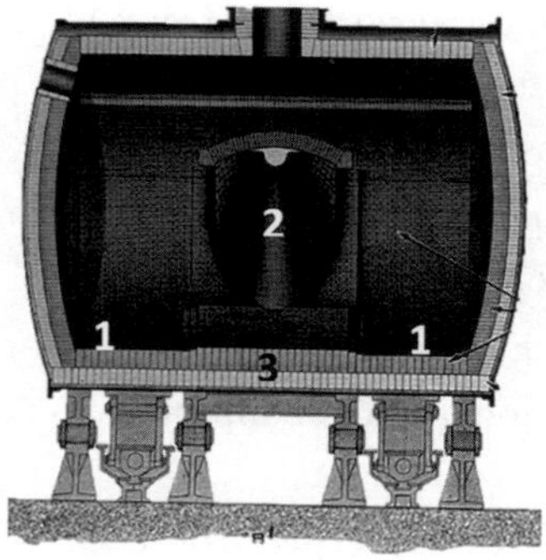

	Erosão	Choque térmico	Corrosão química	Termoclase mecânica
Bica	+++	+++	++	+++
Linha de metal	++	+	+	+++
Linha de escória	+	+	+++	+++
Zona de impacto	+++	+++	+	+++
Teto	+	++	+	+

Figura 9.14 Intensidade dos mecanismos de desgaste no revestimento refratário do misturador de gusa.
Fonte: Adaptada de (20).

- Usar tampa para minimizar choque térmico e reduzir consumo de energia.
- Manter o nível de banho com pelo menos 30% da capacidade total do misturador, visando a não variação da temperatura em níveis que poderiam causar o choque térmico, evitando a erosão pela incidência direta do jato de gusa na zona de impacto e a corrosão química pela escória em níveis inferiores aos do misturador.

Por fim, os misturadores de gusa não são utilizados na maioria das usinas siderúrgicas integradas atualmente porque o processo das usinas siderúrgicas integradas tem um fluxo bastante controlado entre o ferro-gusa produzido no alto-forno e a capacidade de produção da aciaria. Em adição, o tratamento metalúrgico do ferro-gusa é realizado nos carros torpedo e/ou nas panelas de gusa. Devido a todo o controle de processo atual, os misturadores de gusa não se fazem mais necessários para a operação da maioria das usinas siderúrgicas.

Acesse as imagens coloridas do capítulo.

REFERÊNCIAS

(1) LEMOS, L. L. *Maximização da eficiência de dessulfuração de gusa líquido num reator Kanbara*. REDEMAT. UFOP. Ouro Preto-MG, 2011.

(2) SILVA, S. N.; *et al. Prolongamento da campanha do revestimento refratário dos carros torpedo. In:* V Encontro de Refrataristas e Usuários de Refratários. Vitória, 25 a 27 de maio de 2008.

(3) ALMEIDA, B.; PEREIRA, L. G. G.; JÚNIOR, F. V. *Redução da oxidação de refratários à base de carbono utilizando coating de alta performance. In:* 47º Seminário de Aciaria. ABM: Rio de Janeiro, 2016.

(4) SILVA, M. A. *Avaliação de agentes dessulfurantes à base de carbureto de cálcio contendo sodalita em substituição à fluorita em carro torpedo.* Universidade Federal de Minas Gerais – UFMG. Pós-graduação em engenharia metalúrgica e de minas. Belo Horizonte, 2012.

(5) KIRMSE, O. J. *Estudo do comportamento metalúrgico do reator Kambara através de modelagem física. In:* REDEMAT. UFOP. Ouro Preto-MG, 2006.

(6) SCHRAMA, F.; HATTUM, G.; BERG, B. The leading hot metal desulfurization methods: a comparison between KR, MMI and co-injection. *In:* 46º Seminário de Aciaria – ABM. Rio de Janeiro, 2015.

(7) SÁ, G. M.; *et al. Mecanismos de desgaste de refratários* – carros torpedo. *In:* V Encontro de refrataristas e usuários de refratários. ABC: Vitória, 2008.

(8) SILVA, S. N.; *et al. Slag attack in high alumina refractories used in torpedo car. In:* UNITECR 93 CONGRESS. UNITECR: São Paulo, 1993.

(9) NEVES, E. S. *Estudo da corrosão de refratários à base de* $Al_2O_3/SiC/C/MgAl_2O_4$ *incorporados por partículas de espinélio de alumínio e magnésio.* Mestrado em ciência de materiais metálicos, poliméricos e cerâmicos. USP. Lorena, 2011.

(10) ROUTSCHKA, G.; WUTHNOW, H. *Handbook of refractories materials.* 4 ed. Vulkan-Velarg GMBH. Alemanha. 2012.

(11) COUTO, R. I.; *et al. Desenvolvimento de tijolos refratários para carros torpedo. In:* 73º Congresso Anual da ABM. ABM: São Paulo, 2 a 4 de abril de 2018.

(12) SILVA, G. F. B. L.; BITTENCOURT, L. R. M. *Refratários para carro torpedo*: evolução e tendências. II Encontro de Refrataristas e Usuários de Refratários. Magnesita S.A.: Vitória, abril de 2002.

(13) MATSUO, A.; MIYAGAWA, S.; OGASAHARA K.; YOKOI, M.; KAWAKAMI, T. Effect of different source of natural Al_2O_3 and different amount of C upon the durability for Al_2O_3-SiC-C brick in torpedo car. *Taikabutsu Overseas*, v. 1, 1985.

(14) NISHI, M.; *et al.* Development of Al_2O_3-SiC-C brick with high wear and spalling resistance for hot metal pretreatment. *Taikabutsu Overseas*, v. 5, n. 2, 1985.

(15) YAMAMURA, T.; *et al.* Alumina-spinel castable for steel ladle. *Shinagawa Technical Report*, v.34, p. 107, 1991.

(16) MIRANTE ENGENHARIA. *Escaneamento de carro torpedo.* Disponível em: <https://miranteengenharia.com.br/portfolio/scanner-carro-torpedo/>. Acesso em: 22 set. 2021.

(17) BITENCOURT, C.; PANDOLFELLI, V. *Refratários contendo carbono*: propriedades, características e variáveis em sua composição. *Cerâmica*, São Carlos, n. 59, p. 84-114, 2013.

(18) LEVIN, E. M.; ROBBINS, C. R.; McMURDIE, H. F. Phase diagrams for ceramists. *The American Ceramic Society*. USA, 1964.

(19) BISWAS, S.; SARKAR, D. *Introduction to refractories for iron- and steelmaking.* National Institute of Technology Rourkela. Springer. Rourkela, Odisha, India; 2020.

(20) DUARTE, A. K. Fundamentos em refratários. ALAFAR: Santiago, Chile; 2015

(21) SCHACHT, C. A. *Refractories handbook.* Marcel Dekker, Inc: New York, USA; 2004.

GRÁFICA PAYM
Tel. [11] 4392-3344
paym@graficapaym.com.br